嵌入式实时操作系统
FreeRTOS 原理及应用
——基于 STM32 微控制器

主 编 张 超

副主编 赵清艳 普清民

電子工業出版社
Publishing House of Electronics Industry
北京•BEIJING

内 容 简 介

本书以 ARM Cortex-M4 通用开发板为平台，以智能手表 FreeRTOS 实现为应用项目，全面介绍了 FreeRTOS 原理及其应用。全书共分为 13 章，前 12 章分别介绍了嵌入式实时操作系统相关概念，FreeRTOS 的任务创建、调度和管理，用于任务同步和资源共享的队列、信号量、事件标志组、任务通知的实现及使用，以及软件定时器、内存管理、裁剪和配置等内容。第 13 章是一个 FreeRTOS 应用于智能手表的典型应用项目，从功能设计、硬件设计、FreeRTOS 工程、算法及驱动、任务设计，到任务创建、调度与同步及调试与优化，系统地介绍了利用相关硬件及 FreeRTOS 构建一个典型的嵌入式系统的过程和方法，使读者对 FreeRTOS 在实际嵌入式项目中的应用有一个全面、感性的认识。

本书内容翔实，案例丰富，配有大量示例程序，可作为嵌入式领域工程师和爱好者的技术参考书，也可作为高等院校电子技术、自动化、嵌入式等相关专业的教材。

图书在版编目（CIP）数据

嵌入式实时操作系统 FreeRTOS 原理及应用：基于 STM32 微控制器 / 张超主编. —北京：电子工业出版社，2021.11

ISBN 978-7-121-42477-9

Ⅰ. ①嵌… Ⅱ. ①张… Ⅲ. ①微控制器－系统开发－高等学校－教材 Ⅳ. ①TP368.1

中国版本图书馆 CIP 数据核字（2021）第 241649 号

责任编辑：寻翠政　　　特约编辑：田学清
印　　刷：北京七彩京通数码快印有限公司
装　　订：北京七彩京通数码快印有限公司
出版发行：电子工业出版社
　　　　　北京市海淀区万寿路 173 信箱　　　邮编：100036
开　　本：787×1092　1/16　印张：17　　字数：382.4 千字
版　　次：2021 年 11 月第 1 版
印　　次：2025 年 2 月第 7 次印刷
定　　价：49.00 元

凡所购买电子工业出版社图书有缺损问题，请向购买书店调换。若书店售缺，请与本社发行部联系，联系及邮购电话：（010）88254888，88258888。

质量投诉请发邮件至 zlts@phei.com.cn，盗版侵权举报请发邮件至 dbqq@phei.com.cn。

本书咨询联系方式：（010）88254591，xcz@phei.com.cn。

前 言

Preface

随着现代电子技术的不断发展，嵌入式技术得到了飞速发展，使得嵌入式系统在工业、能源、交通、信息技术、国防等领域得到了越来越广泛的应用。

早期的嵌入式系统由于受硬件资源限制，不得不采用前后台系统模式，如今随着超大规模集成电路成本的极大降低和广泛应用，特别是采用 ARM 全新 Cortex 内核的芯片的出现，带有嵌入式实时操作系统的软件设计逐渐成为各类嵌入式应用的主流设计。

FreeRTOS 是一个源码开放的嵌入式实时操作系统，体积小巧，裁剪和移植方便，支持抢占式任务调度，可供免费使用。正是由于具有这些特点，FreeRTOS 的社会占有量逐年提高。据 EE Times 统计，自 2015 年开始，FreeRTOS 的社会占有量就已经居第一位。然而，国内系统介绍 FreeRTOS 原理及应用的书籍还比较少，特别是尚未见将 FreeRTOS 应用到实际项目中的相关书籍。

本书首先通过介绍 FreeRTOS，从 FreeRTOS 在 STM32 微控制器上的移植开始，逐步引导读者了解 FreeRTOS 的源码结构、移植、裁剪和配置。然后介绍 FreeRTOS 任务基础、任务调度及任务函数等内容，使读者进一步了解 FreeRTOS 的原理、运行和使用方法。接着介绍用于实现任务之间消息传递和任务同步的队列、信号量、事件标志组、任务通知等内容。最后介绍 FreeRTOS 软件定时器及内存管理方面的知识。为了让读者更好地理解所学知识点，本书在内容编排上采用了边学边练的形式，在每个知识点后都有配套的示例程序，可以让读者在掌握 FreeRTOS 相关原理的同时，知道如何去使用它，以及为什么要这样使用，达到学以致用的目的。

本书最后通过一个智能手表的实际案例，从功能设计、硬件设计、FreeRTOS 工程、算法及驱动、任务设计，到任务创建、调度与同步及调试与优化，系统地介绍了如何利用相关硬件及 FreeRTOS 构建一个典型的嵌入式系统的过程和方法，使读者对 FreeRTOS 在实际嵌入式项目中的应用有一个全面、感性的认识。

能令 STM32CubeMX 与 FreeRTOS 协同工作而无须编写硬件初始化代码是本书的一大特点。无论是示例程序，还是智能手表项目，与硬件相关的初始化代码全部利用 STM32CubeMX 自动生成。由于无须用户编写硬件初始化代码，一方面简化了程序设计，减少出错率，提高了工作效率；另一方面使示例程序和项目能适应更多芯片的开发板，方便读者使用与验证。

本书由中山职业技术学院张超、赵清艳、普清民共同编写，由于编者水平有限，书中难免存在不足之处，恳请读者批评指正。

编　者

目　录

第 1 章 嵌入式实时操作系统介绍

嵌入式实时操作系统是嵌入式系统的重要组成部分。嵌入式系统主要由嵌入式硬件和嵌入式软件两大部分构成。嵌入式硬件由内存保护单元（MPU）、微控制单元（MCU）、数字处理器（DSP）及片上系统（SoC）构成。嵌入式软件主要由应用程序、协议栈、设备驱动程序和操作系统构成。

1.1 嵌入式系统和嵌入式操作系统

1.1.1 嵌入式系统的基本概念

嵌入式系统源于微机，发展于单片机，目前国内外研究者对嵌入式系统并没有给出一个确切的定义。依据 IEEE（电气电子工程师学会）的定义，嵌入式系统是用于控制、监视或辅助机器和设备运行的装置。它是一种计算机软件和硬件的综合体，特别强调“量身定制”的原则，也就是说，基于某些特殊的用途，设计者会针对这些用途设计出截然不同的系统。目前在我国得到广泛认同的嵌入式系统的定义为：嵌入式系统是以应用为中心，以计算机技术为基础，软、硬件可裁剪，满足应用系统对功能、可靠性、成本、体积和功耗等的要求的专用计算机系统。嵌入式系统一般由嵌入式微处理器、外围硬件设备、嵌入式操作系统、特定的应用程序四大部分组成。

嵌入式微处理器是由通用计算机中的 CPU 演变而来的。它将许多原来由板卡完成的功能模块集成在芯片内部，同时只保留了和嵌入式应用紧密相关的功能硬件，从而以最低的功耗和资源满足嵌入式应用的特殊要求。其优点为体积小、重量轻、成本低、可靠性高。常用的嵌入式微处理器有 ARM/ StrongARM、Power PC、Am186/88、SC-400、MIPS 系列等。外围硬件设备包括存储器、通用设备接口和 I/O 接口、通信模块及各种外设的总线系统等。嵌入式操作系统负责嵌入式系统的全部软、硬件资源的分配，任务调度，控制、协调并发活动。特定的应用程序是指针对特定应用领域、基于相应的硬件平台、为完成预期的用户任务而设计的计算机软件。由于用户任务可能有时间和精度上的要求，因此特定的应用程序还需要嵌入式操作系统的支持。

1.1.2 嵌入式操作系统

操作系统允许多个任务同时运行，也被称为多任务系统。实际上，一个微处理器的 CPU 在某一时刻只能运行一个任务，由于调度器在各个任务之间的切换非常快，因此给人造成同一时刻有多个任务同时运行的错觉。

嵌入式操作系统（Embedded Operating System，EOS）是指用于嵌入式系统的操作系统。它是一种用途广泛的系统软件，通常包括与硬件相关的底层驱动软件、系统内核、设备驱动接口、通信协议、图形界面、标准化浏览器等。嵌入式操作系统负责嵌入式系统的全部软、硬件资源的分配，任务调度，控制、协调并发活动。它能体现其所在系统的特征，并且可以通过裁剪某些模块来实现系统所要求的功能。

与通用计算机操作系统相比，嵌入式操作系统主要有以下特点。

（1）微型化。嵌入式操作系统的运行平台不是通用计算机系统，而是嵌入式系统。这类系统一般没有大容量的内存，几乎没有外存。因此，嵌入式操作系统必须做得小巧，以尽量少占用系统资源。为了提高系统的执行速度和可靠性，嵌入式系统中的软件一般都固化在存储器芯片中，而不存放在磁盘等载体中。

（2）代码质量高。在大多数应用中，存储空间依然是宝贵的资源，这就要求代码质量高，尽量精简。

（3）专业化。嵌入式系统的处理器更新速度快，硬件平台多种多样，每种都是针对不同的应用领域专门设计的。因此，嵌入式操作系统要有很好的适应性和可移植性，还要支持多种开发平台。

（4）实时性强。嵌入式系统广泛应用于过程控制、数据采集、通信、多媒体信息处理等要求实时响应的场合。因此，实时性成为嵌入式操作系统的又一特点。

（5）可裁减、可配置。应用的多样性要求嵌入式操作系统具有较强的适应能力，能够根据应用的特点和具体要求进行灵活配置和合理裁减，以适应微型化和专业化的要求。

目前，广泛使用的嵌入式操作系统有 μC/OS-II、嵌入式 Linux、Android、iOS、FreeRTOS、RT-Thread 等。

1.1.3 实时操作系统

按照对外部事件的响应能力，可将嵌入式操作系统分为实时操作系统和分时操作系统。如果操作系统能使计算机系统及时地响应外部事件，能控制所有实时设备和实时任务协调运行，并且能在规定的时间内完成对事件的处理，就称这种系统为实时操作系统（Real

Time Operating System，RTOS）。按时间的正确性，实时操作系统又可分为硬实时操作系统和软实时操作系统。硬实时操作系统必须在极其严格的时间内完成任务，这是在操作系统设计时保证的。软实时操作系统只要求按照任务的优先级尽可能快地完成操作。

分时操作系统把 CPU 的时间划分成长短基本相同的时间区间，即时间片，通过操作系统的管理，把这些时间片轮流地分配给各个用户使用，操作系统按时间片轮转完成各个任务。分时操作系统的优势在于多任务的管理，软件的执行在时间上的要求并不严格。

实时操作系统有以下特征。

（1）高精度计时功能。系统计时精度是影响实时性的一个重要因素。在实时操作系统应用中，经常需要精确、实时操作某个设备或执行某个任务，或者精确计算某个时间函数。这不仅依赖于一些硬件提供的时钟精度，还依赖于实时操作系统的高精度计时功能。

（2）多级中断嵌套处理机制。一个实时操作系统通常需要处理多种外部事件，但事件的紧迫程度不同，有的必须立即做出反应，有的则可以延后处理。因此，需要建立多级中断嵌套处理机制，以确保对紧迫程度较高的实时事件及时进行响应和处理。

（3）实时调度机制。实时操作系统不仅要及时响应实时事件，而且要及时调度实时任务。但是，处理机调度不能随心所欲地进行，因为涉及两个进程之间的切换，只能在确保“安全切换”的时间点上进行。实时调度机制包括两个方面：一是在调度策略和算法上保证优先调度实时任务；二是建立更多“安全切换”时间点，以保证及时调度实时任务。

1.1.4　嵌入式实时操作系统

目前，大多数实时操作系统都是嵌入式的，并且实际运行中的嵌入式系统也都有实时性的需求。因此，在诸多类型的嵌入式操作系统中，嵌入式实时操作系统（Embedded Real Time Operation System）是最具代表性的一类，它融合了几乎所有类型的嵌入式操作系统的特点。

1. 嵌入式实时操作系统的关键特性

与通用计算机操作系统相比，嵌入式实时操作系统在功能上具有很多特性，其关键特性如下。

（1）满足嵌入式应用的高可靠性要求。

（2）满足嵌入式应用的可裁剪能力要求。

（3）内存需求少。

（4）运行具备可预测性。

（5）采用实时调度机制。

（6）系统的规模紧凑。

（7）支持从 ROM 或 RAM 上引导和运行。

（8）对不同的硬件平台均有较好的可移植性。

2. 嵌入式实时操作系统的实时性指标

在评估嵌入式实时操作系统的设计性能时，实时性是最重要的一个指标，常用的实时性指标主要有以下几个。

（1）任务切换时间。任务切换时间是指 CPU 控制权由运行态的任务转移给另外一个就绪任务所需要的时间。它包括在进行任务切换时，保存和恢复任务上下文所花费的时间及选择下一个就绪任务执行的调度时间。该指标与微处理器的寄存器数目和系统结构有关，相同的操作系统在不同微处理器上运行所花费的时间可能不同。任务切换时序如图 1-1 所示。

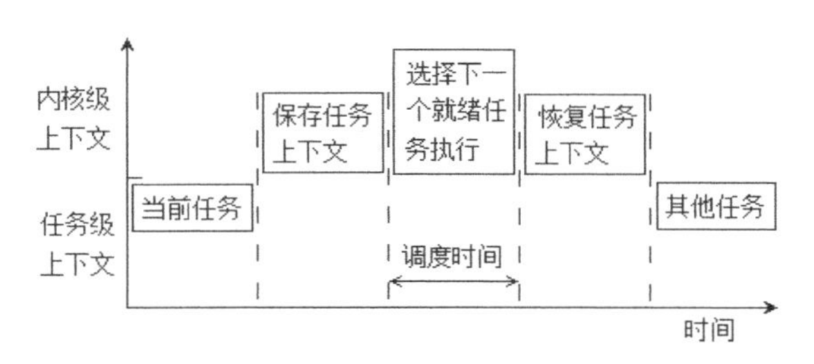

图 1-1　任务切换时序

（2）中断处理时间。中断处理时间包括中断延迟时间、中断响应时间、中断执行时间和中断恢复时间。对于抢占式调度，中断恢复时间还要加上进行任务切换和恢复新的任务上下文的时间。中断处理时序如图 1-2 所示。

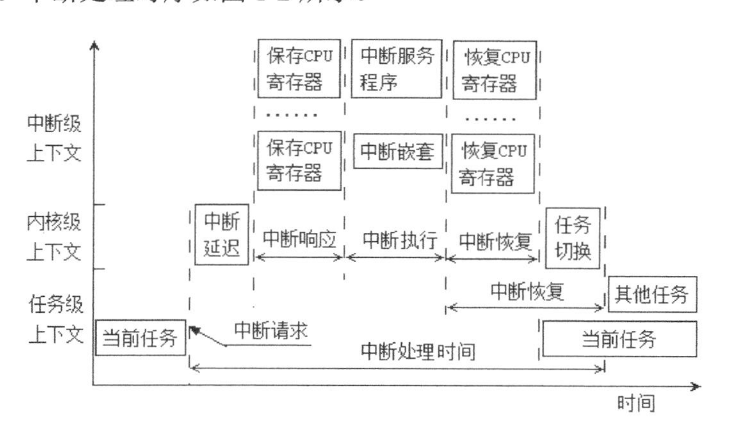

图 1-2　中断处理时序

（3）系统响应时间。系统响应时间是指从系统发出处理请求到系统做出应答的时间，即调度延迟，这个时间的长短主要由内核任务调度算法所决定。

目前，常见的嵌入式实时操作系统有 VxWorks、μClinux、μC/OS-II、eCos、FreeRTOS、RT-Thread 等。每种嵌入式实时操作系统都有各自的性能特点和不同的应用领域，在工程实践中要视具体情况选择。

1.2 嵌入式实时操作系统 FreeRTOS 简介

FreeRTOS 是一个源码开放的嵌入式实时操作系统，体积小巧，支持抢占式任务调度。FreeRTOS 由 Richard Barry 开发，并由 Real Time Engineers Ltd 生产出来，支持市场上大部分处理器架构。FreeRTOS 设计得十分小巧，可以在资源非常有限的微控制器中运行，甚至可以在 51 架构的单片机上运行。此外，FreeRTOS 是一个开源、免费的嵌入式实时操作系统，相较 μC/OS-II 等需要收费的嵌入式实时操作系统，尤其适合在嵌入式系统中使用，能有效降低嵌入式产品的生产成本。

1.2.1 FreeRTOS 的特点

FreeRTOS 是可裁剪的小型嵌入式实时操作系统，除开源、免费以外，还具有以下特点。

（1）FreeRTOS 的内核支持抢占式、合作式和时间片三种调度方式。

（2）支持的芯片种类多，已经在超过 30 种架构的芯片上进行了移植。

（3）系统简单、小巧、易用，通常情况下其内核仅占用 4～9KB 的 ROM 空间。

（4）代码主要用 C 语言编写，可移植性高。

（5）支持 ARM Cortex-M 系列中的 MPU，如 STM32F429 等有 MPU 的芯片。

（6）任务数量不限。

（7）任务优先级不限。

（8）任务与任务、任务与中断之间可以使用任务通知、队列、二值信号量、计数信号量、互斥信号量和递归互斥信号量进行通信和同步。

（9）有高效的软件定时器。

（10）有强大的跟踪执行功能。

（11）有堆栈溢出检测功能。

（12）适用于低功耗应用。FreeRTOS 提供了一个低功耗 tickless 模式。

（13）在创建任务通知、队列、信号量、软件定时器等系统组件时，可以选择动态或静态 RAM。

（14）SafeRTOS 作为 FreeRTOS 的衍生品，具有比 FreeRTOS 更高的代码完整性。

1.2.2 FreeRTOS 的商业许可

FreeRTOS 最大的优势是开源、免费，可供自由使用。在商业应用中使用时，不需要用户公开源码，也不存在任何版权问题，因而在小型嵌入式操作系统中拥有极高的使用率。

OpenRTOS 和 SafeRTOS 是由 FreeRTOS 衍生出来的两个操作系统。如果开发者不能接受 FreeRTOS 的开源许可协议条件，需要技术支持、法律保护，或者想获得开发帮助，则可以考虑使用 OpenRTOS；如果开发者需要获得安全认证，则推荐使用 SafeRTOS。

使用 OpenRTOS 需要遵守商业许可协议，FreeRTOS 的开源许可和 OpenRTOS 的商业许可的区别如表 1-1 所示。

表 1-1　FreeRTOS 的开源许可和 OpenRTOS 的商业许可的区别

项　　目	FreeRTOS 的开源许可	OpenRTOS 的商业许可
是否免费	是	否
是否可在商业应用中使用	是	是
是否免版权费	是	是
是否提供质量保证	否	是
是否有技术支持	否，只有论坛支持	是
是否提供法律保护	否	是
是否需要开源工程代码	否	否
是否需要开源对于源码的修改	是	否
是否需要记录产品使用了 FreeRTOS	如果发布源码，则需要记录	否
是否需要提供 FreeRTOS 代码给工程用户	如果发布源码，则需要提供	否

OpenRTOS 是 FreeRTOS 的商业化版本，OpenRTOS 的商业许可协议不包含任何 GPL 条款。FreeRTOS 还有另外一个衍生版本 SafeRTOS，SafeRTOS 由安全方面的专家重新做了设计，在工业（IEC 61508）、铁路（EN 50128）、医疗（IEC 62304）、核能（IEC 61513）等领域获得了安全认证。

1.2.3　选择 FreeRTOS 的理由

嵌入式实时操作系统种类很多，各具特点，选择 FreeRTOS 的理由如下。

（1）FreeRTOS 是免费的，而 μC/OS-II、VxWorks 等都是收费的，使用 FreeRTOS 可有效降低嵌入式产品的生产成本。

（2）FreeRTOS 得到了众多半导体厂商的支持。很多半导体产品的 SDK 包使用了 FreeRTOS，尤其是蓝牙、Wi-Fi 等带协议栈的芯片或模块。

（3）越来越多的软件厂商使用 FreeRTOS。例如，TouchGFX 公司的示例程序都是基于 FreeRTOS 实现的，ST 公司所有使用实时操作系统的示例程序也都使用了 FreeRTOS。

（4）FreeRTOS 很容易移植到不同架构（如 STM32 的 F1、F3、F4、F7 的 ARM Cortex-M 架构，MSP430 架构，RISC-V 架构等）的处理器中。

（5）FreeRTOS 的文件数量少，占用内存少，使用简单、高效。

（6）FreeRTOS 的社会占有量高。正是由于具有免费、开源、小巧、易用等特性，FreeRTOS 的社会占有量正在逐年升高。据 EE Times 统计，自 2015 年开始，FreeRTOS 的社会占有量就已经居第一位。EE Times 统计的 2017 年 FreeRTOS 的社会占有量排行如

图 1-3 所示。有关嵌入式实时操作系统更详细的统计信息，可以通过 EE Times 的官网查看。

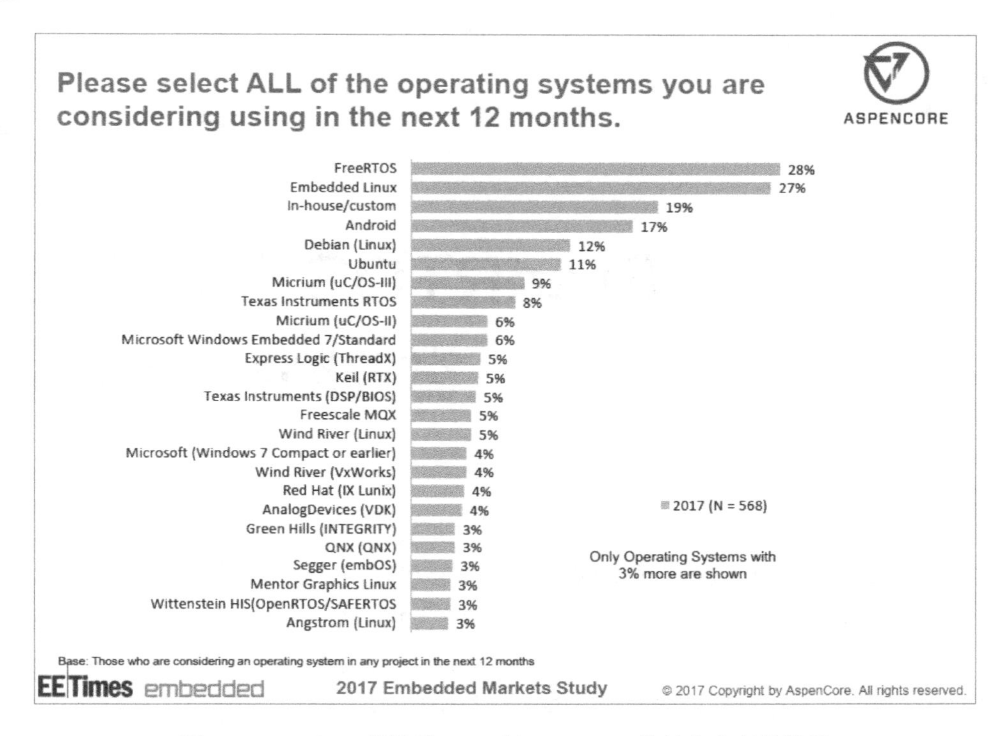

图 1-3　EE Times 统计的 2017 年 FreeRTOS 的社会占有量排行

1.3　总结

本章简单介绍了嵌入式系统的定义及组成，嵌入式系统的基本概念。通过比较嵌入式操作系统与通用计算机操作系统的异同，总结出嵌入式操作系统的特点，并且介绍了嵌入式实时操作系统 FreeRTOS 的性能特点。

思考与练习

1．什么是嵌入式操作系统？与通用计算机操作系统相比，嵌入式操作系统有什么特点？

2．常见的嵌入式实时操作系统有哪几种？说明它们的特点和应用领域。

3．嵌入式实时操作系统 FreeRTOS 有哪些特点？

第2章 FreeRTOS在STM32微控制器上的移植

FreeRTOS非常小巧，在很多处理器上可正常移植使用。官方给出的示例程序（Demo）中包含从MSP430、PIC、AVR、ARM7、ARM9、ARM Cortex-M到ARM Cortex-A等上百种芯片的示例程序。本章以意法半导体的STM32F429IGT6芯片为例，介绍FreeRTOS在STM32微控制器上的移植过程和方法，其他芯片的移植大同小异，稍作修改即可移植成功。

2.1 文件准备

要移植FreeRTOS，首先要获取其源码。FreeRTOS源码可以从FreeRTOS官网直接下载得到。进入FreeRTOS官网后可以看到Download FreeRTOS和Getting Started两个按钮，如图2-1所示。

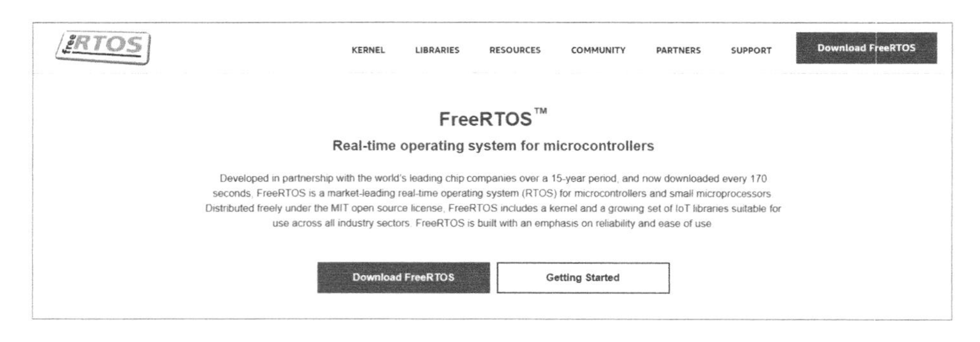

图2-1 FreeRTOS官网

FreeRTOSv10.3.1及其之前的版本采用包含内核版本号压缩文件的方式发行。例如，FreeRTOSv10.3.0，其发行文件为FreeRTOSv10.3.0.zip，包含FreeRTOS内核的版本为

10.3.0。随着 zip 文件中的库数量不断增加，FreeRTOS 官方为了更好地反映 zip 文件实际上包含集成在一起的库的集合，从 2020 年 2 月 19 日开始，使用日期戳版本来代替内核版本命名发行文件。到编写本书时为止，最新的 FreeRTOS 版本为 FreeRTOSv202107.00，发行日期为 2021 年 7 月 24 日。

本书所述 FreeRTOS 基于 FreeRTOSv10.3.0 内核。相对于之前广泛使用的 v9.0 内核，除修正了一些 Bug 之外，还增添了 stream_buffer.c 和 stream_buffer.h 文件，用于进程间数据流通信（IPC）。

2.1.1　FreeRTOS 源码

从 FreeRTOS 官网下载 FreeRTOS 源码后将其解压，可以得到 FreeRTOS 源码的 3 个文件夹、6 个 HTML 格式的网页文件和 1 个 TXT 文档，如图 2-2 所示。其中，HTML 格式的网页文件和 TXT 文档是使用 FreeRTOS 的辅助性说明文件。

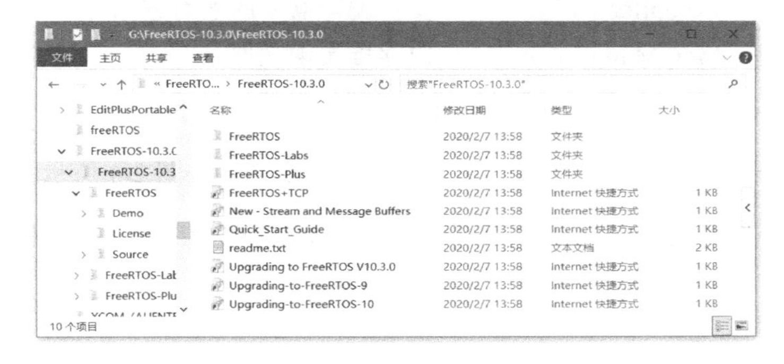

图 2-2　解压出来的 FreeRTOS 源码和辅助性说明文件

FreeRTOS 源码位于 FreeRTOS、FreeRTOS-Labs 和 FreeRTOS-Plus 这 3 个文件夹中。其中，FreeRTOS 文件夹是内核所在的文件夹，包含源码和示例程序；FreeRTOS-Plus 文件夹中包含一些第三方中间件源码及示例程序；FreeRTOS-Labs 文件夹是 v9.0 及之前的版本中所没有的，是官方正在完善的内容，包含 IOT 和第三方中间件源码及示例程序。移植 FreeRTOS 要重点关注 FreeRTOS 内核所在的文件夹，即 FreeRTOS 文件夹，如图 2-3 所示。

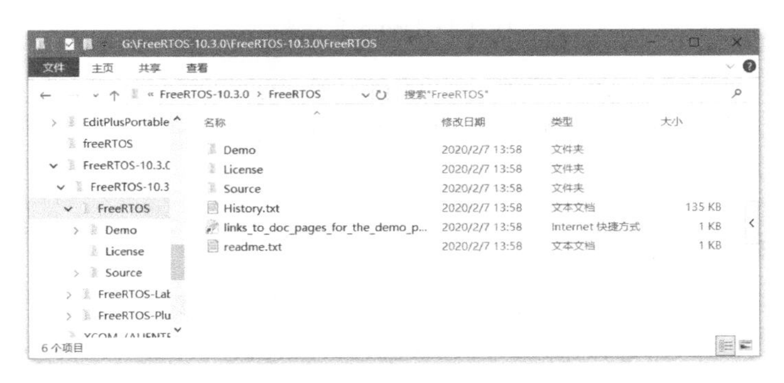

图 2-3　FreeRTOS 文件夹

FreeRTOS 文件夹中有 Demo、License 和 Source 3 个文件夹，以及 3 个说明性的文档，精简后的文件夹结构如下。

```
FreeRTOS
    |+-- Demo                FreeRTOS 示例程序
    |     |+-- Common           所有示例程序都可以使用的示例程序公用资源
    |     |+-- Directory x      用于 x 平台的演示示例程序公用资源
    |     |+-- Directory y      用于 y 平台的演示示例程序公用资源
    | +-- License            FreeRTOS 开源许可协议
    | +-- Source             FreeRTOS 内核源码文件
    |     |+-- include          FreeRTOS 内核源码头文件
    |     |+-- Portable         处理器特定代码
    |     |    |+--Compiler x         支持编译器 x 的所有移植包
    |     |    |+--Compiler y         支持编译器 y 的所有移植包
    |     |    |+--MemMang            内存堆实现文件
```

1. Demo 文件夹

Demo 文件夹中存放的是 FreeRTOS 的相关示例程序，如图 2-4 所示。

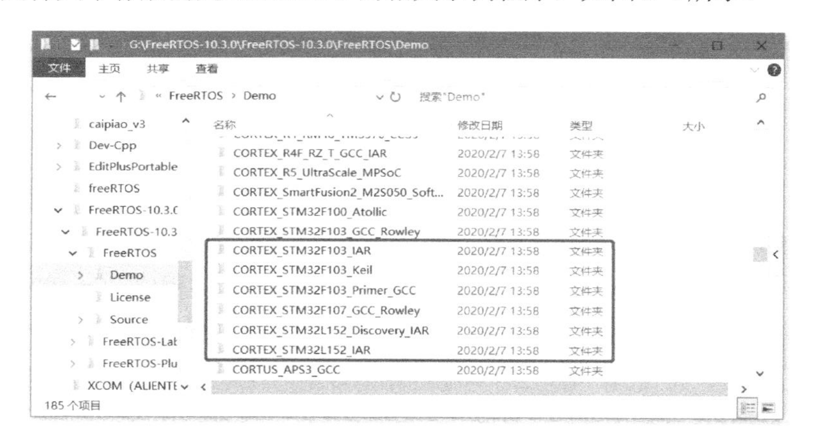

图 2-4　Demo 文件夹

FreeRTOS 针对不同的 MCU 提供了非常多的 Demo，包括 MSP430、PIC、AVR、ARM7、ARM9、ARM Cortex-M、ARM Cortex-A 等，这些例子能帮助开发者快速了解 FreeRTOS，了解 FreeRTOS 在对应芯片上如何实现和使用。

2. License 文件夹

License 文件夹中存放的是相关的许可信息，开发者在每个源文件的开头都要引用一段许可描述说明文字，如果开发的产品用于出口，则要格外留意这些信息。

3．Source 文件夹

Source 文件夹是 FreeRTOS 内核所在的文件夹，如图 2-5 所示。该文件夹中源码文件非常少，只有 7 个.c 文件。include 文件夹中存放的是对应.c 文件的头文件。portable 文件夹是 FreeRTOS 和具体硬件联系在一起的桥梁，也叫作移植层文件夹。

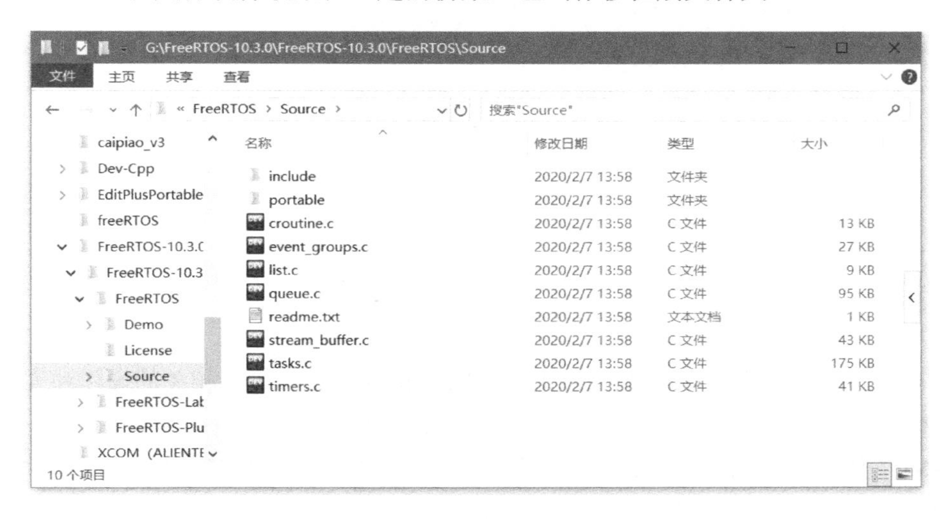

图 2-5 Source 文件夹

FreeRTOS 在不同的编译环境、不同的硬件平台上实现，需要 portable 文件夹中对应文件的支持，因此移植层文件是进行移植的关键文件，如图 2-6 所示。

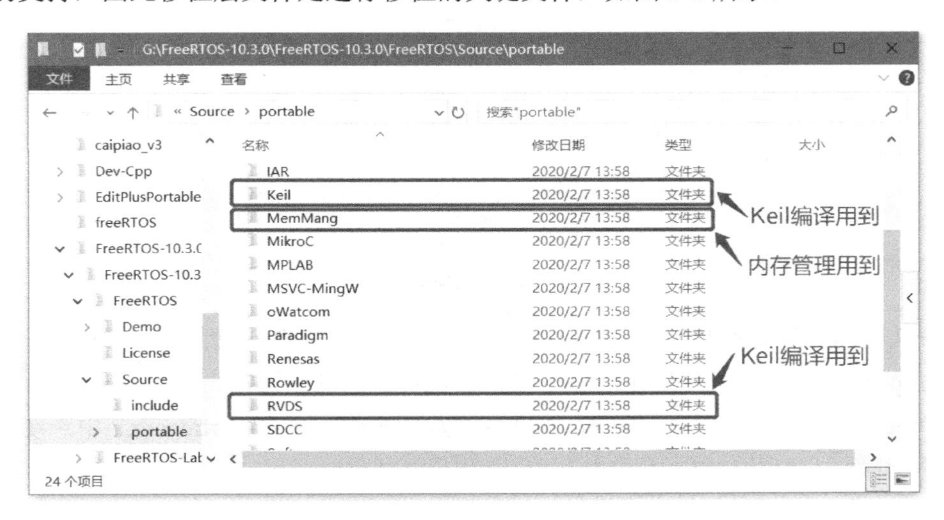

图 2-6 portable 文件夹

对于 MDK-ARM 编译环境，需要 Keil、MemMang 和 RVDS 这 3 个文件夹中的文件。其中，Keil 文件夹中只有一个 See-also-the-RVDS-directory.txt 文件，意思是参考 RVDS 文件夹中的文件。RVDS 文件夹如图 2-7 所示。

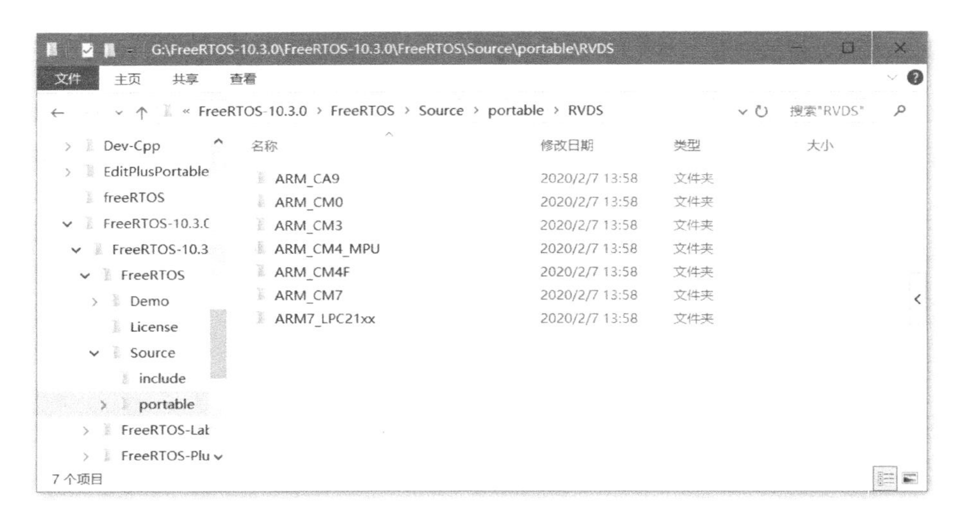

图 2-7　RVDS 文件夹

RVDS 文件夹针对不同架构的 MCU 实现了 FreeRTOS 与硬件相关的操作和宏定义，不同架构的 MCU 使用与其架构相对应的文件夹。例如，STM32F1xx 系列芯片属于 ARM Cortex-M3 内核，使用 ARM_CM3 文件夹中的文件，而 STM32F4xx 系列芯片使用 ARM_CM4F 文件夹中的文件。各文件夹中的文件名都是一样的，ARM_CM4F 文件夹如图 2-8 所示。

图 2-8　ARM_CM4F 文件夹

其中，port.c 是 ARM Cortex-M4 与 FreeRTOS 的接口文件，包含所有与实际硬件相关的代码；portmacro.h 文件声明了所有的硬件特定功能，硬件无关头文件 portable.h 在编译时通过#include 引入正确的 portmacro.h 文件，从而正确调用在 portmacro.h 中声明的硬件特定功能函数。

2.1.2　基础工程

FreeRTOS 移植是否成功，需要通过一个基础工程进行验证。一般来说，这个基础工程越简单越好，但要注意一点，在这个基础工程中最好不要使用 SysTick、PendSV 和 SVC 这 3 个系统中断，因为 FreeRTOS 要使用这 3 个系统中断，如果基础工程中用到这 3 个系统中断，则要先进行屏蔽处理，以免出错，造成移植失败。

本书不限定使用哪个品牌的开发板，大家使用的开发板可能不一样，甚至芯片也可能不一样，这没有多大关系。用哪个平台进行移植，就准备好在这个平台上能正确编译、运行的基础工程（裸机能正确运行的工程）。本书以 MDK-ARM 为编译环境，以 STM32F429 开发板为移植目标平台。先准备好一个 LED 闪烁基础工程，LED 闪烁基础工程用于观察程序是否正常运行，从而判断移植是否成功。如果用的是其他芯片或平台，也是同样的道理，采用 LED 闪烁基础工程是一个不错的选择。

LED 闪烁基础工程对应的硬件原理图如图 2-9 所示，每隔 1s 闪烁 1 次 LED0。若用的是其他开发板，则请自行查阅对应的硬件原理图。

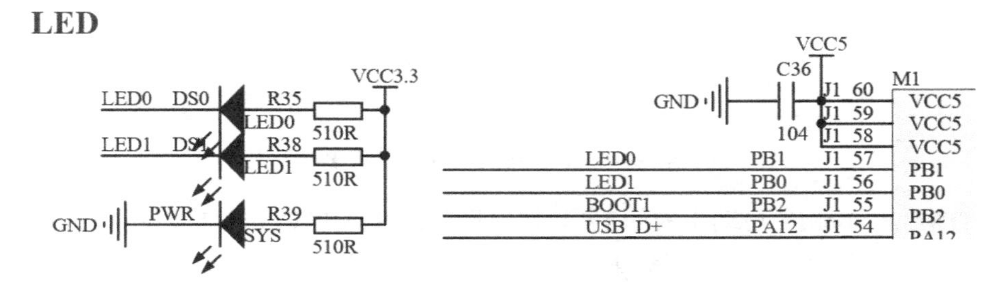

图 2-9　LED 闪烁基础工程对应的硬件原理图

与硬件相关的初始化函数，本书均采用 MDK-ARM 及其 RTE 环境，由 STM32CubeMX 进行配置和生成。STM32CubeMX 使用的是 HAL 库。当然，用标准库、寄存器或它们的组合进行初始化及编程也是可以的。基础工程的项目分组如图 2-10 所示。

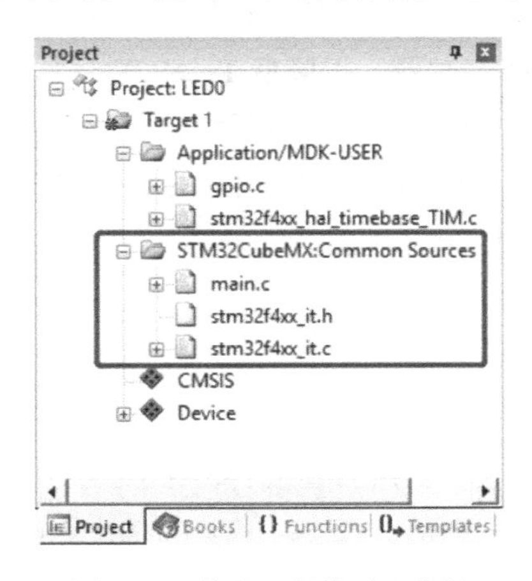

图 2-10　基础工程的项目分组

在 MDK-ARM 的 RTE 环境配置中，依次单击 Device→STM32Cube Framework(API) 前的加号，勾选 STM32CubeMX 后的复选框，即可用 STM32CubeMX 生成配置及初始化代码，如图 2-11 所示。

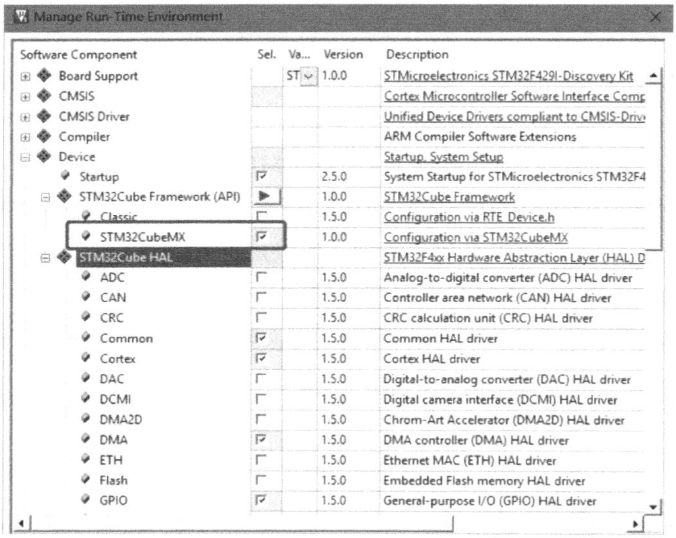

图 2-11　用 STM32CubeMX 生成配置及初始化代码

用 STM32CubeMX 自动生成的工程，其项目分组 STM32CubeMX:Common Sources（见图 2-10）是自动生成的，名字不能更改，也不要试图在这个分组下添加其他.c 文件，因为下次重新生成代码时会由 STM32CubeMX 自动改写和维护。

用 STM32CubeMX 生成配置及初始化代码，需要将用户添加的代码放在对应的 /* USER CODE BEGIN xxx */和/* USER CODE END xxx */之间。这样，在修改 STM32CubeMX 工程后再次重新生成代码时用户代码才不会被覆盖。另外，使用 HAL 库编程需要一个定时器来实现时间基准，本节采用了基本定时器 TIM6，避开 FreeRTOS 心跳时钟所使用的 SysTick 嘀嗒定时器，以降低 FreeRTOS 系统时钟节拍与 HAL 库时间基准的耦合性，使操作系统时钟节拍可以自由调整而不影响 HAL 库时间基准。当然，两者都用 SysTick 嘀嗒定时器也是可以的。LED0 闪烁的代码放在 STM32CubeMX 自动生成的代码 main 函数中。

```
int main(void)
{
  /* USER CODE BEGIN 1 */
  /* USER CODE END 1 */
  /* MCU Configuration-----------------------------------------------------------*/
  /* Reset of all peripherals, Initializes the Flash interface and the Systick. */
  HAL_Init();
  /* USER CODE BEGIN Init */
  /* USER CODE END Init */
  /* Configure the system clock */
  SystemClock_Config();
  /* USER CODE BEGIN SysInit */
```

```
  /* USER CODE END SysInit */
  /* Initialize all configured peripherals */
  MX_GPIO_Init();
  /* USER CODE BEGIN 2 */
  /* USER CODE END 2 */
  /* Infinite loop */
  /* USER CODE BEGIN WHILE */
  while (1)
  {
    HAL_GPIO_TogglePin(GPIOB,LED0_Pin);       /*LED0 闪烁*/
    HAL_Delay(500);                           /*每秒闪烁 1 次*/
  /* USER CODE END WHILE */
  /* USER CODE BEGIN 3 */
  }
  /* USER CODE END 3 */
}
```

2.2　FreeRTOS 移植

准备好硬件、基础工程及 FreeRTOS 源码后，即可开始进行目标硬件上的 FreeRTOS 移植，下面的移植基于 MDK-ARM5 编译环境进行。

2.2.1　复制 FreeRTOS 源码

对基础工程进行复制，将新工程命名为 02-01FreeRTOS 移植（工程名可以自己定义），新建 FreeRTOS 文件夹，如图 2-12 所示。

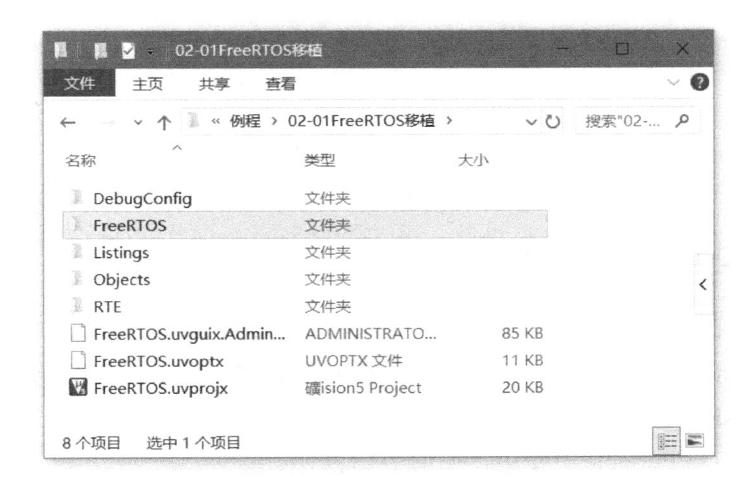

图 2-12　新建 FreeRTOS 文件夹

将 FreeRTOS 文件夹中 Source 文件夹下的全部文件复制到新建的 FreeRTOS 文件夹中，如图 2-13 所示。

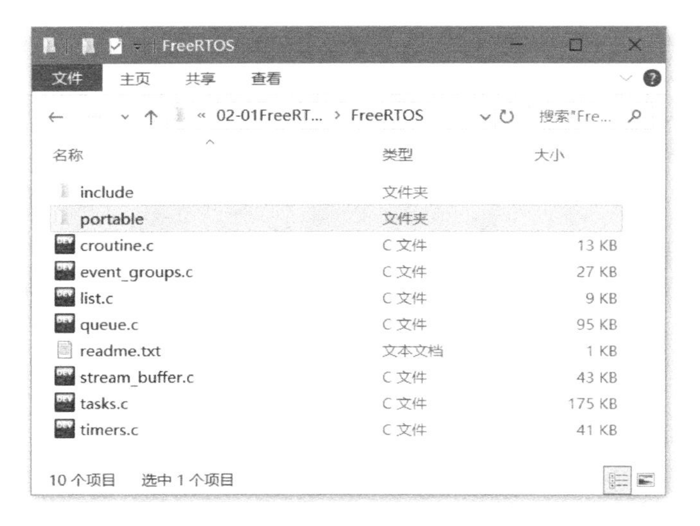

图 2-13　将源码复制到新建的 FreeRTOS 文件夹中

打开 portable 文件夹，除 Keil、MemMang、RVDS 这 3 个目录保留以外，其余目录全部删除，如图 2-14 所示。

图 2-14　portable 文件夹

2.2.2　向工程中添加.c 文件

打开工程，在左边的工程项目分组中添加 FreeRTOS/Source 和 FreeRTOS/Portable 两个分组，将 Source 文件夹下的 7 个.c 文件添加到 FreeRTOS/Source 分组中，将 portable\RVDS\ARM_CM4F 文件夹下的 port.c 文件及 portable\MemMang 下的 heap_4.c 文件添加到 FreeRTOS/Portable 分组中，如图 2-15 所示。

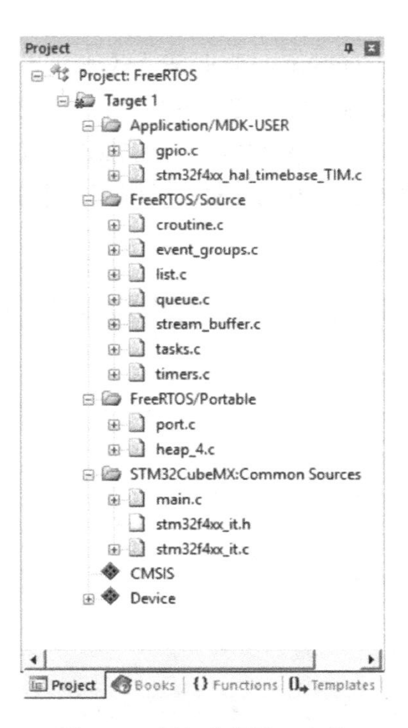

图 2-15　添加分组及.c 文件

2.2.3　配置头文件包含路径

在 option 配置选项的 C/C++选项卡中配置头文件包含路径，添加 FreeRTOS\include 和 FreeRTOS\portable\RVDS\ARM_CM4F 两个头文件包含路径，如图 2-16 所示。

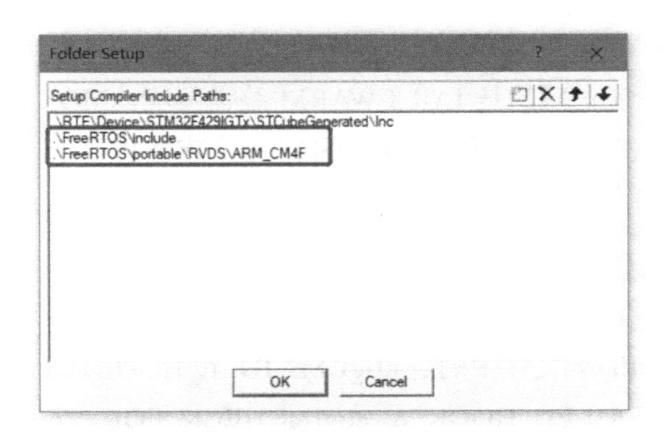

图 2-16　配置头文件包含路径

2.2.4　配置 FreeRTOS

FreeRTOS 使用 FreeRTOSConfig.h 文件进行配置和裁剪。FreeRTOSConfig.h 文件可以从解压的 FreeRTOS 源码 FreeRTOS\Demo\CORTEX_M4F_STM32F407ZG-SK 示例程序中

复制，放到工程文件夹的 FreeRTOS\include 目录下（放到其他目录下也可以，但要注意配置好头文件包含路径）。在复制时，注意选择对应目标芯片架构的示例程序，虽然没有提供 STM32F429 的示例程序，但是 STM32F429 与 STM32F407 同属 ARM Cortex-M4 架构，因此选择 CORTEX_M4F_STM32F407ZG-SK 示例程序中的配置文件是没有问题的，如图 2-17 所示。

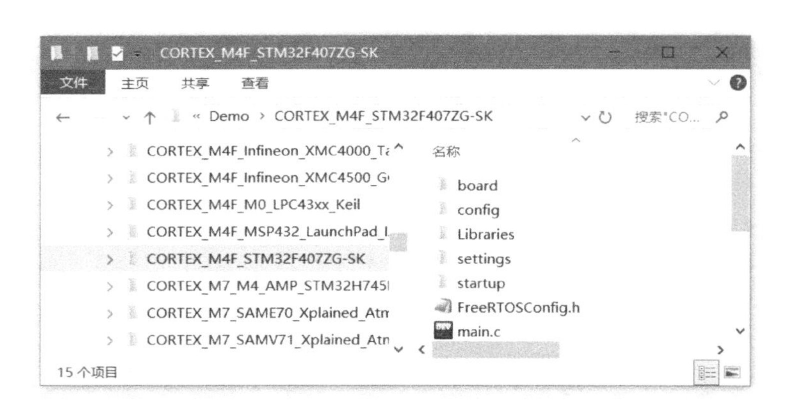

图 2-17　从官网提供的示例程序中复制 FreeRTOSConfig.h 文件

FreeRTOS 在 FreeRTOSConfig.h 文件中使用 SystemCoreClock 这个全局变量来标记系统时钟，从官网提供的示例程序中复制出来的 FreeRTOSConfig.h 文件中使用了条件编译代码来声明 SystemCoreClock 这个全局变量。

```
#ifdef __ICCARM__
    #include <stdint.h>
    extern uint32_t SystemCoreClock;
#endif
```

__ICCARM__编译宏对应的是 IAR EWARM 编译环境，MDK-ARM 编译环境对应的编译宏名为__CC_ARM，在条件编译代码中添加这个宏即可。

```
#if defined(__ICCARM__) || defined(__CC_ARM)
    #include <stdint.h>
    extern uint32_t SystemCoreClock;
#endif
```

修改 FreeRTOSConfig.h 文件中的 configUSE_IDLE_HOOK、configUSE_TICK_HOOK、configUSE_MALLOC_FAILED_HOOK 及 configCHECK_FOR_STACK_OVERFLOW 这 4 个宏为 0。当这 4 个宏不为 0 时，会触发对应的钩子函数，这些钩子函数需要用户自行定义和编写，如果没有编写这些钩子函数，则编译会报错。修改后的 FreeRTOSConfig.h 文件如图 2-18 所示。

```
#if defined(__ICCARM__) || defined(__CC_ARM)
    #include <stdint.h>
    extern uint32_t SystemCoreClock;
#endif

#define configUSE_PREEMPTION                1
#define configUSE_IDLE_HOOK                 0
#define configUSE_TICK_HOOK                 0
#define configCPU_CLOCK_HZ                  ( SystemCoreClock )
#define configTICK_RATE_HZ                  ( ( TickType_t ) 1000 )
#define configMAX_PRIORITIES                ( 5 )
#define configMINIMAL_STACK_SIZE            ( ( unsigned short ) 130 )
#define configTOTAL_HEAP_SIZE               ( ( size_t ) ( 75 * 1024 ) )
#define configMAX_TASK_NAME_LEN             ( 10 )
#define configUSE_TRACE_FACILITY            1
#define configUSE_16_BIT_TICKS              0
#define configIDLE_SHOULD_YIELD             1
#define configUSE_MUTEXES                   1
#define configQUEUE_REGISTRY_SIZE           8
#define configCHECK_FOR_STACK_OVERFLOW      0
#define configUSE_RECURSIVE_MUTEXES         1
#define configUSE_MALLOC_FAILED_HOOK        0
#define configUSE_APPLICATION_TASK_TAG      0
#define configUSE_COUNTING_SEMAPHORES       1
#define configGENERATE_RUN_TIME_STATS       0
```

图 2-18　修改后的 FreeRTOSConfig.h 文件

2.2.5　修改 stm32f4xx_it.c 文件

用 STM32CubeMX 自动生成的配置代码，会默认在 stm32f4xx_it.c 文件中生成 SysTick、PendSV 和 SVC 这 3 个中断服务函数，这 3 个中断服务函数已经在 FreeRTOS 中使用了，因此会造成重复定义，一个解决办法是在每次重新生成代码后，将 stm32f4xx_it.c 文件中对应的 3 个中断服务函数注释掉，这样做有点烦琐。另一个解决办法是配置 STM32CubeMX 的 NVIC 代码生成选项，取消勾选生成这 3 个中断服务函数的复选框，如图 2-19 所示。

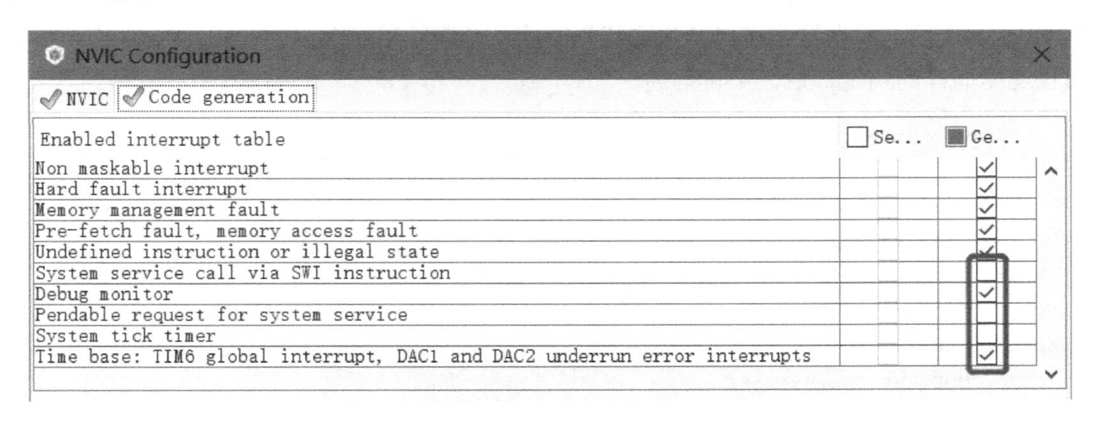

图 2-19　配置 STM32CubeMX 的 NVIC 代码生成选项

2.2.6　编译项目

单击“编译”按钮，编译完成后显示“0 Error(s), 0 Warning(s)”，至此，FreeRTOS 在 STM32F429 上的移植全部完成。如果编译出错，则根据错误提示回到之前的步骤中进行检查、排错。编译结果如图 2-20 所示。

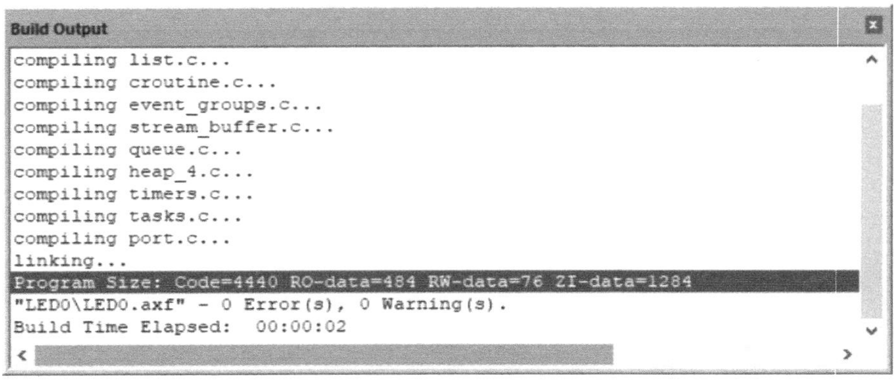

```
Build Output
compiling list.c...
compiling croutine.c...
compiling event_groups.c...
compiling stream_buffer.c...
compiling queue.c...
compiling heap_4.c...
compiling timers.c...
compiling tasks.c...
compiling port.c...
linking...
Program Size: Code=4440 RO-data=484 RW-data=76 ZI-data=1284
"LED0\LED0.axf" - 0 Error(s), 0 Warning(s).
Build Time Elapsed:  00:00:02
```

图 2-20　编译结果

2.3　移植验证

编译无错误不代表 FreeRTOS 移植成功，需要创建测试任务进行测试。如果调度器开启后程序能正确执行任务，则说明 FreeRTOS 移植成功。测试任务以简单为原则，下面介绍如何将基础工程中的 LED0 闪烁功能做成任务，对 FreeRTOS 移植是否成功进行测试。

2.3.1　引入 FreeRTOS 相关头文件

在 main.c 中包含 freertos.h 和 task.h 两个头文件。若要用 STM32CubeMX 再次修改工程，则包含头文件的语句要放在/* USER CODE BEGIN Includes */和/* USER CODE END Includes */之间。只有这样在自动生成代码时才不会删除用户编写的代码。其他程序的编写也遵循同样的约定，后面不再描述。

```
/* Includes ------------------------------------------------------------------*/
#include "main.h"
#include "stm32f4xx_hal.h"
#include "gpio.h"
/* USER CODE BEGIN Includes */
#include "freertos.h"
#include "task.h"
/* USER CODE END Includes */
```

2.3.2　编写测试任务函数

测试任务函数的编写有固定的格式，具体内容将在后续章节中进行介绍。测试任务函数中有一个无限循环，类似于裸机程序 main 函数中的 while(1)死循环。测试任务函数 while(1)中的代码可直接复制基础工程 while(1)中的代码。

```
/* USER CODE BEGIN 0 */
static TaskHandle_t LedTaskHandle = NULL;        /* 任务句柄 */
/*************************************************************************
* 函 数 名:Led0Task
* 功能说明:LED0 每秒闪烁 1 次任务函数
* 形   参:pvParameters 是在创建该任务时传递的参数
* 返 回 值:无
*************************************************************************/
static void Led0Task(void *pvParameters)
{
  while(1)                                       /* FreeRTOS 任务是一个死循环*/
  {
        HAL_GPIO_TogglePin(GPIOB,LED0_Pin);      /*LED0 闪烁*/
        HAL_Delay(500);                          /*每秒闪烁 1 次*/
  }
}
/* USER CODE END 0 */
```

2.3.3　创建测试任务

用 xTaskCreate()函数创建任务，这个函数中共有 6 个参数，函数的具体用法将在后续章节中进行介绍。

```
/* USER CODE BEGIN 2 */
xTaskCreate(Led0Task,                  /* 任务函数 */
            "Led0Task",                /* 任务名 */
            128,                       /* 任务堆栈大小，单位为 word，也就是 4B */
            NULL,                      /* 任务参数 */
            4,                         /* 任务优先级 */
            &LedTaskHandle );          /* 任务句柄 */
vTaskStartScheduler();                 /* 开启调度器 */
/* USER CODE END 2 */
```

2.3.4　开启调度器

用 vTaskStartScheduler()函数开启调度器，在正常情况下，程序不会执行到此语句后面的代码，即该语句后面的 while(1)语句将永远不会被执行。

```
/* USER CODE BEGIN 2 */
xTaskCreate(Led0Task,                  /* 任务函数 */
             "Led0Task",               /* 任务名 */
             128,                      /* 任务堆栈大小，单位为 word，也就是 4B */
```

```
            NULL,                   /* 任务参数 */
            4,                      /* 任务优先级 */
            &LedTaskHandle );       /* 任务句柄 */
vTaskStartScheduler();              /* 开启调度器 */
/* USER CODE END 2 */
/* Infinite loop */
/* USER CODE BEGIN WHILE */
while (1)
{
/* 开启调度器后，程序不会执行到这里 */
/* USER CODE END WHILE */
/* USER CODE BEGIN 3 */
}
/* USER CODE END 3 */
```

2.3.5 下载测试

编译无误后将程序下载到目标开发板上，可以看到 LED0 每秒闪烁 1 次，与基础工程中的裸机程序运行结果一模一样，从而验证了 FreeRTOS 在 STM32F429 上移植成功。

2.4 添加串口打印功能

为了提高 FreeRTOS 移植的成功率，准备的基础工程往往越简单越好。有时需要了解任务运行的一些状态，需要借助计算机屏幕来显示一些信息，最方便的办法是配置开发板的串口打印功能，利用计算机屏幕的串口调试助手来实现信息的显示。

2.4.1 串口硬件连接

STM32 微控制器的开发板都带有若干个串口，哪怕最小系统板，都至少有一个串口作为通信接口。具体哪个串口可用，采用的是哪种连接方式、哪种电平接口，则需要查阅对应开发板的硬件原理图来确定。本书使用开发板对外提供的串口 1，通过 USB 转 TTL 芯片 CH340G 进行电平转换后与计算机的 USB 口直接进行连接。开发板串口 1 硬件原理图如图 2-21 所示。

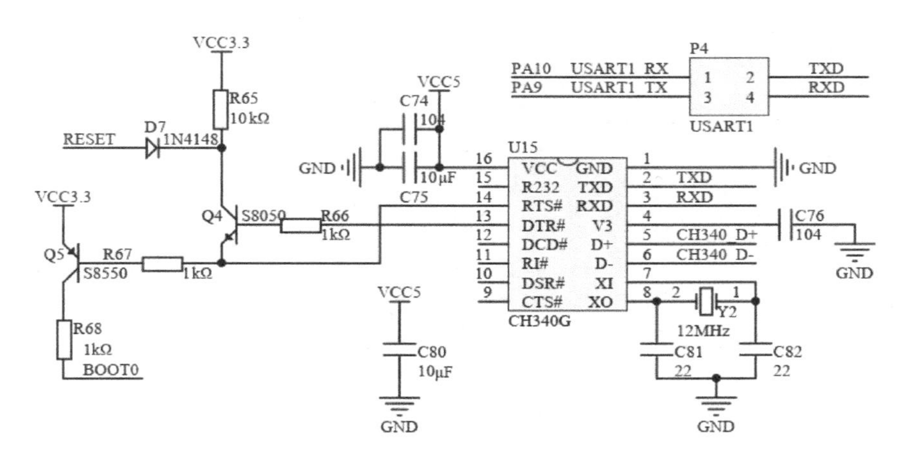

图 2-21　开发板串口 1 硬件原理图

2.4.2　初始化串口

串口初始化工作由 STM32CubeMX 辅助完成。以已移植好 FreeRTOS 的工程作为模板，新建一个工程，在工程的 RTE 环境中启动 STM32CubeMX，配置好串口使用的硬件引脚，串口通信参数配置如下：波特率为 115200bit/s，8 位数据位，1 位停止位，无奇偶校验位，无流控，串口工作于收发模式。STM32CubeMX 中的串口配置如图 2-22 所示。

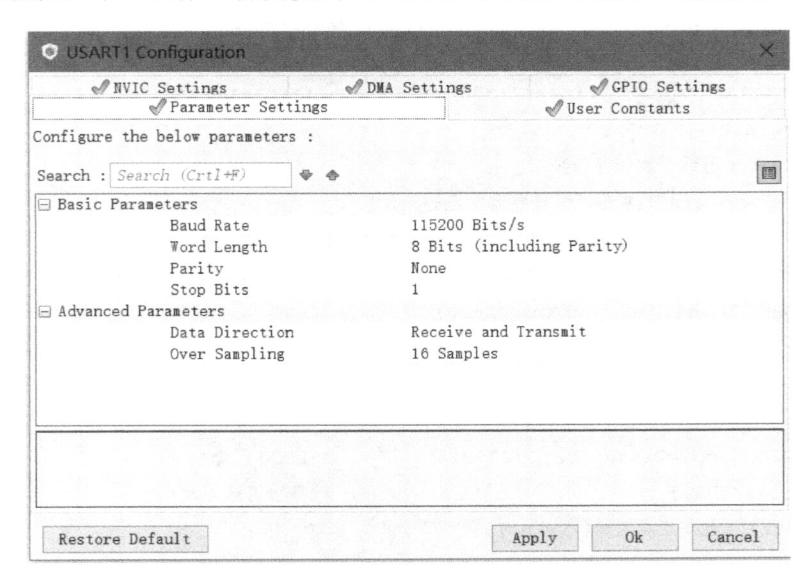

图 2-22　STM32CubeMX 中的串口配置

重新生成初始化代码后，将 usart.c 文件添加到工程项目分组中。因为调试信息是从 STM32 微控制器发往串口调试助手的，故可先不处理串口接收代码，只处理串口发送代码。发送采用查询方式，使用 stdio.h 中声明的 printf()函数格式发送，打开 usart.c 文件，添加串口发送代码。

```
/* USER CODE BEGIN 1 */
/*添加下面的代码以使用 printf()函数*/
struct __FILE
{
   int handle;
};                                    /*在 stdio.h 中使用此结构体定义 FILE 结构别名*/
FILE __stdout;                        /*标准输出设备*/
int fputc(int ch,FILE *f)             /*重定向 fputc()函数*/
{
   while((USART1->SR & 0x40) == 0);
   USART1->DR = (uint8_t)ch;
   return ch;
}
/* USER CODE END 1 */
```

2.4.3 下载测试

修改 FreeRTOS 移植示例程序中的 LED0 闪烁任务函数，添加串口发送代码，编译无误后将程序下载到开发板上，可以看到 LED0 以 1s 的间隔闪烁。

```
/* USER CODE BEGIN 0 */
static TaskHandle_t LedTaskHandle = NULL;         /* 任务句柄 */
/*****************************************************************************
* 函 数 名:Led0Task
* 功能说明:LED0 每秒闪烁 1 次任务函数
* 形    参:pvParameters 是在创建该任务时传递的参数
* 返 回 值:无
*****************************************************************************/
static void Led0Task(void *pvParameters)
{
  while(1)                                        /* FreeRTOS 任务是一个死循环*/
  {
       HAL_GPIO_TogglePin(GPIOB,LED0_Pin);        /*LED0 闪烁*/
       HAL_Delay(500);                            /*每秒闪烁 1 次*/
         printf("LED0 正在闪烁! \r\n");
  }
}
/* USER CODE END 0 */
```

打开串口调试助手，正确设置串口通信参数后，可以看到串口调试助手每隔 0.5s 显示一行提示信息，如图 2-23 所示。

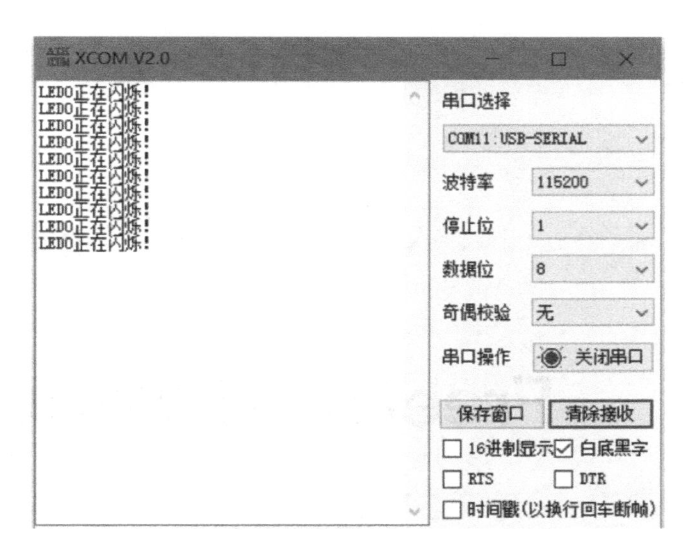

图 2-23　用串口进行辅助调试

2.5　总结

FreeRTOS 移植需要准备好 FreeRTOS 源码和一个简单的基础工程，根据目标芯片正确选择硬件接口文件 port.c 及 portmacro.h，将相应的.c 文件添加到工程项目分组中，在工程选项中配置头文件包含路径，编写或修改 FreeRTOSConfig.h 文件以配置 FreeRTOS，正确处理在 FreeRTOS 中已使用了的 SysTick、PendSV 和 SVC 这 3 个中断服务函数。

思考与练习

1. FreeRTOS 内核在哪个文件夹中？有哪些是 FreeRTOS 移植必不可少的文件？
2. 移植 FreeRTOS 对所使用的基础工程有什么要求？
3. 简述 FreeRTOS 移植步骤及注意事项。
4. 如何将 FreeRTOS 源码添加到工程项目分组中？头文件怎样处理？
5. 若想使用 printf()函数从串口输出信息，程序应该怎样处理？

第3章 FreeRTOS的裁剪和配置

嵌入式系统中的软、硬件支持裁剪和配置，作为嵌入式实时操作系统，FreeRTOS同样支持裁剪和配置。FreeRTOS使用FreeRTOSConfig.h头文件来进行裁剪和配置，每个FreeRTOS应用项目中都必须有一个FreeRTOSConfig.h头文件。由于FreeRTOSConfig.h头文件不是FreeRTOS内核的一部分，因此可将这个头文件放入应用程序目录。

FreeRTOSConfig.h头文件中有很多以INCLUDE_和config_开始的宏。以INCLUDE_开始的宏用来明确在FreeRTOS中哪些API（应用程序接口）函数可用，以config_开始的宏一般用来进行特定功能的条件编译。并非所有与FreeRTOS裁剪相关的宏都必须在FreeRTOSConfig.h头文件中定义。当有些宏没有在FreeRTOSConfig.h头文件中定义时，FreeRTOS会在另外一个头文件FreeRTOS.h中自动定义一个宏，然后给它分配一个默认值。例如，当宏configUSE_TIME_SLICING没有在FreeRTOSConfig.h头文件中定义时，FreeRTOS会在FreeRTOS.h头文件中定义这个宏，且其默认值为1，宏configUSE_TRACE_FACILITY也一样，但它的默认值为0。FreeRTOS.h头文件处理未定义宏的部分代码如下。

```
#ifndef configUSE_TIME_SLICING
    #define configUSE_TIME_SLICING 1
#endif
#ifndef configUSE_TRACE_FACILITY
    #define configUSE_TRACE_FACILITY 0
#endif
```

3.1 基础配置

本节介绍运行FreeRTOS比较常用的一些配置，涉及内核的调度方式、系统时钟节拍、堆内存大小、空闲任务使用的堆栈大小及是否使用钩子函数等。

3.1.1 configUSE_PREEMPTION

configUSE_PREEMPTION 用来定义内核的调度方式。当此宏为 1 时，使用抢占式调度方式；当此宏为 0 时，使用合作式调度方式。合作式调度方式在硬件资源极为有限的系统中使用，此宏一般设为 1。

3.1.2 configUSE_PORT_OPTIMISED_TASK_SELECTION

在 FreeRTOS 任务切换时，configUSE_PORT_OPTIMISED_TASK_SELECTION 用于设置查找下一个要运行的任务的方法。当此宏为 1 时，使用硬件方法查找下一个要运行的任务，需要硬件指令支持，运行速度快，但一般会有优先级数量限制。当此宏为 0 时，使用通用方法查找下一个要运行的任务，用纯软件方法实现，没有优先级数量限制，但运行速度比硬件方法慢。STM32 微控制器有一个计算前导零指令，支持用硬件方法查找下一个要运行的任务，此宏设为 1。

3.1.3 configCPU_CLOCK_HZ

configCPU_CLOCK_HZ 用于设置系统时钟频率，单位为 Hz。对于 STM32 微控制器，可使用 SystemCoreClock 这个全局变量来设置系统时钟频率。

3.1.4 configTICK_RATE_HZ

configTICK_RATE_HZ 用于定义系统时钟节拍，单位为 Hz。在 STM32 微控制器中，此频率就是嘀嗒定时器的中断频率，其倒数就是一个时间片的长度。设置系统时钟节拍需要综合考虑任务实时性、任务数量、优先级数量等。设置过高的系统时钟节拍，会使 CPU 花在任务切换上的时间过多，导致系统性能的下降。本书配套示例程序，如无特别说明，均使用 1000Hz 作为系统时钟节拍，即时间片的长度为 1ms。

3.1.5 configMAX_PRIORITIES

configMAX_PRIORITIES 用于定义可供使用的任务的最大优先级值。FreeRTOS 本身对任务的优先级数量没有限制，但优先级数量越多，消耗的资源也就越多。当配置宏 configUSE_PORT_OPTIMISED_TASK_SELECTION 为 1 时，表示使用硬件方法查找下一个要运行的任务，由于硬件的限制，任务的优先级数量也会受到限制。对于 STM32 微控制器，在使用硬件方法查找下一个要运行的任务时，任务的优先级最多为 32 个，优先级为从 0 到 31。

3.1.6 configMINIMAL_STACK_SIZE

configMINIMAL_STACK_SIZE 用于定义空闲任务使用的堆栈大小，单位为 word，即

4B。FreeRTOS 在开启调度器时，会自动创建空闲任务，空闲任务使用的堆栈大小由此宏决定。

3.1.7 configTOTAL_HEAP_SIZE

configTOTAL_HEAP_SIZE 用于定义 FreeRTOS 管理的堆内存大小。如果使用了动态内存管理方式，则 FreeRTOS 在创建任务通知、信号量、队列时会从这个堆内存中分配内存。堆内存其实就是一个定义好的数组 ucHeap[configTOTAL_HEAP_SIZE]，类型为 uint8_t，大小为 configTOTAL_HEAP_SIZE。

3.1.8 configUSE_16_BIT_TICKS

configUSE_16_BIT_TICKS 为系统时钟节拍计数器数据类型，用于定义 TickType_t 是哪种数据类型的。若此宏为 1，则 TickType_t 使用 16 位无符号数；若此宏为 0，则 TickType_t 使用 32 位无符号数。对于 8 位或 16 位架构的处理器，此宏应设为 1；对于 32 位构架的处理器（如 STM32），此宏应设为 0。此宏还会影响可用的任务最大阻塞时间，阻塞时间为 portMAX_DELAY 表示无限期阻塞。

```
#if( configUSE_16_BIT_TICKS == 1 )
    typedef uint16_t TickType_t;
    #define portMAX_DELAY ( TickType_t ) 0xffff
#else
    typedef uint32_t TickType_t;
    #define portMAX_DELAY ( TickType_t ) 0xffffffffUL
```

3.1.9 configIDLE_SHOULD_YIELD

configIDLE_SHOULD_YIELD 用于实现空闲任务和与空闲任务同优先级的任务之间的切换。在使用抢占式调度方式，且创建了与空闲任务同优先级的任务时，此宏才会起作用。此宏为 1 表示不等空闲任务时间片用完，就可立即从空闲任务切换到与空闲任务同优先级的任务。

3.1.10 configMAX_TASK_NAME_LEN

configMAX_TASK_NAME_LEN 用于定义任务名最长的字符串长度。此宏越大，消耗的内存就越大，字符串结束符'\0'也要计算在内。

3.1.11 configUSE_TICKLESS_IDLE

configUSE_TICKLESS_IDLE 用于低功耗 tickless 模式设置。当此宏为 1 时，使用低功耗 tickless 模式；当此宏为 0 时，不使用低功耗 tickless 模式。

3.1.12 关于列队、信号量和任务通知

configUSE_QUEUE_SETS 用于定义是否使用队列集，configUSE_MUTEXES 用于定义是否使用互斥信号量，configUSE_RECURSIVE_MUTEXES 用于定义是否使用递归互斥信号量，configUSE_COUNTING_SEMAPHORES 用于定义是否使用计数信号量，configUSE_TASK_NOTIFICATIONS 用于定义是否使用任务通知。当这些宏设为 1 时，相应功能的 API 函数就会被编译。

3.1.13 关于钩子函数

configUSE_IDLE_HOOK 用于使能空闲任务钩子函数，configUSE_TICK_HOOK 用于使能时间片钩子函数，configUSE_MALLOC_FAILED_HOOK 用于使能动态内存分配失败钩子函数，configCHECK_FOR_STACK_OVERFLOW 用于使能堆栈溢出检测钩子函数。钩子函数需要由用户实现，当对应的宏不为 0 时，必须提供相应的钩子函数。

3.2 FreeRTOS 中断配置

STM32 微控制器使用 ARM Cortex-M 内核。ARM Cortex-M 内核采用 8 位（二进制位）来表示可编程的中断优先级，共有 256 个中断优先级。实际的中断优先级数量由芯片生产厂家决定，如 STM32 微控制器就没有使用全部的 8 位，只使用了 4 位，共有 16 个中断优先级。不管采用多少位表达中断优先级，均采用 MSB 对齐方式。用 4 位表达中断优先级时 MSB 对齐的情形如图 3-1 所示。

bit7	bit6	bit5	bit4	bit3	bit2	bit1	bit0
用于表达优先级				没有使用，读为0			

图 3-1 用 4 位表达中断优先级时 MSB 对齐的情形

3.2.1 configPRIO_BITS

configPRIO_BITS 用于设置硬件用于表达中断优先级的二进制位数。STM32 微控制器使用了 4 位，故此宏应设为 4。因为在 core_cm4.h 头文件中定义了表达中断优先级位数据的宏 __NVIC_PRIO_BITS，并且该宏已设为 4，所以可通过这个宏来设定 configPRIO_BITS，或者直接将 configPRIO_BITS 设为 4。

```
#ifdef __NVIC_PRIO_BITS
    #define configPRIO_BITS     __NVIC_PRIO_BITS  /* core_cm4.h 头文件中定义的宏 */
#else
    #define configPRIO_BITS     4                 /* 对于 STM32 微控制器，此宏应设为 4 */
#endif
```

3.2.2 configLIBRARY_LOWEST_INTERRUPT_PRIORITY

configLIBRARY_LOWEST_INTERRUPT_PRIORITY 用于设置最低中断优先级。STM32 微控制器使用 4 位二进制位表达中断优先级，中断优先级最多为 16 个。STM32 微控制器表达的中断优先级高低与中断优先级值的关系比较特殊，中断优先级值越大，中断优先级越低，中断优先级值为 0 表示最高中断优先级。所以，此宏应设为 15。

3.2.3 configKERNEL_INTERRUPT_PRIORITY

configKERNEL_INTERRUPT_PRIORITY 用于设置内核的中断优先级，即嘀嗒定时器和 PendSV 的中断优先级。此宏的定义通过 configLIBRARY_LOWEST_INTERRUPT_PRIORITY << (8－configPRIO_BITS)替换得到，替换结果应该是中断系统中的最低中断优先级。用前面定义好的宏，替换为 0x0F<<(8－4)，结果为 0xF0，高 4 位正好为 15，也就是 STM32 微控制器的最低中断优先级。

3.2.4 configLIBRARY_MAX_SYSCALL_INTERRUPT_PRIORITY

configLIBRARY_MAX_SYSCALL_INTERRUPT_PRIORITY 用于设置 FreeRTOS 可管理的最高中断优先级。可以在硬件中断优先级数量之内任意设置，如设置为 5，表示中断优先级高于 5 的中断（对于 STM32 微控制器，为中断优先级 0 至中断优先级 4 的中断）不归 FreeRTOS 管理。

3.2.5 configMAX_SYSCALL_INTERRUPT_PRIORITY

configMAX_SYSCALL_INTERRUPT_PRIORITY 的定义通过 configLIBRARY_MAX_SYSCALL_INTERRUPT_PRIORITY << (8－configPRIO_BITS) 替换得到。例如，宏 configLIBRARY_MAX_SYSCALL_INTERRUPT_PRIORITY 设为 5，表示优先级高于 5 的中断不归 FreeRTOS 管理，在这些中断服务函数中不能调用 FreeRTOS 的 API 函数。FreeRTOS 可管理的中断优先级示意图如图 3-2 所示。

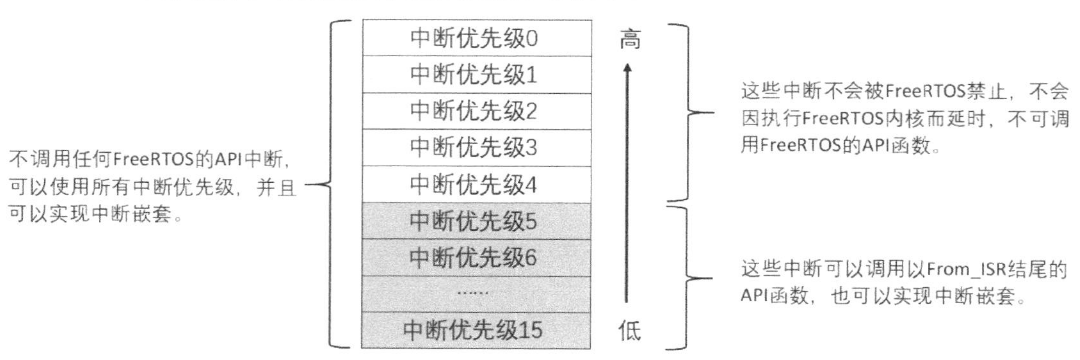

图 3-2　FreeRTOS 可管理的中断优先级示意图

3.3 可选 API 函数配置

通过配置以 INCLUDE_开始的宏，可对 FreeRTOS 的一些可选 API 函数进行配置。当对应的宏为 1 时，使能相应功能的 API 函数，这些 API 函数就会参与编译，从而可供应用程序调用。例如，当 INCLUDE_vTaskDelay 设为 1 时，vTaskDelay()函数将会被编译，从而在应用程序中可用 vTaskDelay()函数实现阻塞式延时。下面列出了几个常用的使能 API 函数对应的宏。

```
#define INCLUDE_vTaskPrioritySet                1    /* 任务优先级设置 */
#define INCLUDE_uxTaskPriorityGet               1    /* 任务优先级获取 */
#define INCLUDE_vTaskDelete                     1    /* 任务删除 */
#define INCLUDE_vTaskSuspend                    1    /* 任务挂起 */
#define INCLUDE_vTaskDelayUntil                 1    /* 绝对延时阻塞 */
#define INCLUDE_vTaskDelay                      1    /* 相对延时阻塞 */
#define INCLUDE_xTaskGetSchedulerState          1    /* 获取调度器状态 */
#define INCLUDE_xTaskGetCurrentTaskHandle       1    /* 获取当前任务句柄 */
#define INCLUDE_uxTaskGetStackHighWaterMark     1    /* 获取任务堆栈高水位线 */
#define INCLUDE_xTaskGetIdleTaskHandle          1    /* 获取空闲任务句柄 */
#define INCLUDE_xTimerGetTimerDaemonTaskHandle  1    /* 获取软件定时器服务句柄 */
#define INCLUDE_pcTaskGetTaskName               1    /* 获取任务名 */
```

3.4 其他配置

3.4.1 协程相关

1. configUSE_CO_ROUTINES

configUSE_CO_ROUTINES 用于定义是否使用协程。此宏为 0 表示不使用协程，为 1 表示使用协程。在抢占式调度方式中也可使用协程，使用协程可以节约开销，但功能将受到限制。现在的微处理器功能都已经很强大了，协程很少采用，故此宏应该设为 0。

2. configMAX_CO_ROUTINE_PRIORITIES

configMAX_CO_ROUTINE_PRIORITIES 用于定义协程的有效优先级数量，优先级从 0 到 configMAX_CO_ROUTINE_PRIORITIES-1，其中 0 为最低优先级。

3.4.2 任务运行信息相关

1. configUSE_TRACE_FACILITY

configUSE_TRACE_FACILITY 用于使能可视化跟踪和调试。此宏为 1 表示使能可视化跟踪和调试。

2. configUSE_STATS_FORMATTING_FUNCTIONS

当 configUSE_STATS_FORMATTING_FUNCTIONS 与 configUSE_TRACE_FACILITY 同时为 1 时，vTaskList()和 vTaskGetRunTimeStats()两个函数会参与编译，从而可以通过这两个函数获取任务运行信息。

3. configGENERATE_RUN_TIME_STATS

configGENERATE_RUN_TIME_STATS 用于定义是否开启时间统计功能。此宏为 1 表示开启时间统计功能。当此宏为 1 时，还需要用户实现两个宏：portCONFIGURE_TIMER_FOR_RUN_TIME_STATS()和 portGET_RUN_TIME_COUNTER_VALUE()。前者对应于一个精度是嘀嗒定时器时间精度 10 倍以上的定时器初始化函数，后者对应于一个获取统计时间值的函数，这两个函数均需要由用户实现。

3.4.3 软件定时器相关

1. configUSE_TIMERS

configUSE_TIMERS 用于定义是否使用软件定时器功能。此宏为 1 表示使用软件定时器功能。当此宏为 1 时，会在调度器开启函数中自动创建软件定时器服务任务，同时需要正确配置后面几个宏。

2. configTIMER_TASK_PRIORITY

configTIMER_TASK_PRIORITY 用于定义软件定时器服务任务的默认优先级。

3. configTIMER_QUEUE_LENGTH

configTIMER_QUEUE_LENGTH 用于定义软件定时器命令队列长度。

4. configTIMER_TASK_STACK_DEPTH

configTIMER_TASK_STACK_DEPTH 用于定义软件定时器服务任务堆栈大小。

3.4.4 断言

断言用于在代码调试阶段检查传入的参数是否合理。FreeRTOS 内核在关键点均会调用 configASSERT(x)，如果 x 结果为 0，则说明有错误发生。当错误发生时有多种处理方法，可通过串口输出信息，也可直接停机。下面是一种停机处理方法示例，在发生错误时直接停机。

```
#define configASSERT( x )  if( ( x ) == 0 )    { taskDISABLE_INTERRUPTS();
for( ;; ); }
```

使用断言会增加系统开销，一般在调试阶段使用。如果要关闭这个功能，注释掉 configASSERT(x)就可以。

3.4.5 中断服务函数

在 FreeRTOS 移植层的 port.c 文件中，分别定义了 vPortSVCHandler、xPortPendSVHandler 和 xPortSysTickHandler 这 3 个中断服务函数。这 3 个中断服务函数分别用于实现 SVC 中断、PendSV 中断和嘀嗒定时器中断。实际中断服务函数名与对应架构的硬件相关，在 STM32 微控制器中，这 3 个中断服务函数名分别为 SVC_Handler、PendSV_Handler 和 SysTick_Handler。经过下面的宏定义处理，在编译时就可以正确进行替换。

```
#define vPortSVCHandler         SVC_Handler
#define xPortPendSVHandler      PendSV_Handler
#define xPortSysTickHandler     SysTick_Handler
```

3.5 FreeRTOSConfig.h 头文件参考配置

下面给出一个典型的 FreeRTOSConfig.h 头文件定义。本书后面的例子除个别有改动的会特别说明以外，均使用这个头文件，不再描述 FreeRTOS 的配置文件，默认使用 FreeRTOSConfig.h 头文件。

```
#ifndef FREERTOS_CONFIG_H
#define FREERTOS_CONFIG_H
#if defined(__ICCARM__) || defined(__CC_ARM)
   #include <stdint.h>
   extern uint32_t SystemCoreClock;
#endif
/*--------------------------------基础配置--------------------------------*/
/*内核的调度方式：为 1 使用抢占式调度方式，为 0 使用合作式调度方式*/
#define configUSE_PREEMPTION                        1
/*时间片调度：不定义或为 1，使能*/
#define configUSE_TIME_SLICING                      1
/*查找下一个运行的任务的方法：为 1 使用硬件方法，为 0 使用通用方法*/
#define configUSE_PORT_OPTIMISED_TASK_SELECTION     1
/*系统时钟频率：对于 STM32 微控制器，可使用 SystemCoreClock 这个全局变量*/
#define configCPU_CLOCK_HZ                          ( SystemCoreClock )
/*系统时钟节拍：节拍频率，其倒数就是一个时间片的长度*/
#define configTICK_RATE_HZ                          ( ( TickType_t ) 1000 )
/*任务优先级数量*/
/*最小任务堆栈：空闲任务使用的堆栈大小*/
#define configMINIMAL_STACK_SIZE                    ( ( unsigned short ) 128 )
/*堆内存大小：供 FreeRTOS 使用的总堆内存大小*/
#define configTOTAL_HEAP_SIZE                       ( ( size_t ) ( 75 * 1024 ) )
```

```
/*动态内存分配：为 1 或不定义支持*/
#define configSUPPORT_DYNAMIC_ALLOCATION            1
/*任务名长度：任务名最长的字符串长度*/
#define configMAX_TASK_NAME_LEN                     ( 10 )
/*系统时钟节拍计数器数据类型：为 1 使用 16 位无符号数，为 0 使用 32 位无符号数*/
#define configUSE_16_BIT_TICKS                      0
/*空闲任务和与空闲任务同优先级的任务之间的切换：为 1 不等空闲任务时间片用完，就可立即切换到与空闲任
务同优化级的用户任务*/
#define configIDLE_SHOULD_YIELD                     1
/*信号量配置：为 1 使用，为 0 不使用*/
#define configUSE_MUTEXES                           1
#define configUSE_RECURSIVE_MUTEXES                 1
#define configUSE_COUNTING_SEMAPHORES               1
/*队列记录数：记录的队列和信号量最大数目*/
#define configQUEUE_REGISTRY_SIZE                   8
/*任务标签：为 1 使用，为 0 不使用*/
#define configUSE_APPLICATION_TASK_TAG              0
/*钩子函数：为 1 使能钩子函数，钩子函数需要由用户实现，为 0 不使能钩子函数*/
#define configUSE_IDLE_HOOK                         0
#define configUSE_TICK_HOOK                         0
#define configUSE_MALLOC_FAILED_HOOK                0
#define configCHECK_FOR_STACK_OVERFLOW              0
/*----------------------------------协程配置----------------------------------*/
/*是否使用协程：为 0 不使用，为 1 使用，在抢占式调度方式中也可使用协程*/
#define configUSE_CO_ROUTINES                       0
/*协程的有效优先级数量*/
#define configMAX_CO_ROUTINE_PRIORITIES             ( 2 )
/*-------------------------------任务运行信息配置-----------------------------*/
/*可视化跟踪和调试及时间统计：为 1 启用，为 0 不启用*/
#define configUSE_TRACE_FACILITY                    1
#define configUSE_STATS_FORMATTING_FUNCTIONS        1
#define configGENERATE_RUN_TIME_STATS               0
/*--------------------------------软件定时器配置------------------------------*/
/*是否使用软件定时器功能：为 1 使用*/
#define configUSE_TIMERS                            1
/*软件定时器服务任务的默认优先级*/
#define configTIMER_TASK_PRIORITY                   ( 2 )
/*软件定时器命令队列长度*/
#define configTIMER_QUEUE_LENGTH                    10
/*软件定时器服务任务堆栈大小*/
#define configTIMER_TASK_STACK_DEPTH                ( configMINIMAL_STACK_SIZE * 2 )
/*-------------------------------可选 API 函数配置----------------------------*/
```

```
/*宏为1对应的API函数有效，为0对应的API函数无效*/
#define INCLUDE_vTaskPrioritySet                    1
#define INCLUDE_uxTaskPriorityGet                   1
#define INCLUDE_vTaskDelete                         1
#define INCLUDE_vTaskSuspend                        1
#define INCLUDE_vTaskDelayUntil                     1
#define INCLUDE_vTaskDelay                          1
#define INCLUDE_xTaskGetSchedulerState              1
#define INCLUDE_xTaskGetCurrentTaskHandle           1
#define INCLUDE_uxTaskGetStackHighWaterMark         1
#define INCLUDE_xTaskGetIdleTaskHandle              1
#define INCLUDE_xTimerGetTimerDaemonTaskHandle      1
#define INCLUDE_pcTaskGetTaskName                   1
/*-----------------------与ARM Cortex-M特定硬件相关的中断配置------------------*/
#ifdef __NVIC_PRIO_BITS
   #define configPRIO_BITS                          __NVIC_PRIO_BITS
#else
   #define configPRIO_BITS                          4
#endif
#define configLIBRARY_LOWEST_INTERRUPT_PRIORITY     0xf
#define configLIBRARY_MAX_SYSCALL_INTERRUPT_PRIORITY 5
#define configKERNEL_INTERRUPT_PRIORITY     \
   ( configLIBRARY_LOWEST_INTERRUPT_PRIORITY << (8 - configPRIO_BITS) )
#define configMAX_SYSCALL_INTERRUPT_PRIORITY    \
   ( configLIBRARY_MAX_SYSCALL_INTERRUPT_PRIORITY << (8 - configPRIO_ BITS) )
/*---------------------------定义在开发过程中捕获错误-------------------------*/
#define configASSERT( x ) if( ( x ) == 0 )     { taskDISABLE_INTERRUPTS();
for( ;; ); }

/*-----------------------与实际硬件中断服务函数相关的配置---------------------*/
#define vPortSVCHandler         SVC_Handler
#define xPortPendSVHandler      PendSV_Handler
#define xPortSysTickHandler     SysTick_Handler
#endif
```

有些配置宏如果在上面的配置文件中没有进行定义，则会在FreeRTOS.h头文件中自动定义并给出默认值。

3.6 总结

FreeRTOS是一个可裁剪和配置的嵌入式实时操作系统，其裁剪和配置通过FreeRTOSConfig.h头文件实现，每个FreeRTOS应用项目中都必须有一个FreeRTOSConfig.h

头文件。FreeRTOS 通过以 INCLUDE_ 和 config_ 开始的宏进行裁剪和配置，configUSE_PREEMPTION 决定了内核的调度方式，configTICK_RATE_HZ 决定了系统时钟节拍，configTOTAL_HEAP_SIZE 决定了用于进行动态内存分配的堆内存大小，configUSE_16_BIT_TICKS 决定了是否使用 32 位处理器，这些宏在配置时要格外关注。

思考与练习

1．FreeRTOS 如何实现裁剪和配置？

2．若设计的系统需要用到多达 40 个任务优先级，要修改和设置哪些宏？如何配置？

3．若想用 vTaskList()函数获取任务运行信息，则应修改和设置哪些宏？如何配置？

4．若想启动软件定时器功能，则应修改和设置哪些宏？如何配置？

5．在 STM32 微控制器中，若要设置 FreeRTOS 只能管理中断优先级 3 至中断优先级 15 的中断，应该修改和设置哪些宏？如何配置？

第 4 章

FreeRTOS 任务基础

人们在现实生活中处理一个大而复杂的问题，往往采用“分而治之”的办法，将一个大问题分解成多个相对简单、容易解决的小问题，小问题全部解决了，大问题自然也就解决了。在使用操作系统的程序设计中，采用了类似的原理，把一个大型的任务分解成多个小任务，在操作系统的调度下分别执行这些小任务，从而达到完成大任务的目的。

4.1 FreeRTOS 任务

在接触操作系统之前，程序的编写采用的是超级循环（Super-Loops）系统，又称单任务系统或前后台系统。应用程序运行在一个无限循环中，在循环中调用相应的函数完成对应的操作，称作后台程序；中断服务程序（ISR）处理异步事件，称作前台程序。前后台系统如图 4-1 所示。

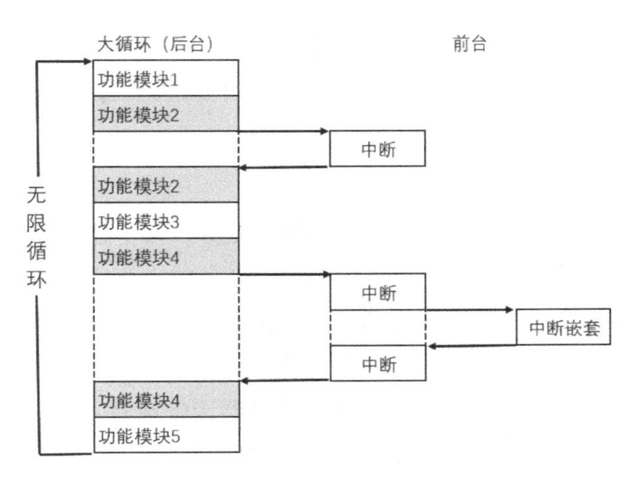

图 4-1　前后台系统

前后台系统中的各个功能模块按预先的排队顺序轮流执行，不管这个功能模块有多紧急，没轮到就只能等着，因此前后台系统的实时性差。对于稍大一点的嵌入式应用程序，前后台系统显然是不适用的。除实时性受限制之外，各个功能模块的先后顺序安排也增加了程序设计的复杂度和不可预见性。

为了解决前后台系统的固有问题，引入了操作系统。几乎所有的操作系统都采用多任务系统，FreeRTOS 也不例外。在多任务系统中，多个任务并不在同一时间执行，每个任务执行的时间都很短，且 CPU 的执行速度很快，看起来像在同一时刻执行了很多个任务一样。哪个任务先执行，是由操作系统进行调度的。FreeRTOS 支持抢占式调度、时间片调度和合作式调度。抢占式多任务系统执行过程如图 4-2 所示。

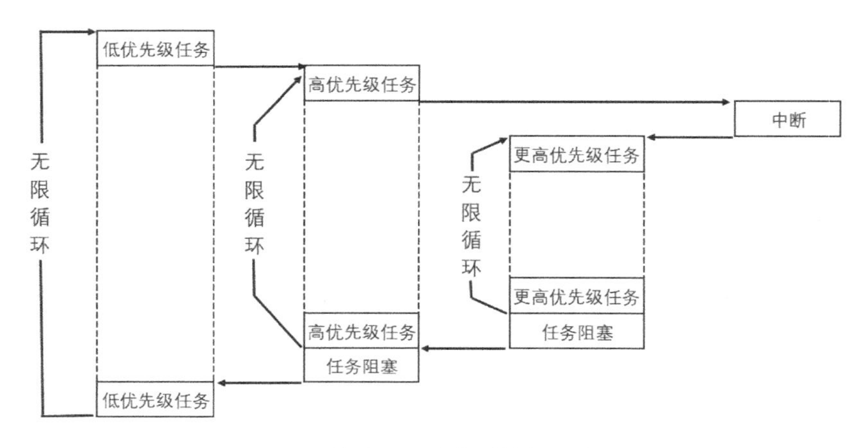

图 4-2　抢占式多任务系统执行过程

在抢占式多任务系统中，高优先级任务可以打断低优先级任务获得 CPU 使用权，而更高优先级任务又可以打断高优先级任务，这样就保证了紧急任务的优先执行。同时，中断可以打断所有优先级的任务，在中断返回时，会选择最高优先级任务来运行。一般情况下，具有高优先级的任务在事务处理完成后，会调用一个等待下一个事件发生的阻塞函数，主动让出 CPU 使用权，让优先级比它低的任务有被执行的机会。

4.1.1　任务的特性

每个实时应用都可作为 FreeRTOS 的一个独立任务，每个任务都有自己的运行环境，为了能在任务之间进行切换，需要使用堆栈来保存任务的上下文环境，以便调度器在恢复任务时能使该任务从被切出的地方继续执行。一般情况下，任务具有以下特性。

（1）简单，每个任务尽可能完成简单的操作。

（2）没有使用限制，每个任务都有可能被调度器选中运行。

（3）支持优先级，不同任务可以设置不同的优先级。

（4）支持抢占，高优先级任务能抢占（打断）低优先级任务。

（5）每个任务都有堆栈，将导致 RAM 使用量增大。

4.1.2 任务的状态

FreeRTOS 的任务有 4 种状态，分别是运行态、就绪态、阻塞态和挂起态。

运行态：若一个任务正在运行，就说这个任务处于运行态。处于运行态的任务就是当前正在使用处理器的任务。如果使用的是单核处理器，那么无论在什么时候都只有一个任务处于运行态。

就绪态：处于就绪态的任务是指那些已经准备就绪，可以运行的任务，但当前未被调度器选中从而未运行，因为有其他优先级更高的任务正在运行。

阻塞态：若一个任务当前正在等待某个外部事件发生，就说这个任务处于阻塞态。任务进入阻塞态会有一个超时时间，如果超过这个超时时间，任务就会退出阻塞态，即使所等待的事件还没有发生。

挂起态：挂起态类似于阻塞态，但任务进入挂起态后不能被调度器选中从而进入运行态，而且进入挂起态的任务没有超时时间。

FreeRTOS 的任务永远处于这 4 种状态之一，各状态之间可以在等待事件或 API 函数调用中进行转换。FreeRTOS 任务状态之间的转换如图 4-3 所示。

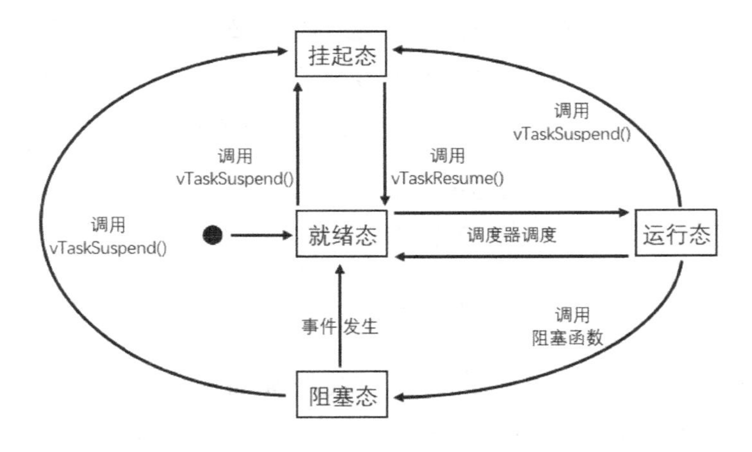

图 4-3 FreeRTOS 任务状态之间的转换

4.1.3 任务的优先级

任务可以设置不同的优先级，FreeRTOS 对任务的优先级数量没有限制。优先级值越大，代表优先级越高，这与使用 ARM Cortex-M 内核的 STM32 微控制器的中断优先级正好相反，务必高度重视。FreeRTOS 调度器能确保处于就绪态或运行态的高优先级任务获得处理器使用权。当多个任务的优先级相同时，FreeRTOS 将使用时间片调度方式，使处于就绪态且优先级相同的任务共享处理器的执行时间，前提是在配置文件中使能了时间片调度功能。

4.1.4 任务堆栈

任务堆栈是任务的重要组成部分。FreeRTOS 之所以能正确恢复一个任务的运行就是因为有任务堆栈保驾护航。所谓堆栈，是指在存储器中按照“后进先出”的原则组织的连续数据存储空间。调度器在进行任务切换时会将任务的上下文环境（CPU 寄存器值、任务中的局部变量等）保存在此任务的任务堆栈中，等到该任务下次恢复运行时就会用任务堆栈中保存的数据来恢复现场，确保任务能从上次中断的地方继续正确运行。

任务堆栈是在创建任务的时候自动创建或指定的。对于动态任务，任务堆栈由动态任务创建函数 xTaskCreate()自动创建，但要传入指定任务堆栈大小的参数。动态任务创建函数 xTaskCreate()的第 3 个参数就指明了要自动创建的任务堆栈大小，其单位为 word（4B）。

```
BaseType_t xTaskCreate(TaskFunction_t    pxTaskCode,               /* 任务函数 */
                       const char *      const pcName,             /* 任务名 */
                       const configSTACK_DEPTH_TYPE usStackDepth,  /* 任务堆栈大小 */
                       void *            const pvParameters,       /* 任务参数 */
                       UBaseType_t       uxPriority,               /* 任务优先级 */
                       TaskHandle_t *    const pxCreatedTask )     /* 任务句柄 */
```

如果采用静态任务创建函数 xTaskCreateStatic()，就要由用户定义任务堆栈，然后将任务堆栈首地址作为实参传入 xTaskCreateStatic()函数。

```
TaskHandle_t xTaskCreateStatic( TaskFunction_t   pxTaskCode,        /* 任务函数 */
                                const char *     const pcName,      /* 任务名 */
                                const uint32_t   ulStackDepth,      /* 任务堆栈大小 */
                                void * const     pvParameters,      /* 任务参数 */
                                UBaseType_t      uxPriority,        /* 任务优先级 */
                                StackType_t *    const puxStackBuffer,/*任务堆栈首地址 */
                                StaticTask_t *   const pxTaskBuffer ) /* 任务句柄 */
```

注意，任务堆栈的类型为 StackType_t，在文件 portmacro.h 中定义，实际为 uint32_t 类型，即任务堆栈大小的单位为 word（4B）。至于任务创建函数的使用方法，会在后续的章节中详细介绍。

4.1.5 任务控制块

FreeRTOS 用来记录任务堆栈指针、任务当前状态、任务优先级等一些与任务管理相关的属性表叫作任务控制块（TCB）。

任务控制块靠一个结构体类型 TCB_t 实现，这是新版本中的命名，在旧版本中叫 tskTCB，两者的实质一样，在文件 task.c 中定义。省略部分条件编译代码后的 tskTCB 结构体类型定义如下。

```
typedef struct tskTaskControlBlock
{
    volatile StackType_t        *pxTopOfStack;          /* 任务堆栈栈顶 */
    ListItem_t                  xStateListItem;         /* 任务状态列表项 */
    ListItem_t                  xEventListItem;         /* 事件列表项 */
    UBaseType_t                 uxPriority;             /* 任务优先级 */
    StackType_t                 *pxStack;               /* 任务堆栈首地址 */
    char    pcTaskName[configMAX_TASK_NAME_LEN];        /* 任务名 */
    #if ( portCRITICAL_NESTING_IN_TCB == 1 )
        UBaseType_t             uxCriticalNesting;      /* 临界段嵌套深度 */
    #endif
    #if ( configUSE_MUTEXES == 1 )
        UBaseType_t             uxBasePriority;         /* 任务原始优先级 */
        UBaseType_t             uxMutexesHeld;          /* 任务获取到的互斥信号量个数 */
    #if( configGENERATE_RUN_TIME_STATS == 1 )
        uint32_t                ulRunTimeCounter;       /* 任务运行时间统计 */
    #endif
    #endif   #if( configUSE_TASK_NOTIFICATIONS == 1 )
        volatile uint32_t       ulNotifiedValue;        /* 任务通知值 */
        volatile uint8_t        ucNotifyState;          /* 任务通知状态 */
    #endif
} tskTCB;
```

上面的 tskTCB 结构体类型定义中省略了部分条件编译代码，这些条件编译代码与 FreeRTOS 的裁剪有关。是否使用互斥信号量、任务运行时间统计、任务通知等功能，在 tskTCB 结构体类型定义中均做成条件编译代码。

任务控制块在创建任务时初始化，若任务创建成功，则任务控制块中的 pxTopOfStack 指向任务堆栈栈顶，该指针随着出入栈操作不断更新，而 pxStack 指向任务堆栈首地址。FreeRTOS 使用列表来处理就绪、挂起、延时等任务，通过任务控制块中的任务状态列表项 xStateListItem 和事件列表项 xEventListItem 挂接到不同的列表中来实现。例如，当某个任务处于就绪态时，调度器就会将任务状态列表项挂接到就绪列表中。事件列表项与之类似，如当在队列满的情况下任务因入队操作而阻塞时，调度器就会将事件列表项挂接到队列的等待入队列表。

4.1.6　列表和列表项

列表和列表项是 FreeRTOS 中定义的数据结构，FreeRTOS 列表使用指针指向列表项。一个列表下面可能有很多个列表项，每个列表项都有一个指针指向列表。列表和列表项的定义及代码实现在文件 list.c 和 list.h 中。

1. 列表

列表用于跟踪任务。处于就绪态、挂起态、阻塞态的任务，都会被挂接到各自的列表中。列表类型名为 List_t，列表在文件 list.h 中的定义如下。

```
typedef struct xLIST
{
    listFIRST_LIST_INTEGRITY_CHECK_VALUE                /* 完整性检查 */
    volatile UBaseType_t uxNumberOfItems;               /* 记录列表项数量 */
    ListItem_t * configLIST_VOLATILE pxIndex;           /* 指向某个列表项的指针 */
    MiniListItem_t xListEnd;                            /* 迷你列表项 */
    listSECOND_LIST_INTEGRITY_CHECK_VALUE               /* 完整性检查 */
} List_t;
```

列表结构体中的第一个和最后一个成员是用来检查列表完整性的。在配置文件中将宏 configUSE_LIST_DATA_INTEGRITY_CHECK_BYTES 设置为 1 才可开启完整性检查，默认不开启。去掉第一个和最后一个成员后，列表结构示意图如图 4-4 所示。

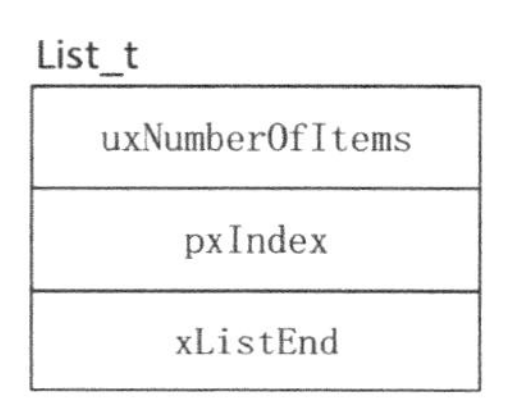

图 4-4 列表结构示意图

在列表结构中，uxNumberOfItems 用来记录这个列表中有多少个列表项；pxIndex 指向列表项，用来遍历列表；xListEnd 是一个迷你列表项，用来挂接列表项。

2. 列表项

列表项就是存放在列表中的具体项目。FreeRTOS 提供了两种列表项：全功能列表项（以下简称列表项）和迷你列表项。列表项在文件 list.h 中的定义如下。

```
struct xLIST_ITEM
{
    listFIRST_LIST_ITEM_INTEGRITY_CHECK_VALUE                /* 完整性检查 */
    configLIST_VOLATILE TickType_t xItemValue;               /* 列表项值 */
    struct xLIST_ITEM * configLIST_VOLATILE pxNext;          /* 指向下一个列表项 */
    struct xLIST_ITEM * configLIST_VOLATILE pxPrevious;      /* 指向上一个列表项 */
    void * pvOwner;                                          /* 记录列表项属于哪个任务控制块 */
    struct xLIST * configLIST_VOLATILE pxContainer;          /* 记录列表项属于哪个列表 */
    listSECOND_LIST_ITEM_INTEGRITY_CHECK_VALUE               /* 完整性检查 */
};
typedef struct xLIST_ITEM ListItem_t;                        /* 取另一个别名 */
```

与列表结构体一样，列表项结构体中第一个和最后一个成员是用来检查列表项完整性的，去掉这两个成员后，列表项结构示意图如图 4-5 所示。

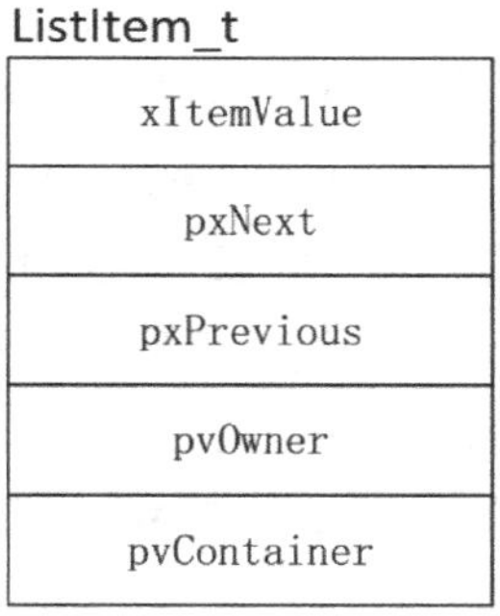

ListItem_t
xItemValue
pxNext
pxPrevious
pvOwner
pvContainer

图 4-5　列表项结构示意图

在列表项结构中，xItemValue 用来记录列表项值，当在列表中插入列表项时，按列表项值从小到大的顺序插入；pxNext 和 pxPrevious 分别用来指向下一个列表项和上一个列表项，实现类似双向链表的功能；pvOwner 记录列表项归谁所有，通常指向某个任务控制块；pxContainer 用来记录列表项属于哪个列表。

除了列表项，FreeRTOS 还提供了迷你列表项。

```
struct xMINI_LIST_ITEM
{
    listFIRST_LIST_ITEM_INTEGRITY_CHECK_VALUE              /* 完整性检查  */
    configLIST_VOLATILE TickType_t xItemValue;             /* 列表项值 */
    struct xLIST_ITEM * configLIST_VOLATILE pxNext;        /* 指向下一个列表项 */
    struct xLIST_ITEM * configLIST_VOLATILE pxPrevious;    /* 指向上一个列表项 */
};
typedef struct xMINI_LIST_ITEM MiniListItem_t;             /* 取另一个别名 */
```

迷你列表项除完整性检查这个成员变量以外，只保留了列表项中最核心的 3 个成员，其结构示意图如图 4-6 所示。

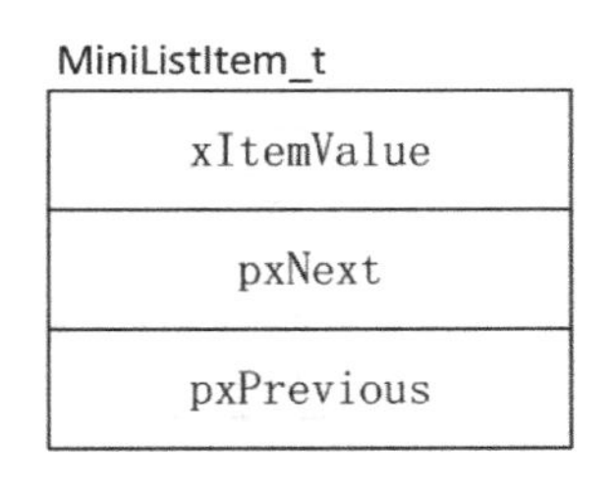

图 4-6　迷你列表项结构示意图

在列表中，最后一个成员就是迷你列表项（去掉完整性检查成员），刚创建的列表用它表示列表的结束，随着列表项的插入，列表项就被挂接在这个迷你列表项之下。

FreeRTOS 使用不同的列表来表示任务的不同状态。例如，用一个就绪列表来跟踪所有已经准备好运行的任务，因为每个优先级下都可能有就绪任务，FreeRTOS 使用就绪列表数组来实现所有优先级就绪任务的管理。

```
static List_t pxReadyTasksLists[ configMAX_PRIORITIES ];
```

pxReadyTasksLists[0]是所有准备好的优先级为 0 的任务列表，pxReadyTasksLists[1]是所有准备好的优先级为 1 的任务列表，以此类推，直到 pxReadyTasksLists[configMAX_PRIORITIES－1]。每个优先级的任务就绪列表下挂接不同任务的列表项，其中列表项的成员 pvOwner 指向所属任务的任务控制块，当前任务的任务控制块保存在全局变量 pxCurrentTCB 中，它们之间的关系如图 4-7 所示。

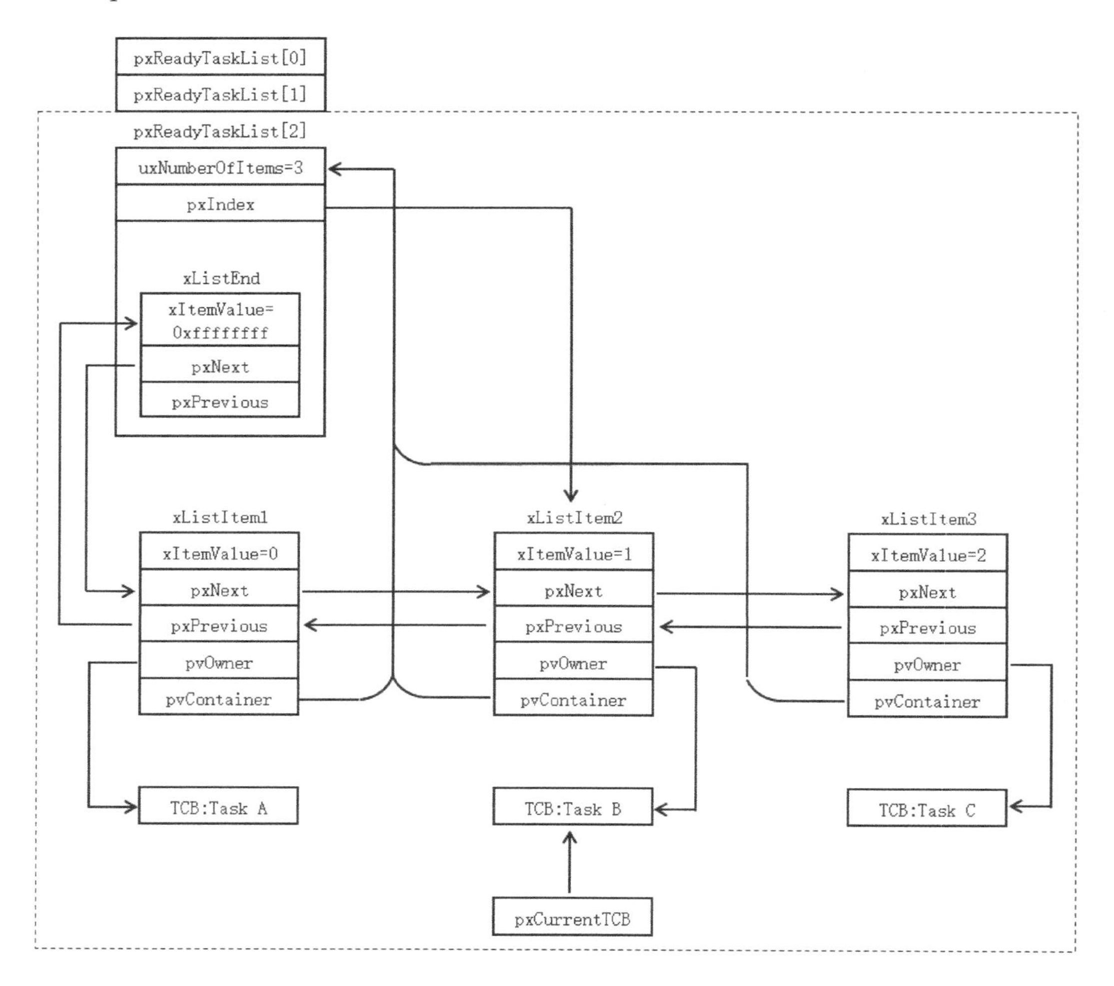

图 4-7　就绪任务列表数组及其列表和列表项之间的关系示意图

4.2　任务创建和删除

任务管理是 FreeRTOS 的核心功能，涉及任务创建、任务删除、任务挂起、任务恢复和任务调度等内容。任务句柄用来标识一个任务，其类型名为TaskHandle_t，指向任务控制块。

4.2.1 任务函数

无论采用何种方法创建任务，均需要用到任务函数。FreeRTOS规定任务函数的返回值必须为void，而且带有一个void型指针参数。任务函数的一般形式如下。

```
static void TaskFunction(void *pvParameters)
{
 while(1)         /* FreeRTOS任务是一个死循环*/
 {
    ......        /*完成任务功能的代码放在这里*/
 }
}
```

FreeRTOS任务不允许以任何方式从实现函数中返回，即不能有一条return语句，也不能执行到函数末尾。如果一个任务不再被需要，可以显式地将其删除。

```
void TaskFunction( void *pvParameters )
{
   int iVariableExample = 0;
   /*可以像普通函数一样定义变量。用这个函数创建的每个任务实例都有一个属于自己的iVarialbleExample
变量。但iVariableExample被定义为static时除外，所有的任务实例将共享这个变量 */
   while(1)       /* FreeRTOS任务是一个死循环*/
   {
      ......      /* 完成任务功能的代码将放在这里 */
   }
   /* 如果任务的具体实现会跳出上面的死循环，则此任务必须在函数运行完之前删除。传入NULL参数表示删
除的是当前任务 */
   vTaskDelete( NULL );
}
```

一个任务函数可以用来创建若干个任务，创建的任务均是独立的执行实例，拥有属于自己的栈空间，以及属于自己的自动变量（栈变量），即任务函数本身定义的变量（static修饰的变量除外）。

4.2.2 任务创建和删除函数

FreeRTOS提供的任务创建函数有4个，以Static结尾表示在创建任务时使用静态内存分配方法，带有Restricted限定词表示使用MPU进行保护限制。任务创建和删除函数如表4-1所示。

表 4-1　任务创建和删除函数

函数名	函数功能
xTaskCreate()	用动态内存分配方法创建任务
xTaskCreateStatic()	用静态内存分配方法创建任务
xTaskCreateRestricted()	创建 MPU 内存保护任务，任务堆栈使用静态内存分配，任务控制块使用动态内存分配
xTaskCreateRestrictedStatic()	创建 MPU 内存保护任务，任务堆栈和任务控制块均使用静态内存分配
vTaskDelete()	删除任务

4.2.3　用动态内存分配方法创建任务

xTaskCreate()函数用于使用动态内存分配方法创建任务并将其加入就绪任务列表。使用这个函数，要求在 FreeRTOSConfig.h 头文件中将宏 configSUPPORT_DYNAMIC_ALLOCATION 设置为 1，或者取消该宏的定义（在这种情况下，它将默认为 1）。

xTaskCreate()函数原型如下。

```
BaseType_t xTaskCreate(TaskFunction_t pxTaskCode,                    /* 任务函数 */
                       const char * const pcName,                    /* 任务名 */
                       const configSTACK_DEPTH_TYPE usStackDepth,/* 任务堆栈大小 */
                       void * const pvParameters,                    /* 任务参数 */
                       UBaseType_t uxPriority,                       /* 任务优先级 */
                       TaskHandle_t * const pxCreatedTask )          /* 任务句柄 */
```

参数说明如下。

pxTaskCode:	指向任务入口函数的指针，实参在形式上仅表现为一个函数名。
pcName:	任务名，一般用于跟踪和调试，也可用于获取任务句柄。任务名的长度不能超过 FreeRTOSConfig.h 头文件中宏 configMAX_TASK_NAME_LEN 所定义的大小。
usStackDepth:	任务堆栈大小，在 32 位系统中，其单位为 word（4B）。
pvParameters:	传递给任务函数的参数。
uxPriority:	任务优先级，范围为 0～configMAX_PRIORITIES－1。
pxCreatedTask:	任务句柄，任务创建成功后会返回此任务的任务句柄，用于标识这个任务，其他 API 函数可以通过该任务句柄来操作这个任务。

如果任务创建成功，则返回 pdPASS（一个定义为 1 的宏）；如果任务创建失败，则返回 errCOULD_NOT_ALLOCATE_REQUIRED_MEMORY，原因是堆内存不足，不能进行动态内存分配。

使用举例：用动态内存分配方法创建 LED1 闪烁任务，硬件的连接参考图 2-9，LED1 连接 PB0。

步骤一，创建任务函数 Led1Task()。

```
/* USER CODE BEGIN 0 */
/*************************************************************************
* 函 数 名:Led1Task
* 功能说明:LED1 每秒闪烁 2 次
* 形    参:pvParameters 是在创建该任务时传递的参数
* 返 回 值:无
*************************************************************************/
static void Led1Task(void *pvParameters)
{
  while(1)                                    /* FreeRTOS 任务是一个死循环*/
  {
      HAL_GPIO_TogglePin(GPIOB,LED1_Pin);     /*LED1 闪烁*/
      HAL_Delay(500);                         /*每秒闪烁 2 次*/
  }
}
/* USER CODE END 0 */
```

步骤二，定义任务句柄，用 xTaskCreate()函数创建任务。

```
/* USER CODE BEGIN 2 */
static TaskHandle_t Led1TaskHandle = NULL; /* 任务句柄 */
xTaskCreate(Led1Task,                      /* 任务函数 */
            "Led1Task",                    /* 任务名 */
            128,                           /* 任务堆栈大小，单位为 word，也就是 4B */
            NULL,                          /* 任务参数 */
            4,                             /* 任务优先级 */
            &Led1TaskHandle );             /* 任务句柄 */
vTaskStartScheduler();                     /* 开启调度器 */
/* USER CODE END 2 */
```

4.2.4　用静态内存分配方法创建任务

xTaskCreateStatic()函数也用于创建任务并将其加入就绪任务列表，但创建任务所需的内存不采用动态内存分配，而需要由用户指定。使用这个函数，要求在 FreeRTOSConfig.h 头文件中将宏 configSUPPORT_STATIC_ALLOCATION 设置为 1。

xTaskCreateStatic()函数原型如下。

```
BaseType_t xTaskCreateStatic(TaskFunction_t pxTaskCode,        /* 任务函数 */
                      const char * const pcName,               /* 任务名 */
                      const uint32_t ulStackDepth,             /* 任务堆栈大小 */
                      void * const pvParameters,               /* 任务参数 */
                      UBaseType_t uxPriority,                  /* 任务优先级 */
                      StackType_t * const puxStackBuffer,      /* 任务堆栈 */
                      StaticTask_t * const pxTaskBuffer )      /* 任务控制块 */
```

参数说明如下。

pxTaskCode:	指向任务入口函数的指针，实参在形式上仅表现为一个函数名。
pcName:	任务名，一般用于跟踪和调试，也可用于获取任务句柄。任务名的长度不能超过 FreeRTOSConfig.h 头文件中宏 configMAX_TASK_NAME_LEN 所定义的大小。
ulStackDepth:	任务堆栈大小，在 32 位系统中，其单位为 word（4B）。
pvParameters:	传递给任务函数的参数。
uxPriority:	任务优先级，范围为 0～configMAX_PRIORITIES－1。
puxStackBuffer:	**任务堆栈，一般是一个数组，数组类型为 StackType_t，在 32 位架构系统中为 uint32_t，需要用户事先分配好内存。**
pxTaskBuffer:	**任务控制块，需要用户事先分配好内存。**

如果任务创建成功，则返回任务句柄；如果任务创建失败，则返回 NULL，失败的原因往往是用户没有为任务堆栈或任务控制块事先分配内存，即 puxStackBuffer 或 pxTaskBuffer 为 NULL。

用静态内存分配方法创建任务，除要指定待创建任务的任务堆栈及任务控制块内存以外，还要实现 vApplicationGetIdleTaskMemory()和 vApplicationGetTimerTaskMemory()这两个函数，作用是给空闲任务和软件定时器服务任务分配任务堆栈和任务控制块所需内存，过程比较烦琐。在实际使用中，用动态内存分配方法创建任务方便得多。

4.2.5 任务删除

vTaskDelete()函数用于删除一个已创建好的任务，包括就绪态、阻塞态或挂起态的任务，也可在任务运行时删除任务本身。任务删除后，不能再使用该任务的任务句柄，因为该任务已经不存在了。如果被删除的任务是用动态内存分配方法创建的，那么分配给该任务的任务堆栈和任务控制块内存会在空闲任务中自动释放。因此，在调用 vTaskDelete()函数删除任务之后，要给空闲任务运行的机会，用于回收资源。空闲任务一般设定为最低优先级，在所有用户任务不运行的时候运行。空闲任务运行时间是衡量操作系统任务设计是否合理的一个重要指标。

用静态内存分配方法创建任务时分配的任务堆栈和任务控制块内存，以及由用户自行分配给任务的内存，需要由用户程序进行释放，这些内存不会在空闲任务中自动释放。任务删除函数如下。

```
void vTaskDelete( TaskHandle_t xTask );
```

参数说明如下。

xTask:	要删除的任务句柄，为 NULL 时表示删除任务本身。

返回值：无。

使用 vTaskDelete()函数需要在 FreeRTOSConfig.h 头文件中将宏 INCLUDE_vTaskDelete 设置为 1。如果在调用此函数时传入的参数为 NULL，即数值 0，那么删除的就是当前正在运行的任务，此任务被删除后，FreeRTOS 会切换到任务就绪列表中下一个要运行的最高优先级的任务。

4.3　任务创建与删除示例

本示例通过 appStartTask()函数创建两个 FreeRTOS 任务。任务 1 的任务函数为 Led0Task()，其功能是使 LED0 每秒闪烁 1 次，在完成 5 次闪烁后删除任务 2。任务 2 的任务函数是 Led1Task()，其功能是使 LED1 每秒闪烁 2 次。硬件的连接参考图 2-9，如果选用的是其他开发板，则请参考自己所选开发板的电路原理图。

4.3.1　组织代码

采用一对文件的方式来组织代码，先在工程根目录中建立 appTask 文件夹，用来存放与任务相关的文件，再编写 appTask.c 及 appTask.h 这一对文件，将 appTask.c 文件添加到 Application/MDK-USER 项目分组中，在 C/C++选项卡中添加文件包含路径。appTask.h 文件的内容如下。

```
/*用来管理 FreeRTOS 任务的头文件*/
#ifndef _APPTASK_H_
#define _APPTASK_H_
#include "freertos.h"                              /*FreeRTOS 头文件*/
#include "task.h"                                  /*FreeRTOS 任务实现头文件*/
static void Led0Task(void *pvParameters);          /*LED0 闪烁任务*/
static void Led1Task(void *pvParameters);          /*LED1 闪烁任务*/
void appStartTask(void);                           /*用于创建其他任务的函数*/
#endif
```

4.3.2　编写 LED0 任务函数

任务函数 Led0Task()在 appTask.h 文件中声明，在 appTask.c 文件中实现，代码如下。

```
/****************************************************************************
* 函 数 名:Led0Task
* 功能说明:LED0 每秒闪烁 1 次，闪烁 5 次后删除任务 2
* 形    参:pvParameters 是在创建该任务时传递的参数
* 返 回 值:无
* 优 先 级:4
```

```
******************************************************************************/
static void Led0Task(void *pvParameters)
{
    uint16_t cnt=0;                                           /*用于统计闪烁次数的局部变量*/
    while(1)
    {
        HAL_GPIO_TogglePin(GPIOB,LED0_Pin);                   /*LED0 闪烁*/
        vTaskDelay(pdMS_TO_TICKS(500));                       /*每秒闪烁 1 次*/
        printf("LED0 正在以 1.0 秒周期闪烁\r\n");
        if(++cnt>=10)
        {
            if(eTaskGetState(Led1TaskHandle) != eDeleted)     /*如果没有被删除*/
            {
                vTaskDelete(Led1TaskHandle);                  /*删除 LED1 闪烁任务*/
                printf("LED1 任务已经被删除\r\n");
            }
        }
    }
    /*如果在任务的具体实现中会跳出上面的死循环，则此任务必须在函数运行完之前删除。传入 NULL 参数表示删除的是当前任务 */
    vTaskDelete(NULL);
}
```

任务被删除后，将不再存在，不能再对该任务进行操作，否则会造成系统崩溃。因此，在删除任务前要先调用 eTaskGetState()函数，测试该任务是否已被删除。

4.3.3 编写 LED1 任务函数

任务函数 Led1Task()在 appTask.h 文件中声明，在 appTask.c 文件中实现，代码如下。

```
/******************************************************************************
* 函 数 名:Led1Task
* 功能说明:LED1 每秒闪烁 2 次
* 形    参:pvParameters 是在创建该任务时传递的参数
* 返 回 值:无
* 优 先 级:4
******************************************************************************/
static void Led1Task(void *pvParameters)
{
  while(1)
  {
      HAL_GPIO_TogglePin(GPIOB,LED1_Pin);        /*LED1 闪烁*/
      vTaskDelay(pdMS_TO_TICKS(250));            /*每秒闪烁 2 次*/
      printf("LED1 正在以 0.5 秒周期闪烁\r\n");
```

```
    }
    /*如果在任务的具体实现中会跳出上面的死循环，则此任务必须在函数运行完之前删除。传入 NULL 参数表示删除的是当前任务 */
    vTaskDelete(NULL);
}
```

4.3.4　创建任务

任务的创建在 appStartTask()函数中完成，先进入临界段，调用 xTaskCreate()函数创建 LED0 闪烁及 LED1 闪烁任务，在创建任务之前，要先定义这两个任务的任务句柄。appStartTask()函数在 appTask.h 文件中声明，在 appTask.c 文件中实现，代码如下。

```
static TaskHandle_t Led0TaskHandle = NULL;    /* LED0 任务句柄 */
static TaskHandle_t Led1TaskHandle = NULL;    /* LED1 任务句柄 */
/*****************************************************************************
* 函 数 名:appStartTask
* 功能说明:开始任务函数，用于创建其他任务并开启调度器
* 形    参:无
* 返 回 值:无
*****************************************************************************/
void appStartTask(void)
{
    taskENTER_CRITICAL();                    /* 进入临界段，关中断 */
    xTaskCreate(Led0Task,                    /* 任务函数 */
                "Led0Task",                  /* 任务名 */
                128,                         /* 任务堆栈大小，单位为 word，也就是 4B */
                NULL,                        /* 任务参数 */
                4,                           /* 任务优先级 */
                &Led0TaskHandle );           /* 任务句柄 */
    xTaskCreate(Led1Task,                    /* 任务函数 */
                "Led1Task",                  /* 任务名 */
                128,                         /* 任务堆栈大小，单位为 word，也就是 4B */
                NULL,                        /* 任务参数 */
                4,                           /* 任务优先级 */
                &Led1TaskHandle );           /* 任务句柄 */
    taskEXIT_CRITICAL();                     /* 退出临界段，开中断 */
    vTaskStartScheduler();                   /* 开启调度器 */
}
```

4.3.5　修改 main.c 文件

由于使用 STM32CubeMX 生成配置和初始化代码，main.c 文件会在配置改变重新生

成代码时被更新，因此要注意将用户代码放在/* USER CODE BEGIN xxx */和/* USER CODE END xxx */之间。

```
/* Includes ------------------------------------------------------------------*/
#include "main.h"
#include "stm32f4xx_hal.h"
#include "usart.h"
#include "gpio.h"
/* USER CODE BEGIN Includes */
#include "apptask.h"    /*用来管理 FreeRTOS 任务的头文件*/
/* USER CODE END Includes */
/* Private variables ---------------------------------------------------------*/
/* USER CODE BEGIN PV */
/* Private variables ---------------------------------------------------------*/
/* USER CODE END PV */
/* Private function prototypes -----------------------------------------------*/
void SystemClock_Config(void);
/* USER CODE BEGIN PFP */
/* Private function prototypes -----------------------------------------------*/
/* USER CODE END PFP */
/* USER CODE BEGIN 0 */
/* USER CODE END 0 */
/**
  * @brief  The application entry point.
  *
  * @retval None
  */
int main(void)
{
  /* USER CODE BEGIN 1 */
  /* USER CODE END 1 */
  /* MCU Configuration----------------------------------------------------------*/
  /* Reset of all peripherals, Initializes the Flash interface and the Systick. */
  HAL_Init();
  /* USER CODE BEGIN Init */
  /* USER CODE END Init */
  /* Configure the system clock */
  SystemClock_Config();
  /* USER CODE BEGIN SysInit */
  /* USER CODE END SysInit */
  /* Initialize all configured peripherals */
  MX_GPIO_Init();
  MX_USART1_UART_Init();
```

```
  /* USER CODE BEGIN 2 */
  appStartTask();         /*创建任务并开启调度器*/
  /* USER CODE END 2 */
  /* Infinite loop */
  /* USER CODE BEGIN WHILE */
  while (1)
  {
       /* 启动任务调度后，程序不会执行到这里 */
  /* USER CODE END WHILE */
  /* USER CODE BEGIN 3 */
  }
  /* USER CODE END 3 */
}
```

4.3.6　下载测试

编译无误后将程序下载到开发板上，打开串口调试助手，可以看到 LED0 以每秒 1 次的频率闪烁，LED1 以每秒 2 次的频率闪烁，LED0 闪烁 5 次后，LED1 停止闪烁，因为此时 LED1 闪烁任务已经被删除。串口调试助手上显示的运行信息如图 4-8 所示。

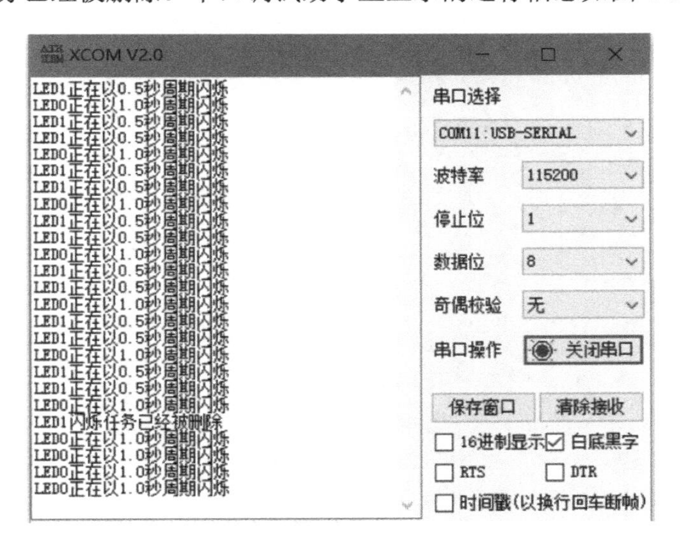

图 4-8　串口调试助手上显示的运行信息

4.4　总结

FreeRTOS 任务有运行态、就绪态、阻塞态和挂起态 4 种状态，调度器会选择优先级最高的就绪任务来运行。FreeRTOS 通过任务控制块来操作任务，涉及列表和列表项两个重要的数据结构，任务堆栈可以确保任务之间能正确切换，在操作系统的调度下看起来就像所有任务同时运行一样。

FreeRTOS 任务函数是一个永远不会退出的函数，有多个任务创建函数可用于创建任务，通常用动态内存分配方法来创建任务。创建好的任务也可以删除，任务删除后就不能再对其进行操作，因为这个任务已经不复存在。

思考与练习

1．简述前后台系统、多任务系统的工作流程。

2．多任务系统中的任务有哪些特性？

3．FreeRTOS 任务有哪几种状态？各状态如何切换？

4．什么叫堆栈？多任务系统中为什么要使用堆栈？

5．什么是任务控制块？有哪些主要成员？

6．假设有两个优先级为 0 的就绪任务，试画出描述该优先级任务的列表及列表项的连接示意图。

7．改写本章示例程序，在 LED1 闪烁 5 次后，将 LED0 闪烁任务删除。

第 5 章

FreeRTOS 任务调度

FreeRTOS 任务有运行态、就绪态、阻塞态和挂起态 4 种状态。在开启调度器后，任务状态会在等待事件发生或调用某些 API 函数时进行转换。例如，调用 vTaskSuspend()函数挂起任务，调用 vTaskResume()函数将挂起的任务恢复。

5.1 开启调度器

任务创建完成后，通过 vTaskStartScheduler()函数开启调度器。在调度器开启的过程中，会创建空闲任务并启动第一个任务。

5.1.1 调度器开启函数

调度器开启函数为 vTaskStartScheduler()，该函数在 tasks.c 文件中定义，省略部分条件编译代码后的代码如下。

```
void vTaskStartScheduler( void )
{
    BaseType_t xReturn;
    /* 使用动态内存分配方法创建最低优先级的空闲任务代码 */
    xReturn = xTaskCreate(    prvIdleTask,
                                configIDLE_TASK_NAME,
                                configMINIMAL_STACK_SIZE,
                                ( void * ) NULL,
                                portPRIVILEGE_BIT,
                                &xIdleTaskHandle );
    /* 如果使能了软件定时器功能，则创建软件定时器服务任务 */
    #if ( configUSE_TIMERS == 1 )
    {
```

```
        if( xReturn == pdPASS )
        {
            xReturn = xTimerCreateTimerTask();
        }
        else
        {
            mtCOVERAGE_TEST_MARKER();
        }
    }
    if( xReturn == pdPASS )          /* 空闲任务或软件定时器服务任务创建成功 */
    {
        /* 关中断，在启动第一个任务代码中通过 SVC 调用开中断 */
        portDISABLE_INTERRUPTS();
        /* 设置一些静态变量 */
        xNextTaskUnblockTime = portMAX_DELAY;
        xSchedulerRunning = pdTRUE;
        xTickCount = ( TickType_t ) configINITIAL_TICK_COUNT;
        /* 宏 configGENERATE_RUN_TIME_STATS 为 1 表示使能时间统计功能，需要用户用下面这个宏
        实现一个高于心跳时钟精度的软件定时器配置代码 */
        portCONFIGURE_TIMER_FOR_RUN_TIME_STATS();
        traceTASK_SWITCHED_IN();
        /* 在硬件移植层文件 port.c 中实现与硬件相关的嘀嗒定时器、FPU 和 PendSV 中断初始化，并
        启动第一个任务 */
        if( xPortStartScheduler() != pdFALSE )
        {
            /* 若调度器开启成功，则程序不会运行到这里 */
        }
        else
        {
            /* 只有调用 xTaskEndScheduler()函数终止调度器程序才会运行到这里 */
        }
    }
    else
    {
        /* 程序运行到这里表明调度器没有启动成功，原因是在创建空闲任务或软件定时器服务任务（如果配置
        了对应的宏）时没有足够的内存用于创建任务 */
        configASSERT( xReturn != errCOULD_NOT_ALLOCATE_REQUIRED_MEMORY );
    }
    /* 防止编译器报错 */
    ( void ) xIdleTaskHandle;
}
```

5.1.2 调度器开启过程

首先创建一个空闲任务，运行于最低优先级（由宏 portPRIVILEGE_BIT 定义，通常为 0），如果配置了宏 configUSE_TIMERS 为 1，则创建软件定时器服务任务。如果前面的任务创建成功，则通过调用与移植层硬件相关的 xPortStartScheduler()函数来初始化 SysTick 嘀嗒定时器作为 FreeRTOS 的心跳时钟，然后启动第一个任务，启动任务后程序将不会退出任务调度。调度器开启流程如图 5-1 所示。

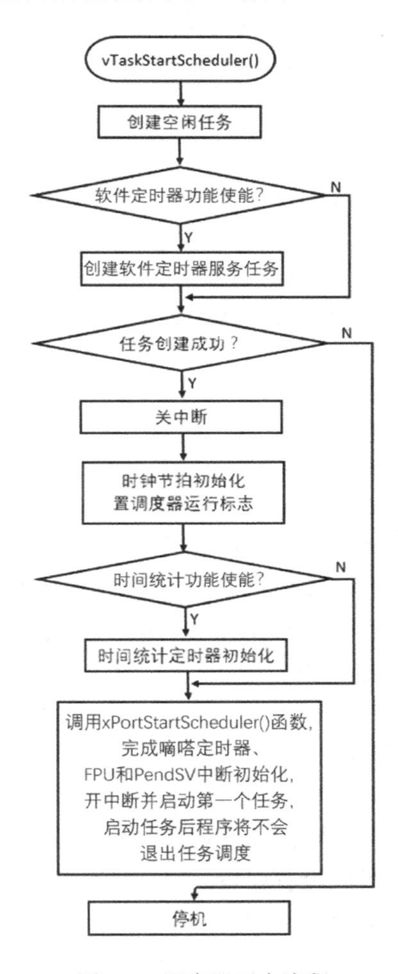

图 5-1 调度器开启流程

5.1.3 启动第一个任务

在调度器开启的过程中，使用与移植层硬件密切相关的 xPortStartScheduler()函数来初始化中断、嘀嗒定时器，并启动第一个任务，省略部分条件编译代码后的代码如下。

```
BaseType_t xPortStartScheduler( void )
{
```

```
    /* 确保宏 configMAX_SYSCALL_INTERRUPT_PRIORITY 不为 0 */
    configASSERT( configMAX_SYSCALL_INTERRUPT_PRIORITY );
    /* 此接口可用于 ARM Cortex-M7 所有修订版，r0p1 除外 */
    configASSERT( portCPUID != portCORTEX_M7_r0p1_ID );
    configASSERT( portCPUID != portCORTEX_M7_r0p0_ID );
    /* 此处省略了部分条件编译代码 */
    /* 设置 PendSV 和嘀嗒定时器的中断优先级为最低 */
    portNVIC_SYSPRI2_REG |= portNVIC_PENDSV_PRI;
    portNVIC_SYSPRI2_REG |= portNVIC_SYSTICK_PRI;
    /* 设置嘀嗒定时器的定时时间并使能嘀嗒定时器中断 */
    vPortSetupTimerInterrupt();
    /* 初始化临界段嵌套计数器 */
    uxCriticalNesting = 0;
    /* 使能 FPU */
    prvEnableVFP();
    /* 设置 FPCCR 寄存器以便进出中断时能自动保存. */
    *( portFPCCR ) |= portASPEN_AND_LSPEN_BITS;
    /* 启动第一个任务 */
    prvStartFirstTask();
    /* 程序不会运行到这里 */
    return 0;
}
```

这部分代码与移植层硬件密切相关，首先设置 PendSV 和嘀嗒定时器的中断优先级为最低；然后初始化嘀嗒定时器并使能嘀嗒定时器中断，对于有浮点运算的 ARM Cortex-M4 等微控制器，使能 FPU；最后调用 prvStartFirstTask()函数开中断，并触发 SVC 中断来启动第一个任务，至此调度器开启完成。

5.2　任务的挂起和恢复

刚创建的任务处于就绪态，可以被调度器选中从而进入运行态。若某个任务很长时间才运行一次，如智能手表中的时间设置任务，则在每次设置时间后将其挂起，待下次需要再次运行的时候将其恢复。FreeRTOS 提供了任务的挂起和恢复函数供用户调用。

5.2.1　任务的挂起

1．任务挂起函数 vTaskSuspend()

vTaskSuspend()函数用于将某个任务设置为挂起态，进入挂起态的任务不会运行。退出挂起态的唯一方法就是调用任务恢复函数。

任务挂起函数原型如下。

```
void vTaskSuspend(TaskHandle_t xTaskToSuspend);
```

参数说明如下。

xTaskToSuspend:	要挂起任务的任务句柄，为 NULL 时表示挂起任务本身。

返回值：无。

任务挂起该函数使用了一个参数 xTaskToSuspend，为要挂起任务的任务句柄，创建任务的时候会为每个任务分配一个任务句柄。如果使用 xTaskCreate()函数创建任务，那么该函数的参数 pxCreatedTask 就是此任务的任务句柄；如果使用 xTaskCreateStatic()函数创建任务，那么该函数的返回值就是此任务的任务句柄。也可以通过 xTaskGetHandle()函数来根据任务名获取任务句柄。如果该参数为 NULL，则表示挂起任务本身。

2．应用举例：挂起按键扫描任务

创建一个 appTaskSuspend()函数，在该函数中创建按键扫描任务并将其挂起。

```
static TaskHandle_t KeyTaskHandle = NULL;   /* 任务句柄 */
/**************************************************************************************
* 函 数 名:KeyTask
* 功能说明:按键扫描任务
* 形    参:pvParameters 是在创建该任务时传递的参数
* 返 回 值:无
* 优 先 级:4
**************************************************************************************/
static void KeyTask(void *pvParameters)
{
    while(1)
    {
        KeyScan();                          /* 按键扫描 */
        vTaskDelay(10);
    }
}
/**************************************************************************************
* 函 数 名:appTaskSuspend
* 功能说明:创建按键扫描任务，并将其挂起
* 形    参:无
* 返 回 值:无
**************************************************************************************/
static void appTaskSuspend (void)
{
    xTaskCreate(KeyTask,                    /* 任务函数 */
                "KeyTask",                  /* 任务名 */
                512,                        /* 任务堆栈大小，单位为 word，也就是 4B */
                NULL,                       /* 任务参数 */
```

```
                  4,                    /* 任务优先级*/
                  &KeyTaskHandle );     /* 任务句柄 */
    if(KeyTaskHandle != NULL)           /* 挂起此任务 */
    {
        vTaskSuspend(KeyTaskHandle);
    }
}
```

5.2.2 任务的恢复

将一个任务从挂起态恢复到就绪态要使用任务恢复函数。任务恢复函数有两个版本：vTaskResume()和 xTaskResumeFromISR()。后者是中断版本，在受 FreeRTOS 管理的中断服务函数中使用。

1. 任务恢复函数 vTaskResume()

只有通过 vTaskSuspend()函数挂起的任务，才能用 vTaskResume()函数恢复。vTaskResume()函数原型如下。

```
void vTaskResume(TaskHandle_t xTaskToResume);
```

参数说明如下。

xTaskToResume:	要恢复任务的任务句柄。

返回值：无。

xTaskToResume()函数有一个参数 xTaskToResume，表示要恢复任务的任务句柄，没有返回值。若在中断服务函数中使用任务恢复函数，则需要使用它的中断版本。

2. 中断版本任务恢复函数 xTaskResumeFromISR()

xTaskResumeFromISR()函数在中断服务函数中使用，该函数原型如下。

```
BaseType_t xTaskResumeFromISR(TaskHandle_t xTaskToResume);
```

参数说明如下。

xTaskToResume:	要恢复任务的任务句柄。

返回值：pdTRUE 或 pdFALSE。

参数 xTaskToResume 同样表示要恢复任务的任务句柄，有一个返回值。当要恢复任务的优先级等于或高于正在运行的任务（被中断打断的任务）时，返回 pdTRUE，这意味着退出中断服务函数后必须进行一次上下文切换。当要恢复任务的优先级低于当前正在运行的任务（被中断打断的任务）时，返回 pdFALSE，这意味着退出中断服务函数后无须进行上下文切换。

3. 应用举例：恢复用 vTaskSuspend()函数挂起的按键扫描任务

创建一个 appTaskResume()函数，在该函数中恢复用 vTaskSuspend()函数挂起的按键扫描任务。

```
static TaskHandle_t KeyTaskHandle = NULL;/* 任务句柄 */
/*****************************************************************************
* 函 数 名:KeyTask
* 功能说明:按键扫描任务
* 形    参:pvParameters 是在创建该任务时传递的参数
* 返 回 值:无
* 优 先 级:4
*****************************************************************************/
static void KeyTask(void *pvParameters)
{
   while(1)
   {
      KeyScan();                          /* 按键扫描 */
      vTaskDelay(10);
   }
}
/*****************************************************************************
* 函 数 名:appTaskResume
* 功能说明:创建按键扫描任务，用 vTaskSuspend()函数挂起该任务，然后恢复
* 形    参:无
* 返 回 值:无
*****************************************************************************/
static void appTaskResume(void)
 {
   xTaskCreate(KeyTask,                   /* 任务函数 */
               "KeyTask",                 /* 任务名 */
               512,                       /* 任务堆栈大小，单位为 word，也就是 4B */
               NULL,                      /* 任务参数 */
               4,                         /* 任务优先级*/
               &KeyTaskHandle );          /* 任务句柄 */
   if(KeyTaskHandle != NULL)              /* 挂起此任务 */
   {
      vTaskSuspend(KeyTaskHandle);
   }
   if(KeyTaskHandle != NULL)              /* 恢复此任务 */
   {
      vTaskResume(KeyTaskHandle);
```

```
    }
}
```

5.2.3 任务挂起和恢复示例

本示例通过 appStartTask()函数创建两个 FreeRTOS 任务。

任务 1 的任务函数为 Led0Task()，优先级为 4，其功能是使 LED0 每秒闪烁 1 次，在完成 5 次闪烁后挂起任务本身，并恢复任务 2 运行。

任务 2 的任务函数是 Led1Task()，优先级为 4，其功能是使 LED1 每秒闪烁 2 次，在创建该任务时先挂起任务本身，任务运行后，在完成 5 次闪烁后挂起任务本身并恢复任务 1 运行。

硬件的连接参考图 2-9，如果采用的是其他开发板，则请参考自己所选开发板的电路原理图。

1. 任务创建函数 appStartTask()

创建任务 1 和任务 2，创建完成后让任务 2 处于挂起态。

```
static TaskHandle_t Led0TaskHandle = NULL;     /* LED0 任务句柄 */
static TaskHandle_t Led1TaskHandle = NULL;     /* LED1 任务句柄 */
/*****************************************************************************
* 函 数 名:appStartTask
* 功能说明:创建任务函数，用于创建其他任务并开启调度器
* 形    参:无
* 返 回 值:无
*****************************************************************************/
void appStartTask(void)
{
    taskENTER_CRITICAL();                  /* 进入临界段，关中断 */
    xTaskCreate(Led0Task,                  /* 任务函数 */
                "Led0Task",                /* 任务名 */
                128,                       /* 任务堆栈大小，单位为 word，也就是 4B */
                NULL,                      /* 任务参数 */
                4,                         /* 任务优先级 */
                &Led0TaskHandle );         /* 任务句柄 */
    xTaskCreate(Led1Task,                  /* 任务函数 */
                "Led1Task",                /* 任务名 */
                128,                       /* 任务堆栈大小，单位为 word，也就是 4B */
                NULL,                      /* 任务参数 */
                4,                         /* 任务优先级 */
                &Led1TaskHandle );         /* 任务句柄 */
    vTaskSuspend(Led1TaskHandle);          /* 挂起任务 2 */
```

```
    taskEXIT_CRITICAL();                         /* 退出临界段，开中断 */
    vTaskStartScheduler();                       /* 开启调度器 */
}
```

2. 任务函数

在两个任务中均定义一个用于统计闪烁次数的变量，到达指定次数后先恢复指定任务运行，同时通过串口输出运行信息，然后挂起任务本身。

```
/*************************************************************************
* 函 数 名:Led0Task
* 功能说明:LED0 每秒闪烁 1 次，在闪烁 5 次后挂起自身，并恢复任务 2 运行
* 形    参:pvParameters 是在创建该任务时传递的参数
* 返 回 值:无
* 优 先 级:4
*************************************************************************/
static void Led0Task(void *pvParameters)
{
    uint16_t cnt=0;                                  /*用于统计闪烁次数的局部变量*/
    while(1)
    {
        HAL_GPIO_TogglePin(GPIOB,LED0_Pin);          /*LED0 闪烁*/
        vTaskDelay(pdMS_TO_TICKS(500));              /*每秒闪烁 1 次*/
        printf("LED0 正在以 1.0 秒周期闪烁\r\n");
        if(++cnt>=10)
        {
            cnt = 0;                                 /* 任务挂起期间不会自增 */
            vTaskResume(Led1TaskHandle);             /* 恢复任务 2 运行 */
            printf("任务 1 已经挂起\r\n");
            vTaskSuspend(NULL);                      /* 传入参数 NULL 表示挂起自身 */
        }
    }

}
/*************************************************************************
* 函 数 名:Led1Task
* 功能说明:LED1 每秒闪烁 2 次，创建时处于挂起态，完成 5 次闪烁后挂起任务本身并恢复任务 1 运行
* 形    参:pvParameters 是在创建该任务时传递的参数
* 返 回 值:无
* 优 先 级:4
*************************************************************************/
static void Led1Task(void *pvParameters)
{
    uint16_t cnt=0;                                  /*用于统计闪烁次数的局部变量*/
```

```
    while(1)
    {
        HAL_GPIO_TogglePin(GPIOB,LED1_Pin);             /*LED1 闪烁*/
        vTaskDelay(pdMS_TO_TICKS(250));                 /*每秒闪烁 2 次*/
        printf("LED1 正在以 0.5 秒周期闪烁\r\n");
        if(++cnt>=10)
        {
            cnt = 0;                                    /* 任务挂起期间不会自增 */
            vTaskResume(Led0TaskHandle);                /* 恢复任务 1 运行 */
            printf("任务 2 已经挂起\r\n");
            vTaskSuspend(NULL);                         /* 传入参数 NULL 表示挂起任务本身 */
        }
    }
}
```

3. 下载测试

编译无误后将程序下载到开发板上，可以看到 LED0 以每秒 1 次的频率闪烁，闪烁 5 次后状态保持，同时 LED1 开始以每秒 2 次的频率闪烁，闪烁 5 次后状态保持。在 LED 闪烁的同时，串口调试助手上显示相应的信息提示，不断循环，说明任务的挂起和恢复执行成功，如图 5-2 所示。

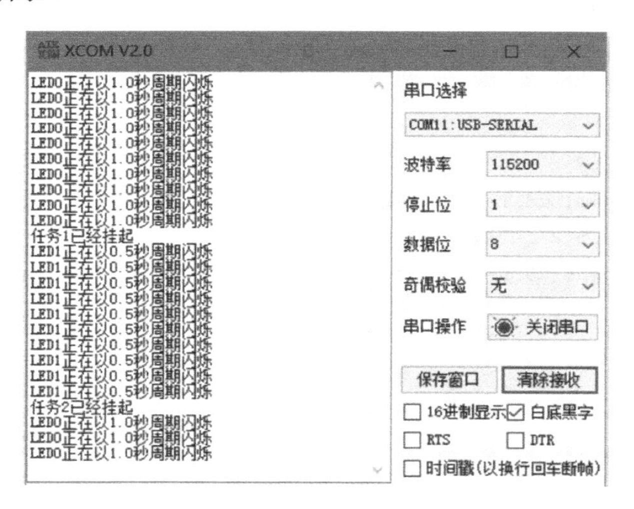

图 5-2 任务的挂起和恢复执行成功

5.3 任务的调度

FreeRTOS 支持 3 种任务调度方式：抢占式调度、时间片调度和合作式调度。实际中主要应用的是抢占式调度和时间片调度，合作式调度主要是为早期那些资源很少的 MCU 准备的，特点是开销很小，现在的微控制器功能已经非常强大了，基本不会用到合作式调度，FreeRTOS也已经不再打算对这部分进行更新。

抢占式调度用于任务有不同优先级的场合。每个任务都有不同的优先级，任务会一直运行，直到被高优先级任务抢占，或者遇到阻塞式的API函数调用，如最简单的vTaskDelay()函数调用，才让出CPU使用权。抢占式调度总是选择就绪列表中优先级最高的任务来运行。

时间片调度用于多个任务具有相同优先级的场合。当多个任务优先级相同时，每个任务在运行一个时间片（一个系统时钟节拍的长度，在STM32微控制器中就是嘀嗒定时器的中断周期）后就让出CPU使用权，让其他优先级相同的任务有被运行的机会。

5.3.1 FreeRTOS任务切换场合

无论是抢占式调度还是时间片调度，都涉及任务的切换。FreeRTOS会在下面两种情况下执行任务切换（也称上下文切换）。

（1）执行系统调用。

（2）嘀嗒定时器中断。

执行系统调用就是执行FreeRTOS提供的API函数，这类函数有很多个，但实际操作任务切换的是taskYIELD()宏，该宏与硬件平台无关，在task.h文件中定义。

```
#define taskYIELD()                    portYIELD()
```

可以看出，taskYIELD()宏又由portYIELD()宏所定义。不同硬件平台，任务切换的方法也有差异，所以portYIELD()宏是与硬件相关的代码，在硬件移植层的portmacro.h文件中定义。对STM32微控制器，代码如下。

```
#define portYIELD()                                                    \
{                                                                      \
                                                                       \
    /* 置PendSV中断挂起位以切换上下文 */                                \
    portNVIC_INT_CTRL_REG = portNVIC_PENDSVSET_BIT;                    \
                                                                       \
    __dsb( portSY_FULL_READ_WRITE );                                   \
    __isb( portSY_FULL_READ_WRITE );                                   \
}
```

portYIELD()宏的主要工作就是将中断控制和状态寄存器（ICSR）的bit28置1，触发一个PendSV中断，FreeRTOS在PendSV中断里进行任务切换。

除执行系统调用会触发任务切换以外，嘀嗒定时器中断也会触发任务切换。FreeRTOS嘀嗒定时器的中断服务函数如下。

```
#define xPortSysTickHandler SysTick_Handler
void xPortSysTickHandler( void )
{
```

```
    vPortRaiseBASEPRI();
    {
        /* 系统时钟节拍加 1 并判断有无需要切换的任务 */
        if( xTaskIncrementTick() != pdFALSE )
        {
            /* 置 PendSV 中断挂起位以切换上下文 */
            portNVIC_INT_CTRL_REG = portNVIC_PENDSVSET_BIT;
        }
    }
    vPortClearBASEPRIFromISR();
}
```

可以看出，无论在哪种任务切换场合，FreeRTOS 都是通过置 PendSV 中断挂起位触发一次 PendSV 中断来进行任务切换的。

5.3.2 PendSV 中断

在 STM32 微控制器中，有 SVC 和 PendSV 两个系统中断，前者叫作系统服务调用，简称系统调用；后者叫作可挂起的系统调用。触发 PendSV 中断的方法是将 ICSR 的 bit28 置 1。PendSV 中断的优先级可以通过编程进行设置，bit28 置 1 后，若其中断优先级不够，则将等待更高优先级的中断执行完毕后才会执行，这种特性使 PendSV 中断非常适合在操作系统中用于任务切换。

在实时操作系统中，绝不希望在中断发生时进行任务切换，因为这会造成中断处理被延迟，而且延迟时间往往还不可预知，这与实时操作系统的实时性要求相悖。FreeRTOS 通过将 PendSV 中断设置成最低优先级，使得在 PendSV 中断中进行的任务切换延迟到所有其他中断服务函数都已处理完成之后。一个典型的 FreeRTOS 切换流程如图 5-3 所示。

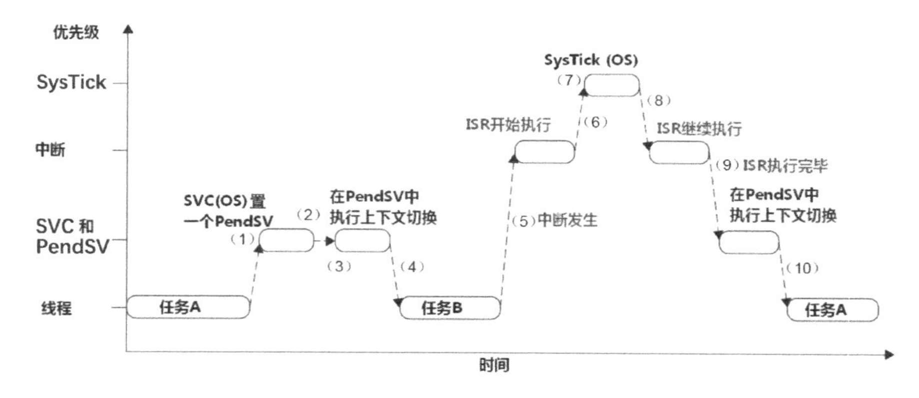

图 5-3　一个典型的 FreeRTOS 任务切换流程

任务切换流程中有两个任务：任务 A 和任务 B（在 STM32 微控制器中，FreeRTOS 任务运行于线程模式，所以有时任务也被称为线程）。任务 A 通过系统调用切换到任务 B，此过程中没有其他中断发生。任务 B 通过嘀嗒定时器中断切换到任务 A，此过程中有其他中断发生，该中断被嘀嗒定时器中断打断，FreeRTOS 在嘀嗒定时器中断服务函数中将 PendSV 中断挂起位置 1，处理完其他事务后退出嘀嗒定时器中断，让被打断的中断得以继续执行。在所有中断执行完成后，在 PendSV 中执行上下文切换，切换到任务 A，从而保证了实时性，具体流程如下。

（1）任务 A 呼叫 SVC 请求任务切换。例如，等待某些工作完成，最简单的是调用任务阻塞函数 vTaskDelay()。

（2）FreeRTOS 接收到请求，做好执行上下文切换的准备，并且置一个 PendSV 异常。

（3）当 CPU 退出 SVC 后，立即进入 PendSV，从而执行上下文切换。

（4）当 PendSV 执行完毕后，返回到任务 B，同时进入线程模式。

（5）在任务 B 执行过程中，发生了一个中断，并且 ISR 开始执行。

（6）在 ISR 执行过程中，发生 SysTick 中断，并且抢占了该 ISR。

（7）在 SysTick 中断服务程序里，FreeRTOS 执行必要的操作，然后置 PendSV 异常以做好执行上下文切换的准备。

（8）SysTick 中断退出后，回到先前被抢占的 ISR 中，ISR 继续执行。

（9）ISR 执行完毕并退出后，PendSV 中断服务程序开始执行，并且在 PendSV 中执行上下文切换。

（10）PendSV 执行完毕后，回到任务 A，同时系统再次进入线程模式。

5.3.3　PendSV 中断服务函数

针对 STM32 微控制器硬件架构，FreeRTOS 任务切换通过 PendSV 中断服务函数实现。PendSV 中断服务函数的名称是 PendSV_Handler。为了方便不同硬件平台之间的移植，FreeRTOS 对 PendSV 中断服务函数重新进行了定义，定义为 xPortPendSVHandler，在 FreeRTOSConfig.h 头文件中将 xPortPendSVHandler 与 PendSV_Handler 通过宏定义对应起来。

```
#define  xPortPendSVHandler  PendSV_Handler  /* 方便不同硬件平台之间的移植 */
```

xPortPendSVHandler 在硬件移植层的 port.c 文件中实现，代码采用汇编语言编写。

```
__asm void xPortPendSVHandler( void )
{
    extern uxCriticalNesting;
    extern pxCurrentTCB;
    extern vTaskSwitchContext;
    PRESERVE8
    mrs r0, psp
    isb
    /* 将当前激活的任务 TCB 指针存入 r2 */
```

```
    ldr    r3, =pxCurrentTCB
    ldr    r2, [r3]
    /* 如果任务使用了 FPU，则寄存器 s16-s31 入栈 */
    tst r14, #0x10
    it eq
    vstmdbeq r0!, {s16-s31}
    /* 内核寄存器入栈 */
    stmdb r0!, {r4-r11, r14}
    /* 将新的栈顶保存到任务 TCB 的第一个成员中 */
    str r0, [r2]
    stmdb sp!, {r0, r3}
    mov r0, #configMAX_SYSCALL_INTERRUPT_PRIORITY
    msr basepri, r0
    dsb
    isb
    bl vTaskSwitchContext
    mov r0, #0
    msr basepri, r0
    ldmia sp!, {r0, r3}
    /* 当前激活的任务 TCB 第一项中保存了任务堆栈的栈顶 */
    ldr r1, [r3]
    ldr r0, [r1]
    /* 内核寄存器出栈 */
    ldmia r0!, {r4-r11, r14}
    /* 如果任务使用了 FPU，则寄存器 s16-s31 出栈 */
    tst r14, #0x10
    it eq
    vldmiaeq r0!, {s16-s31}
    msr psp, r0
    isb
    #ifdef WORKAROUND_PMU_CM001 /* XMC4000 specific errata */
        #if WORKAROUND_PMU_CM001 == 1
            push { r14 }
            pop { pc }
            nop
        #endif
    #endif
    bx r14
}
```

这部分汇编代码比较复杂，主要执行了任务切换相关的一些操作。首先，获取当前任务的 TCB，与其他需要入栈的寄存器一起存入任务堆栈。其次，调用 vTaskSwitchContext()

函数查找下一个要运行的任务，并将全局变量 pxCurrentTCB 指向这个要运行的任务。最后，获取新任务的堆栈地址，相关寄存器出栈，PC 寄存器恢复为新任务的任务函数，完成任务切换。

5.3.4　查找下一个要运行的任务

在 PendSV 中断服务函数中，通过调用 vTaskSwitchContext()函数来查找下一个要运行的、已经就绪且优先级最高的任务，该函数在 tasks.c 文件中实现，省略部分条件编译代码后的代码如下。

```
void vTaskSwitchContext( void )
{
    if( uxSchedulerSuspended != ( UBaseType_t ) pdFALSE )
    {
        /* 若调度器挂起，则不能进行任务切换 */
        xYieldPending = pdTRUE;
    }
    else
    {
        xYieldPending = pdFALSE;
        traceTASK_SWITCHED_OUT();
        /* 堆栈溢出检测，如果使能了的话 */
        taskCHECK_FOR_STACK_OVERFLOW();
        /* 使用通用方法或硬件方法查找下一个要运行的任务 */
        taskSELECT_HIGHEST_PRIORITY_TASK();
        traceTASK_SWITCHED_IN();
    }
}
```

进入函数后，先判断调度器有没有挂起，若挂起了则不能进行任务切换，若没有挂起则通过 taskSELECT_HIGHEST_PRIORITY_TASK()函数来选择已经就绪且优先级最高的任务。选择已经就绪且优先级最高的任务有两种方法：通用方法和硬件方法。通过宏 configUSE_PORT_OPTIMISED_TASK_SELECTION 进行选择，该宏为 0 时使用通用方法，为 1 时使用硬件方法。

通用方法对所有硬件平台都适用，在 tasks.c 文件中给出了实现这个通用方法的宏。

```
#define taskSELECT_HIGHEST_PRIORITY_TASK()                              \
{                                                                       \
     UBaseType_t uxTopPriority = uxTopReadyPriority;                    \
                                                                        \
    /* 从就绪任务列表数组中找出最高优先级列表*/                         \
    while( listLIST_IS_EMPTY( &( pxReadyTasksLists[ uxTopPriority ] ) ) ) \
```

```
    {                                                                    \
        configASSERT( uxTopPriority );                                   \
        --uxTopPriority;                                                 \
    }                                                                    \
                                                                         \
    /* 通过这个宏实现相同优先级的任务使用时间片共享处理器 */                 \
    listGET_OWNER_OF_NEXT_ENTRY( pxCurrentTCB,                           \
                          &( pxReadyTasksLists[ uxTopPriority ] ) );     \
    uxTopReadyPriority = uxTopPriority;                                  \
}
```

pxReadyTasksLists[]是定义在 tasks.c 文件中的就绪任务列表数组，一个优先级对应一个列表。在新建任务的过程中，TCB 中的状态列表项 xStateListItem 会挂接到就绪任务列表数组中。uxTopReadyPriority 保存处于就绪态任务的最高优先级值，每次创建任务，都会判断新任务的优先级是否大于这个变量，如果大于，就更新这个变量的值。

从记录的最高优先级 uxTopReadyPriority 开始，在就绪任务列表数组 pxReadyTasksLists[]中找出优先级最高的任务，然后调用宏 listGET_OWNER_OF_NEXT_ENTRY()获取最高优先级列表中的下一个列表项，并从该列表项中获取 TCB 指针赋给变量 pxCurrentTCB。

采用通用方法查找下一个运行要的任务，没有使用与硬件相关的指令。通用方法适合不同硬件平台使用，它对任务的数量也没有限制，但运行效率比硬件方法要低很多。

查找下一个要运行的任务还可使用特定硬件的特定指令，即硬件方法。对于 STM32 微控制器，可使用计算前导零指令 CLZ 来实现，硬件方法宏代码如下。

```
#define taskSELECT_HIGHEST_PRIORITY_TASK()                                   \
{                                                                            \
    UBaseType_t uxTopPriority;                                               \
                                                                             \
    /* 通过这个宏找出就绪任务列表中优先级最高的任务 */                          \
    portGET_HIGHEST_PRIORITY( uxTopPriority, uxTopReadyPriority );           \
    configASSERT( listCURRENT_LIST_LENGTH(                                   \
                       &( pxReadyTasksLists[ uxTopPriority ] ) ) > 0 );      \
    listGET_OWNER_OF_NEXT_ENTRY( pxCurrentTCB,                               \
                       &( pxReadyTasksLists[ uxTopPriority ] ) );            \
}
```

通过宏 portGET_HIGHEST_PRIORITY()来实现硬件方法中的计算前导零功能，该宏被替换后变成如下形式。

```
uxTopPriority = ( 31UL - ( uint32_t ) __clz( ( uxTopReadyPriority ) ) )
```

在硬件方法中，uxTopPriority 同样表示就绪任务的最高优先级，它通过 31 减去前导零的个数得出。在计算前导零时，uxTopReadyPriority 使用每一位来表示任务优先级，如变量 uxTopReadyPriority 的 bit0 为 1 表示存在优先级为 0 的就绪任务，bit16 为 1 表示存在优先级为 16 的就绪任务，以此类推。由于 32 位整型数据最多只有 32 位，因此使用硬件方法查找下一个要运行的任务，任务的可用优先级值最大为 32，即从优先级 0 到优先级 31，这是使用硬件方法的局限。

宏__clz((uxTopReadyPriority))会被计算前导零指令 CLZ 替换，该指令的功能是计算一个变量从最高位开始的连续零的个数。假如变量 uxTopReadyPriority 为 0xA9（二进制形式为 0000 0000 0000 0000 0000 0000 1010 1001），即 bit0、bit3、bit5 和 bit7 为 1，表示存在优先级为 0、3、5 和 7 的就绪任务，那么__clz((uxTopReadyPriority)的值为 24，uxTopPriority =31-24=7，即优先级为 7 的任务是就绪态优先级最高的任务。其余代码跟通用方法一样，调用宏 listGET_OWNER_OF_NEXT_ENTRY 获取最高优先级列表中的下一个列表项，并从该列表项中获取 TCB 指针赋给变量 pxCurrentTCB，从而完成任务切换。

5.3.5 FreeRTOS 时间片调度

当多个任务具有相同的优先级时，每个任务只运行一个系统时钟节拍，然后让出 CPU 使用权，让另一个任务运行，从而实现同优先级任务的调度，称为时间片调度。

要使用时间片调度方法，需要将宏 configUSE_PREEMPTION 和 configUSE_TIME_SLICING 设置为 1，时间片的长度由宏 configTICK_RATE_HZ 定义的系统时钟节拍决定，即嘀嗒定时器的溢出周期，当该宏为 1000 时，时间片长度就是 1ms。时间片的调度在嘀嗒定时器中断服务函数中完成。

```
#define xPortSysTickHandler SysTick_Handler
void xPortSysTickHandler( void )
{
    vPortRaiseBASEPRI();
    {
        /* 系统时钟节拍加 1 并判断有无需要切换的任务 */
        if( xTaskIncrementTick() != pdFALSE )
        {
            /* 置 PendSV 中断挂起位以切换上下文 */
            portNVIC_INT_CTRL_REG = portNVIC_PENDSVSET_BIT;
        }
    }
    vPortClearBASEPRIFromISR();
}
```

在嘀嗒定时器中断服务函数中，通过 xTaskIncrementTick()函数来使系统时钟节拍加 1 并判断有无需要切换的任务，当这个函数返回 pdTRUE 时表示要进行任务切换。去掉与时间片调度无关的代码之后的 xTaskIncrementTick()函数如下。

```
BaseType_t xTaskIncrementTick( void )
{
/* 去掉与时间片调度无关的代码 */
    #if ( ( configUSE_PREEMPTION == 1 ) && ( configUSE_TIME_SLICING == 1 ) )
    {
        /* 判断当前就绪任务列表中是否还有相同优先级的任务 */
        if( listCURRENT_LIST_LENGTH( &( pxReadyTasksLists[ pxCurrentTCB->
uxPriority ] ) ) > ( UBaseType_t ) 1 )
        {
            xSwitchRequired = pdTRUE;
        }
        else
        {
            mtCOVERAGE_TEST_MARKER();
        }
    }
    #endif
    ......
}
```

当使能了时间片调度功能以后，如果当前就绪任务列表中还有相同优先级的任务，则函数会返回 pdTRUE，从而进行一次任务切换。

5.3.6 时间片调度示例

本示例通过 appStartTask()函数创建两个具有相同优先级的 FreeRTOS 任务，两个任务均具有优先级 4。

任务 1 的任务函数为 Led0Task()，优先级为 4，其功能是使 LED0 闪烁，统计任务运行次数并通过串口发送。

任务 2 的任务函数为 Led1Task()，优先级为 4，其功能是使 LED1 闪烁，统计任务运行次数并通过串口发送。

两个具有相同优先级的任务，若采用时间片调度方法，则每个任务将轮流获得 CPU 一个时间片的运行时间。为方便观察，时间片长度取 500ms，即将宏 configTICK_RATE_HZ 设置为 2。两个任务的运行时间设定约 100ms，通过不会引起任务调度的软件延时函数模拟任务执行时间。

1. 任务函数

创建任务 1 和任务 2 的任务函数，用不会引起任务切换的软件延时函数 delay_ms(100) 模拟任务执行时间。

```
/*********************************************************************************
* 函 数 名:Led0Task
* 功能说明:LED0 闪烁任务函数，统计闪烁次数并通过串口发送
* 形    参:pvParameters 是在创建该任务时传递的参数
* 返 回 值:无
* 优 先 级:4
*********************************************************************************/
static void Led0Task(void *pvParameters)
{
   uint16_t cnt=0;                                    /*用于统计闪烁次数的局部变量*/
   while(1)
   {
      HAL_GPIO_TogglePin(GPIOB,LED0_Pin);             /*LED0 闪烁*/

      cnt++;
      taskENTER_CRITICAL();                           /*进入临界段，关中断*/
      printf("任务 1 运行，运行 %3d 次\r\n",cnt);
      taskEXIT_CRITICAL();                            /*退出临界段，开中断*/
      delay_ms(100);                                  /*模拟任务执行时间，不会引起任务切换*/
   }
}
/*********************************************************************************
* 函 数 名:Led1Task
* 功能说明:LED1 闪烁任务函数，统计闪烁次数并通过串口发送
* 形    参:pvParameters 是在创建该任务时传递的参数
* 返 回 值:无
* 优 先 级:4
*********************************************************************************/
static void Led1Task(void *pvParameters)
{
   uint16_t cnt=0;                                    /*用于统计闪烁次数的局部变量*/
   while(1)
   {
      HAL_GPIO_TogglePin(GPIOB,LED1_Pin);             /*LED1 闪烁*/
      cnt++;
      taskENTER_CRITICAL();                           /*进入临界段，关中断*/
      printf("任务 2 运行，运行 %3d 次\r\n",cnt);
      taskEXIT_CRITICAL();                            /*退出临界段，开中断*/
      delay_ms(100);                                  /*模拟任务执行时间，不会引起任务切换*/
   }
}
```

2. 软件延时函数

软件延时不是精确延时，需要根据 CPU 运行频率进行调整，延时过程中不会引起任务切换。

```
/*****************************************************************************
* 函 数 名:delay_ms
* 功能说明:软件延时 ms 级函数，不会引起任务切换
* 形    参:nms，要延时的值（ms）
* 返 回 值:无
*****************************************************************************/
static void delay_ms(uint16_t nms)
{
    uint16_t i;
    while(nms--)
    {
        i=1600;         /* 非精确延时，根据 CPU 运行频率调整 */
        while(i--);
    }
}
```

3. 任务创建

任务 1 和任务 2 在创建时拥有相同的优先级，均为优先级 4，先创建任务 1，后创建任务 2。

```
static TaskHandle_t Led0TaskHandle = NULL;    /* LED0 任务句柄 */
static TaskHandle_t Led1TaskHandle = NULL;    /* LED1 任务句柄 */
/***************************************************************************
* 函 数 名:appStartTask
* 功能说明:开始任务函数，用于创建其他任务并开启调度器
* 形    参:无
* 返 回 值:无
***************************************************************************/
void appStartTask(void)
{
    taskENTER_CRITICAL();                   /* 进入临界段，关中断 */
    xTaskCreate(Led0Task,                   /* 任务函数 */
                "Led0Task",                 /* 任务名 */
                128,                        /* 任务堆栈大小，单位为 word，也就是 4B */
                NULL,                       /* 任务参数 */
                4,                          /* 任务优先级 */
                &Led0TaskHandle );          /* 任务句柄 */
    xTaskCreate(Led1Task,                   /* 任务函数 */
                "Led1Task",                 /* 任务名 */
```

```
                128,                        /* 任务堆栈大小，单位为 word，也就是 4B */
                NULL,                       /* 任务参数 */
                4,                          /* 任务优先级 */
                &Led1TaskHandle );          /* 任务句柄 */
    taskEXIT_CRITICAL();                    /* 退出临界段，开中断 */
    vTaskStartScheduler();                  /* 开启调度器 */
}
```

4. 时间片调度设置

要使能时间片调度，需要将宏 configUSE_PREEMPTION 和 configUSE_TIME_SLICING 设置为 1。作为对比，先将宏 configUSE_TIME_SLICING 设置为 0，不使能时间片调度，程序运行结果如图 5-4 所示。

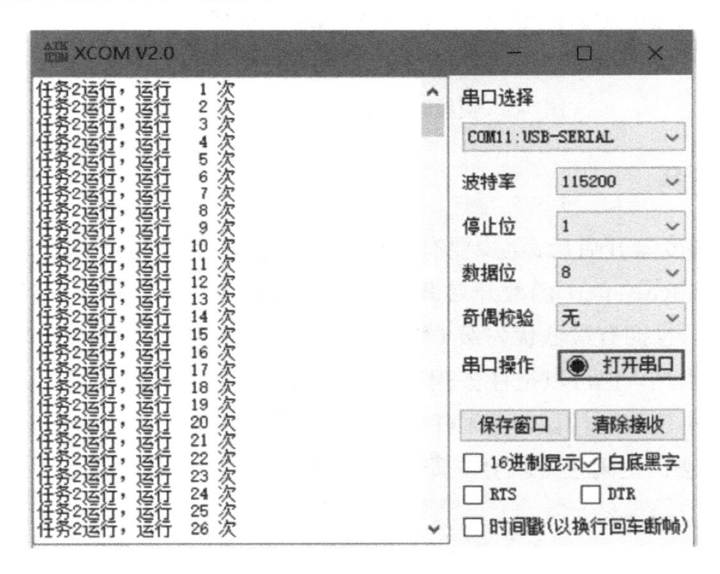

图 5-4　不使能时间片调度的程序运行结果

任务 2 是后创建的任务，最后添加到任务就绪列表中，因此调度器开启后运行的第一个任务就是任务 2。当不使能时间片调度时，任务 2 没有主动让出 CPU 使用权，一直在运行，具有相同优先级的任务 1 没有得到运行。

将宏 configUSE_TIME_SLICING 设置为 1，重新编译并下载程序，程序的运行结果如图 5-5 所示。

由图 5-5 可以看出，任务 2 首先运行，在运行 5～6 次后，任务 1 开始运行，运行 5 次后再切换到任务 2 运行，如此循环。说明在使能了时间片调度后，即使任务不主动让出 CPU 使用权，具有相同优先级的任务也能得到运行，每个任务均运行一个时间片的时间。在任务中使用了 100ms 来模拟任务运行时间，而时间片被设置为 500ms，所以每个任务在一个时间片内大约计数 5 次，因为是软件延时，所以稍有偏差。

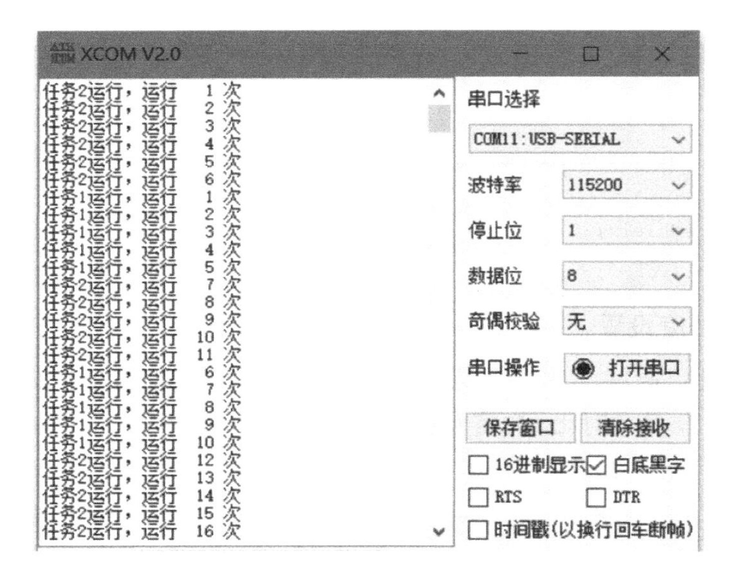

图 5-5 使能时间片调度的程序运行结果

5.3.7 空闲任务

FreeRTOS 调度器开启后，至少要有一个任务处于运行态。为了保证这一点，FreeRTOS 在调用 vTaskStartScheduler()函数开启调度器时，会自动创建一个空闲任务。空闲任务是一个非常小的循环，且拥有最低优先级（优先级 0），以保证其不会妨碍具有更高优先级的任务进入运行态。当然，也可以把任务创建在与空闲任务相同的优先级上，与空闲任务共享优先级，但一般不建议这样做。空闲任务运行在最低优先级，可以保证一旦有更高优先级的任务进入就绪态，空闲任务就会立即切出运行态。空闲任务代码如下。

```
#define portTASK_FUNCTION( vFunction, pvParameters ) void vFunction( void
*pvParameters )
/* 通过宏替换后空闲任务函数实际为 prvIdleTask() */
static portTASK_FUNCTION( prvIdleTask, pvParameters )
{
    /* 消除编译器警告 */
    ( void ) pvParameters;
    portALLOCATE_SECURE_CONTEXT( configMINIMAL_SECURE_STACK_SIZE );
    for( ;; )
    {
        /* 检查是否有任务删除了自身，如果有则负责回收这个任务的 TCB 和堆栈资源 */
        prvCheckTasksWaitingTermination();
        #if ( configUSE_PREEMPTION == 0 )
        {
            /* 如果没有使用抢占式调度方式，则进行任务切换，看是否有其他就绪任务 */
            taskYIELD();
```

```
    }
    #endif
    #if ( ( configUSE_PREEMPTION == 1 ) && ( configIDLE_SHOULD_YIELD == 1 ) )
    {
        /* 抢占式调度，当有和空闲任务优先级相同的用户任务就绪时切换到用户任务 */
        if( listCURRENT_LIST_LENGTH( \
                &( pxReadyTasksLists[ tskIDLE_PRIORITY ] ) ) > ( UBaseType_t ) 1 )
        {
            taskYIELD();
        }
        else
        {
            mtCOVERAGE_TEST_MARKER();
        }
    }
    #endif
    #if ( configUSE_IDLE_HOOK == 1 )
    {
        extern void vApplicationIdleHook( void );
        /* 空闲任务钩子函数，注意该函数内不要调用任何可能引起阻塞的函数 */
        vApplicationIdleHook();
    }
    #endif
    /* TICKLESS 低功耗代码 */
    #if ( configUSE_TICKLESS_IDLE != 0 )
    {
        TickType_t xExpectedIdleTime;
        /* 测试空闲时间以挂起调度器 */
        xExpectedIdleTime = prvGetExpectedIdleTime();
        if( xExpectedIdleTime >= configEXPECTED_IDLE_TIME_BEFORE_SLEEP )
        {
            vTaskSuspendAll();
            {
                configASSERT( xNextTaskUnblockTime >= xTickCount );
                xExpectedIdleTime = prvGetExpectedIdleTime();
               /* 如果不想调用 portSUPPRESS_TICKS_AND_SLEEP()，则定义如下的宏将
               xExpectedIdleTime 置 0 */
          configPRE_SUPPRESS_TICKS_AND_SLEEP_PROCESSING( xExpectedIdleTime );
                if( xExpectedIdleTime >= configEXPECTED_IDLE_TIME_BEFORE_SLEEP )
                {
```

```
                    traceLOW_POWER_IDLE_BEGIN();
                    portSUPPRESS_TICKS_AND_SLEEP( xExpectedIdleTime );
                    traceLOW_POWER_IDLE_END();
                }
                else
                {
                    mtCOVERAGE_TEST_MARKER();
                }
            }
            ( void ) xTaskResumeAll();
        }
        else
        {
            mtCOVERAGE_TEST_MARKER();
        }
    }
    #endif
  }
}
```

空闲任务的主要功能如下。

（1）释放内存。如果有任务删除了自身，被删除任务的 TCB 和堆栈资源会在空闲任务中释放，但用户自己分配的资源需要手动回收。

（2）处理空闲优先级任务。当采用抢占式调度方式时，如果有用户任务与空闲任务共享一个优先级，空闲任务可以不必等到时间片耗尽就进行任务切换。当没有采用抢占式调度方式时，空闲任务总是调用 taskYIELD()函数试图切换用户任务，以确保能最快响应用户任务。

（3）执行空闲任务钩子函数。这个函数由用户实现，但 FreeRTOS 规定了函数的名称和参数，同时需要将宏 configUSE_IDLE_HOOK 设置为 1。

（4）实现低功耗 tickless 模式。FreeRTOS 的 tickless 模式会在空闲周期停止嘀嗒定时器，从而让微控制器长时间处于低功耗模式。移植层需要配置外部唤醒中断，当唤醒事件到来时，将微控制器从低功耗模式唤醒。微控制器被唤醒后，要重新使能嘀嗒定时器。

5.4　FreeRTOS 内核函数

前面介绍过的调度器开启函数 vTaskStartScheduler()和任务切换函数 taskYIELD()都是 FreeRTOS 内核函数，除此之外，FreeRTOS 还有一些内核函数，如表 5-1 所示。

表 5-1 FreeRTOS 内核函数

函 数	功 能
taskYIELD()	进行任务切换
taskENTER_CRITICAL()	进入临界段，关中断
taskEXIT_CRITICAL()	退出临界段，开中断
taskENTER_CRITICAL_FROM_ISR()	进入临界段中断版本
taskEXIT_CRITICAL_FROM_ISR()	退出临界段中断版本
taskDISABLE_INTERRUPTS()	关中断
taskENABLE_INTERRUPTS()	开中断
vTaskStartScheduler()	开启调度器
vTaskEndScheduler()	关闭调度器
vTaskSuspendAll()	挂起调度器
xTaskResumeAll()	恢复调度器
vTaskStepTick()	设置系统时钟节拍追加值

5.4.1 临界段操作函数

在程序运行过程中，一些关键代码的执行不能被打断，这一段不能被打断的程序被称为临界段或临界区。能打断程序执行的往往是中断，所以进入、退出临界段都要进行开、关中断操作。在 STM32 微控制器上，FreeRTOS 进入和退出临界段主要是通过操作寄存器 basepri 实现的。在进入临界段时，操作寄存器 basepri 关闭所有低于宏 configMAX_SYSCALL_INTERRUPT_PRIORITY 所设定的中断优先级的中断，也就是 FreeRTOS 能管理的所有中断，不由 FreeRTOS 管理的中断不会被关闭。在退出临界段时，操作寄存器 basepri 打开所有中断。

进入和退出临界段函数有 4 个：taskENTER_CRITICAL()、taskEXIT_CRITICAL()、taskENTER_CRITICAL_FROM_ISR()和 taskEXIT_CRITICAL_FROM_ISR()。后两个函数在中断服务函数中使用。进入和退出临界段函数必须成对使用，而且要求临界段代码尽量短，以免破坏实时性。

1. taskENTER_CRITICAL()和 taskEXIT_CRITICAL()

进入和退出临界段函数其实是两个宏，最终实现进入临界段功能的是 vPortEnterCritical()函数。进入该函数后首先用 portDISABLE_INTERRUPTS()操作寄存器 basepri 关闭 FreeRTOS 管理的所有中断，全局变量 uxCriticalNesting 加 1，用来记录临界段的嵌套次数。

```
#define taskENTER_CRITICAL()        portENTER_CRITICAL()
#define portENTER_CRITICAL()        vPortEnterCritical()
void vPortEnterCritical( void )
{
```

```
    portDISABLE_INTERRUPTS();
    uxCriticalNesting++;
    if( uxCriticalNesting == 1 )
    {
        configASSERT( ( portNVIC_INT_CTRL_REG & portVECTACTIVE_MASK ) == 0 );
    }
}
```

与进入临界段类似，真正实现退出临界段功能的是 vPortExitCritical()函数。该函数操作全局变量 uxCriticalNesting 减 1，只有当 uxCriticalNesting 为 0 时，也就是所有临界段代码都退出后，才打开中断。这样保证了在有多个临界段时，不会因某个临界段代码执行完成退出而打乱其他临界段的保护。

```
#define taskEXIT_CRITICAL()            portEXIT_CRITICAL()
#define portEXIT_CRITICAL()            vPortExitCritical()
void vPortExitCritical( void )
{
    configASSERT( uxCriticalNesting );
    uxCriticalNesting--;
    if( uxCriticalNesting == 0 )
    {
        portENABLE_INTERRUPTS();
    }
}
```

2．taskENTER_CRITICAL_FROM_ISR() 和 taskEXIT_CRITICAL_FROM_ISR()

taskENTER_CRITICAL_FROM_ISR()和 taskEXIT_CRITICAL_FROM_ISR()是进入和退出临界段函数的中断版本，在中断服务函数中使用。这个中断必须是 FreeRTOS 能管理的中断，即中断优先级低于 configMAX_SYSCALL_INTERRUPT_PRIORITY 所设置的值的中断。

5.4.2 挂起和恢复调度器函数

vTaskSuspendAll()函数用于挂起调度器，xTaskResumeAll()函数用于恢复调度器。调度器挂起后，介于 vTaskSuspendAll()和 xTaskResumeAll()之间的代码不会被更高优先级的任务抢占，即任务调度被禁止。挂起调度器不用关闭中断，这一点与进入临界段不一样。挂起调度器的代码如下。

```
void vTaskSuspendAll( void )
{
    ++uxSchedulerSuspended;
}
```

调度器挂起支持嵌套。在调度器挂起函数中，将挂起嵌套计数器 uxSchedulerSuspended 加 1，这是一个静态全局变量，在使用调度器恢复函数时，此计数器会减 1，当这个值减到 0 时真正恢复调度器。调用几次 vTaskSuspendAll()函数，就要调用几次 xTaskResumeAll()函数。

5.4.3 任务切换函数

taskYIELD()是任务切换函数，该函数其实是一个宏，最终由宏 portYIELD()实现。通过向 ICSR 的 bit28 位写入 1，启动一个 PendSV 中断，在 PendSV 中断中完成任务切换。

```
#define taskYIELD()    portYIELD()
#define portYIELD()                                                 \
{                                                                   \
    /* 设置 PendSV 挂起位以切换任务 */                               \
    portNVIC_INT_CTRL_REG = portNVIC_PENDSVSET_BIT;                 \
    __dsb( portSY_FULL_READ_WRITE );                                \
    __isb( portSY_FULL_READ_WRITE );                                \
}
```

5.4.4 系统时钟节拍追加

vTaskStepTick()函数用于设置系统时钟节拍的追加值，在低功耗 tickless 模式下使用。当宏 configUSE_TICKLESS_IDLE 为 1 时，使能低功耗 tickless 模式。一般情况下，会在空闲任务中让系统时钟节拍停止运行，恢复系统时钟节拍后，系统时钟节拍停止运行的节拍数就可用 vTaskStepTick()函数补上。

```
void vTaskStepTick( const TickType_t xTicksToJump )
{
    configASSERT( ( xTickCount + xTicksToJump ) <= xNextTaskUnblockTime );
    xTickCount += xTicksToJump;
    traceINCREASE_TICK_COUNT( xTicksToJump );
}
```

vTaskStepTick()函数有一个参数 xTicksToJump，为要追加的系统时钟节拍值。

5.4.5 内核函数使用示例

串口打印函数 printf()在任一时刻只允许一个任务访问，当多个任务同时向串口输出字符时，将造成输出的混乱。在时间片调度示例中，是通过临界段代码保护函数 taskENTER_CRITICAL()和 taskEXIT_CRITICAL()来避免多个任务同时向串口输出字符的。除此之外，也可用挂起调度器的方式达到同样的目的。

本示例通过 appStartTask()函数创建两个 FreeRTOS 任务。

任务 1 的任务函数为 Led0Task()，优先级为 4，其功能是使 LED0 每秒闪烁 1 次，并将任务运行次数通过串口发送。

任务 2 的任务函数是 Led1Task()，优先级为 3，其功能是使 LED1 每秒闪烁 2 次，并将任务运行次数通过串口发送。

1. 任务函数

任务 1 通过函数 taskENTER_CRITICAL()和 taskEXIT_CRITICAL()进入和退出临界段实现代码保护，任务 2 通过函数 vTaskSuspendAll()和 xTaskResumeAll()挂起调度器实现代码保护。

```
/*****************************************************************************
* 函 数 名:Led0Task
* 功能说明:LED0 每秒闪烁 1 次任务函数，统计闪烁次数并通过串口发送
* 形    参:pvParameters 是在创建该任务时传递的参数
* 返 回 值:无
* 优 先 级:4
*****************************************************************************/
static void Led0Task(void *pvParameters)
{
    uint16_t cnt=0;                                    /*用于统计闪烁次数的局部变量*/
    while(1)
    {
        HAL_GPIO_TogglePin(GPIOB,LED0_Pin);            /*LED0 闪烁*/

        cnt++;
        taskENTER_CRITICAL();                          /*进入临界段，关中断*/
        printf("任务 1: LED0 闪烁，任务 1 已运行 %3d 次\r\n",cnt);
        taskEXIT_CRITICAL();                           /*退出临界段，开中断*/
        vTaskDelay(pdMS_TO_TICKS(500));                /*每秒闪烁 1 次*/
    }
}
/*****************************************************************************
* 函 数 名:Led1Task
* 功能说明:LED1 闪烁任务函数，统计闪烁次数并通过串口发送
* 形    参:pvParameters 是在创建该任务时传递的参数
* 返 回 值:无
* 优 先 级:3
*****************************************************************************/
static void Led1Task(void *pvParameters)
{
    uint16_t cnt=0;                                    /*用于统计闪烁次数的局部变量*/
    while(1)
```

```
    {
        HAL_GPIO_TogglePin(GPIOB,LED1_Pin);         /*LED1 闪烁*/
        cnt++;
        vTaskSuspendAll();                          /*挂起调度器*/
        printf("任务 2: LED1 闪烁, 运行 %3d 次\r\n",cnt);
        if(xTaskResumeAll()==pdTRUE)                /*如果有任务需要切换，则函数返回 pdTRUE*/
        {
            taskYIELD();                            /*进行一次任务切换*/
        }
        vTaskDelay(pdMS_TO_TICKS(250));             /*每秒闪烁 2 次*/
    }
}
```

2. 任务创建

```
static TaskHandle_t Led0TaskHandle = NULL;    /* LED0 任务句柄 */
static TaskHandle_t Led1TaskHandle = NULL;    /* LED1 任务句柄 */
/***************************************************************************
* 函 数 名:appStartTask
* 功能说明:创建任务函数，用于创建其他任务并开启调度器
* 形    参:无
* 返 回 值:无
***************************************************************************/
void appStartTask(void)
{
    taskENTER_CRITICAL();                     /* 进入临界段，关中断 */
    xTaskCreate(Led0Task,                     /* 任务函数 */
                "Led0Task",                   /* 任务名 */
                128,                          /* 任务堆栈大小，单位为 word，也就是 4B */
                NULL,                         /* 任务参数 */
                4,                            /* 任务优先级 */
                &Led0TaskHandle );            /* 任务句柄 */
    xTaskCreate(Led1Task,                     /* 任务函数 */
                "Led1Task",                   /* 任务名 */
                128,                          /* 任务堆栈大小，单位为 word，也就是 4B */
                NULL,                         /* 任务参数 */
                3,                            /* 任务优先级 */
                &Led1TaskHandle );            /* 任务句柄 */
    taskEXIT_CRITICAL();                      /* 退出临界段，开中断 */
    vTaskStartScheduler();                    /* 开启调度器 */
}
```

3. 下载测试

编译无误后将程序下载到开发板上，打开串口调试助手，发现无论是使用进入和退出临界段的方式进行代码保护的任务 1，还是使用挂起调度器的方式进行代码保护的任务 2，都能确保不会有多个任务同时向串口输出字符，串口调试助手显示的信息正确，如图 5-6 所示。

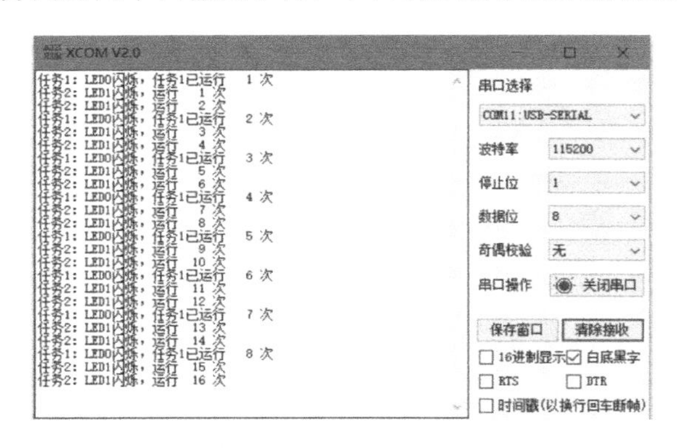

图 5-6　用多种方式实现代码保护

5.5　总结

调度器开启后，程序就不会从调度器开启函数中返回。在开启调度器时会自动创建一个空闲任务，用于回收资源、进入低功耗 tickless 模式。空闲任务能够获得的执行时间往往用于衡量一个系统设计是否有足够裕度。FreeRTOS 任务切换通过 PendSV 中断实现，无论是系统调用还是嘀嗒定时器中断，都是通过将 ICSR 的 bit28 置 1 来触发 PendSV 中断，从而实现任务切换的。对于一些需要保护的代码，可以采用进入和退出临界段或挂起调度器的方式进行保护。

思考与练习

1．简述 FreeRTOS 调度器的开启过程。

2．FreeRTOS 支持哪三种任务调度方式？各有什么特点？

3．使用抢占式调度方式，哪些场合会引起任务切换？

4．什么叫时间片调度？它是如何实现的？

5．FreeRTOS 一定要有空闲任务吗？为什么？

6．简述空闲任务的主要功能。

7．如果要进行一些关键代码的保护，你会采取哪些方法？

8．改写本项目所讲的任务挂起和恢复示例，调度器开启后，任务 1 处于挂起态，先让任务 2 运行，任务 2 运行 3 次后挂起自身，恢复任务 1 运行，任务 1 运行 8 次后挂起自身，恢复任务 2 运行，其他要求不变。

第6章 FreeRTOS任务函数

任务管理是FreeRTOS的核心功能，除内核函数中的任务创建、挂起、恢复、删除和任务切换等之外，还有用于让出CPU使用权的阻塞式延时，任务优先级查询、设置，获取任务状态信息，以及获取任务运行时间信息等的辅助函数。表6-1所示为常用的FreeRTOS任务函数。

表6-1 常用的FreeRTOS任务函数

函　数	功　能
vTaskDelay()	阻塞任务，直到指定的系统时钟节拍后解除阻塞
vTaskDelayUntil()	任务以指定的系统时钟节拍周期性执行
uxTaskPriorityGet()	获取某个任务的优先级
vTaskPrioritySet()	设定某个任务的优先级
uxTaskGetSystemState()	获取系统任务状态
vTaskGetInfo()	获取某个任务信息
xTaskGetCurrentTaskHandle()	获取当前任务句柄
xTaskGetIdleTaskHandle()	获取空闲任务句柄
uxTaskGetStackHighWaterMark()	获取某个任务剩余堆栈历史最小值
eTaskGetState()	获取某个任务的状态
pcTaskGetName()	获取某个任务的任务名
xTaskGetHandle()	根据任务名查找某个任务句柄
xTaskGetTickCount()	获取系统时钟节拍值
xTaskGetTickCountFromISR()	中断内获取系统时钟节拍值
xTaskGetSchedulerState()	获取调度器状态
uxTaskGetNumberOfTasks()	获取任务数量
vTaskList()	以列表形式输出所有任务的信息
vTaskGetRunTimeStats()	获取所有任务的运行时间信息
vTaskSetApplicationTaskTag()	设置任务标签
xTaskGetApplicationTaskTag()	获取任务标签

6.1 延时函数

FreeRTOS 提供了两种延时函数：相对延时函数 vTaskDelay()和绝对延时函数 vTaskDelayUntil()。这两种延时函数都会使调用它们的任务进入阻塞态，待延时结束后再恢复到就绪态，是高优先级任务主动让出 CPU 使用权的一种有效方法。这两种延时函数都以系统时钟节拍作为计算依据。

6.1.1 系统时钟节拍

任何操作系统都有一个系统时钟节拍，以供系统处理延时、超时等与时间相关的事件。系统时钟节拍有时也被称为心跳，是一个周期性的中断。系统时钟节拍越快，系统的额外开销就越大。

在 STM32 微控制器中，系统时钟节拍由嘀嗒定时器提供。FreeRTOS 定义了一个静态全局变量 xTickCount，用来对系统时钟节拍计数，嘀嗒定时器每中断一次 xTickCount 就会加 1。系统时钟节拍长短在 FreeRTOSConfig.h 头文件中配置。本书中使用的系统时钟节拍如无特殊指明都是 1000Hz，由下面的宏所决定。

```
/*系统时钟节拍配置，其倒数就是一个时间片的长度*/
#define configTICK_RATE_HZ              ( ( TickType_t ) 1000 )
```

6.1.2 相对延时

相对延时是指每次延时都从 vTaskDelay()函数开始，到指定的系统时钟节拍后结束，任务恢复到就绪态。相对延时函数的原型如下。

```
void vTaskDelay( const TickType_t xTicksToDelay );
```

参数说明如下。

xTicksToDelay：	要延时的系统时钟节拍数，范围为 1～portMAX_DELAY。对于 STM32 微控制器，portMAX_DELAY 的值为 0xFFFFFFFF。

返回值：无。

在程序设计中，有时使用系统时钟节拍数进行延时不方便。FreeRTOS 提供了将延时时间转换为系统时钟节拍的宏 pdMS_TO_TICKS()，可以方便地将要延时的以 ms 为单位的时间转换为系统时钟节拍。

```
#define pdMS_TO_TICKS( xTimeInMs )        ( ( TickType_t )    \
                    ( ( ( TickType_t ) ( xTimeInMs ) *        \
                    ( TickType_t ) configTICK_RATE_HZ ) / ( TickType_t ) 1000 ) )
```

vTaskDelay()是相对延时函数，延时时间从调用这个函数开始计算，任务进入阻塞态，在到达指定的系统时钟节拍数时，将任务加入就绪列表。若任务在运行过程中发生了中断，则任务的运行时间会变长，所以相对延时时间并不精确。

假设系统中有一个具有最高优先级的任务 A，任务 A 调用 vTaskDelay()函数，如果某次调用没有中断发生，而另一次调用发生了中断，那么无论中断发生在哪个时刻，都将导致任务 A 两次运行的时间间隔不一样。相对延时任务的运行情况如图 6-1 所示。

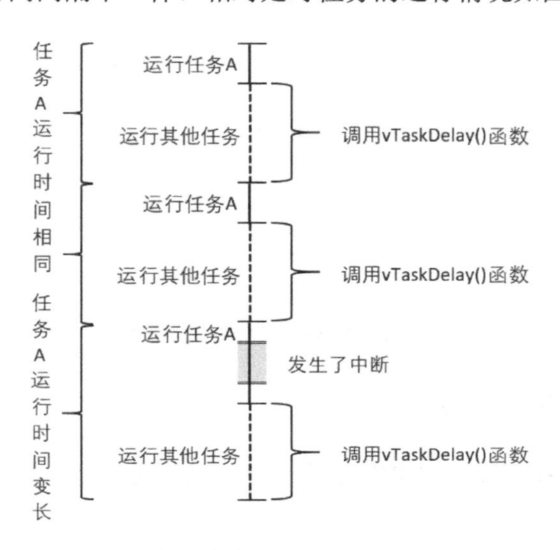

图 6-1　相对延时任务的运行情况

6.1.3　绝对延时

绝对延时是指每隔指定的系统时钟节拍运行一次调用 vTaskDelayUntil()函数的任务。也就是说，任务以固定的频率运行。绝对延时函数的原型如下。

```
void vTaskDelayUntil(TickType_t * const pxPreviousWakeTime,
                     const TickType_t xTimeIncrement)
```

参数说明如下。

pxPreviousWakeTime：	指向用于保存上次任务退出阻塞态时的变量。
xTimeIncrement：	周期性的延时值。

返回值：无。

与相对延时函数 vTaskDelay()不同，绝对延时函数 vTaskDelayUntil()增加了一个参数 pxPreviousWakeTime，用于指向一个变量，该变量保存上次任务退出阻塞态的时间。这个变量在任务开始时必须被设置成当前系统时钟节拍值，此后 vTaskDelayUntil()函数在内部会自动更新这个变量。

假设系统中有一个具有最高优先级的任务 B，当任务 B 调用 vTaskDelayUntil()函数时，即使发生中断，整个任务的运行时间也不会变长，即绝对延时函数能以固定频率周期性地运行某个任务。绝对延时任务的运行情况如图 6-2 所示。

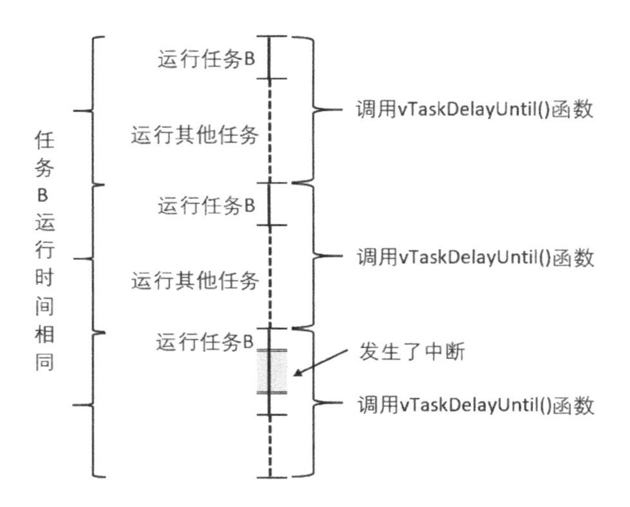

图 6-2　绝对延时任务的运行情况

6.1.4　延时函数使用示例

本示例通过 appStartTask()函数创建两个具有相同优先级的 FreeRTOS 任务，均运行于优先级 3。

任务 1 的任务函数为 Led0Task()，其功能是使 LED0 闪烁，在任务中调用相对延时函数 vTaskDelay(500)，延时 500ms，并将任务 1 的运行总系统时钟节拍数通过串口发送。

任务 2 的任务函数是 Led1Task()，其功能是使 LED1 闪烁，在任务中调用绝对延时函数 vTaskDelayUntil(&xNextTime,500)，延时 500ms，并将任务 2 的运行总系统时钟节拍数通过串口发送。

配置系统时钟节拍 configTICK_RATE_HZ 为 1000Hz，即 1 个系统时钟节拍为 1ms。

1. 任务函数

```
/*****************************************************************************
* 函 数 名:Led0Task
* 功能说明:使 LED0 闪烁，调用相对延时函数，并将任务的运行总系统时钟节拍数通过串口发送
* 形    参:pvParameters 是在创建该任务时传递的参数
* 返 回 值:无
* 优 先 级:3
*****************************************************************************/
static void Led0Task(void *pvParameters)
{
    uint16_t cnt=0;                                  /*用于统计系统时钟节拍数的局部变量*/
    TickType_t xFirstTime;                           /*用于保存延时前的系统时钟节拍数*/
    while(1)
    {
        xFirstTime = xTaskGetTickCount();            /*获得任务进入点的系统时钟节拍*/
```

```
        HAL_GPIO_TogglePin(GPIOB,LED0_Pin);         /*LED0 闪烁*/

        HAL_Delay(200);                             /*模拟任务的运行时间*/
        vTaskDelay(pdMS_TO_TICKS(500));             /*延时 500ms*/
        cnt = xTaskGetTickCount() - xFirstTime;
        taskENTER_CRITICAL();                       /*进入临界段，关中断*/
        printf("任务 1: LED0 闪烁，任务 1 运行的节拍数为: %3d 节拍\r\n",cnt);
        taskEXIT_CRITICAL();                        /*退出临界段，开中断*/
    }
}
/*****************************************************************************
* 函 数 名:Led1Task
* 功能说明:使 LED1 闪烁，调用绝对延时函数，并将任务的运行总系统时钟节拍数通过串口发送
* 形    参:pvParameters 是在创建该任务时传递的参数
* 返 回 值:无
* 优 先 级:3
*****************************************************************************/
static void Led1Task(void *pvParameters)
{
    uint16_t cnt=0;                         /*用于统计系统时钟节拍数的局部变量*/
    TickType_t xFirstTime;                  /*用于保存延时前的系统时钟节拍数*/
    TickType_t xNextTime;                   /*用于保存任务退出阻塞态时的系统时钟节拍值*/
    while(1)
    {
        xFirstTime = xTaskGetTickCount();   /*获得任务进入点的系统时钟节拍*/
        xNextTime = xFirstTime;             /*保存任务进入点的系统时钟节拍*/
        HAL_GPIO_TogglePin(GPIOB,LED1_Pin); /*LED1 闪烁*/

        HAL_Delay(200);                                     /*模拟任务的运行时间*/
        vTaskDelayUntil(&xNextTime,pdMS_TO_TICKS(500));     /*延时 500ms*/
        cnt = xTaskGetTickCount() - xFirstTime;
        taskENTER_CRITICAL();                               /*进入临界段，关中断*/
        printf("任务 2: LED1 闪烁，任务 2 运行的节拍数为: %3d 节拍\r\n",cnt);
        taskEXIT_CRITICAL();                                /*退出临界段，开中断*/
    }
}
```

2. 任务创建

```
static TaskHandle_t Led0TaskHandle = NULL;    /* LED0 任务句柄 */
static TaskHandle_t Led1TaskHandle = NULL;    /* LED1 任务句柄 */
/*****************************************************************************
* 函 数 名:appStartTask
* 功能说明:开始任务函数，用于创建其他任务并开启调度器
```

```
* 形    参:无
* 返 回 值:无
*************************************************************************/
void appStartTask(void)
{
   taskENTER_CRITICAL();                          /* 进入临界段，关中断 */
   xTaskCreate(Led0Task,                          /* 任务函数 */
               "Led0Task",                        /* 任务名 */
               128,                               /* 任务堆栈大小，单位为 word，也就是 4B */
               NULL,                              /* 任务参数 */
               3,                                 /* 任务优先级 */
               &Led0TaskHandle );                 /* 任务句柄 */
   xTaskCreate(Led1Task,                          /* 任务函数 */
               "Led1Task",                        /* 任务名 */
               128,                               /* 任务堆栈大小，单位为 word，也就是 4B */
               NULL,                              /* 任务参数 */
               3,                                 /* 任务优先级 */
               &Led1TaskHandle );                 /* 任务句柄 */
   taskEXIT_CRITICAL();                           /* 退出临界段，开中断 */
   vTaskStartScheduler();                         /* 开启调度器 */
}
```

3. 下载测试

编译无误后将程序下载到开发板上，可以看到 LED0 和 LED1 均在闪烁，虽然任务中调用延时函数都希望延时 500ms，但 LED1 闪烁得快一些，这也可以通过串口调试助手显示的两个任务运行的系统时钟节拍数可以看出。相对延时和绝对延时的区别如图 6-3 所示。

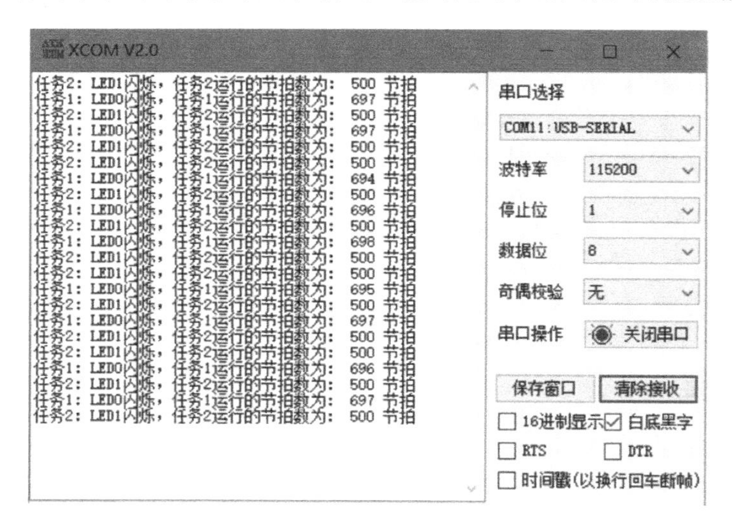

图 6-3　相对延时和绝对延时的区别

在程序中，两个任务本身运行时间均模拟成200ms。任务1使用相对延时，延时500ms，加上任务本身的200ms，运行任务1共耗时约700ms。任务2使用绝对延时，同样延时500ms，但任务的阻塞时间会减去任务本身的运行时间，运行任务2同样共耗时500ms。由此可见，绝对延时函数能使任务以固定频率周期性地运行。

6.2 优先级控制

在创建任务时，可以指定其优先级。在任务运行过程中，可以通过uxTaskPriorityGet()函数查询任务优先级，通过vTaskPrioritySet()函数改变任务优先级。

6.2.1 获取任务优先级

uxTaskPriorityGet()函数用于获取指定任务的优先级。使用此函数，需要设置宏INCLUDE_uxTaskPriorityGet为1。获取任务优先级函数的原型如下。

```
UBaseType_t uxTaskPriorityGet( const TaskHandle_t xTask );
```

参数说明如下。

xTask:	要查询任务的任务句柄，为NULL时表示查询调用此函数的任务的优先级。

返回值：获取到的任务优先级数。

6.2.2 设置任务优先级

vTaskPrioritySet()函数用于设置指定任务的优先级。使用此函数，需要设置宏INCLUDE_vTaskPrioritySet为1。设置任务优先级函数的原型如下。

```
void vTaskPrioritySet( TaskHandle_t xTask, UBaseType_t uxNewPriority );
```

参数说明如下。

xTask:	要设置优先级的任务句柄。
uxNewPriority:	要设置的新优先级，范围为0～configMAX_PRIORITIES-1。

返回值：无。

6.2.3 改变任务优先级示例

本示例通过appStartTask()函数创建两个具有相同优先级的FreeRTOS任务，均运行于优先级3。

为便于观察，将宏configUSE_TIME_SLICING设置为0，禁止时间片调度，并且在任务1和任务2中均不调用任何会使任务进入阻塞态的API函数，这样任务1和任务2中就只有一个任务能得到运行。

任务 1 的任务函数为 Led0Task()，其功能是使 LED0 闪烁，统计任务运行次数并通过串口发送，当检测到 WAKEUP 按键被按下时，将任务 2 的优先级提升到比任务 1 的优先级高一级，注意不要超出宏 configMAX_PRIORITIES 设置的最大优先级数。

任务 2 的任务函数为 Led1Task()，其功能是使 LED1 闪烁，统计任务运行次数并通过串口发送，当检测到 KEY0 按键被按下时，将任务 2 的优先级降低到比任务 1 的优先级低一级。

1. 按键处理程序

开发板提供了 4 个按键，分别为 KEY0、KEY1、KEY2 和 WAKEUP，分别连接到 PH3、PH2、PC13 和 PA0 上，如图 6-4 所示。

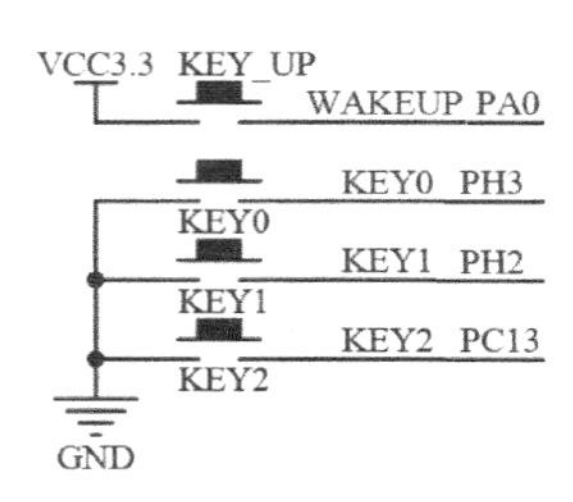

图 6-4 开发板提供的 4 个按键

在 RTE 环境中启动 STM32CubeMX，配置好按键对应的引脚，KEY0、KEY1、KEY2 按键配置为上拉输入，WAKEUP 按键配置为下拉输入，重新生成代码，如图 6-5 所示。

Pin Configuration

GPIO RCC SYS USART1

Search Signals

Search (Cr...

Show only Modified Pins

Pin Name	Signal...	GPIO o...	GPIO mode	GPIO P...	Maximu...	User L...	Modified
PA0/WKUP	n/a	n/a	Input mode	Pull-down	n/a	WAKEUP	✓
PB0	n/a	Low	Output ...	No pull...	Low	LED1	✓
PB1	n/a	Low	Output ...	No pull...	Low	LED0	✓
PC13	n/a	n/a	Input mode	No pull...	n/a	KEY2	✓
PH2	n/a	n/a	Input mode	No pull...	n/a	KEY1	✓
PH3	n/a	n/a	Input mode	No pull...	n/a	KEY0	✓

PA0/WKUP Configuration :

GPIO mode: Input mode

GPIO Pull-up/Pull-down: Pull-down

User Label: WAKEUP

Group By Peripherals　Apply　Ok　Cancel

图 6-5 在 STM32CubeMX 中配置好按键对应的引脚

编写 key.c 和 key.h 这一对文件，并保存到 appTask 目录或其他目录中，将 key.c 文件添加到项目分组中，确保 key.h 文件的路径已在 MDK 选项中正确设置。

key.c 文件内容如下。

```
#include "key.h"
/*************************************************************************
* 函 数 名:KeyScan
* 功能说明:按键扫描程序
* 形    参:无
* 返 回 值:为 0 表示没有按键被按下，为其他值表示对应按键的键值
*************************************************************************/
uint8_t KeyScan(void)
{
   static uint8_t keyUp=1;                       /*按键弹起标志*/
   if(keyUp&&(KEY0==0||KEY1==0||KEY2==0||WK_UP==1))
   {
      HAL_Delay(10);                             /*延时消抖*/
      keyUp=0;                                   /*按键被按下*/
      if(KEY0==0)          return KEY0_PRES;
      else if(KEY1==0)     return KEY1_PRES;
      else if(KEY2==0)     return KEY2_PRES;
      else if(WK_UP==1)    return WKUP_PRES;
   }else if(KEY0==1&&KEY1==1&&KEY2==1&&WK_UP==0)keyUp=1;
   return 0;                                     /*无按键被按下*/
}
```

key.h 文件内容如下。

```
#ifndef _KEY_H
#define _KEY_H
#include "gpio.h"
#define KEY0        HAL_GPIO_ReadPin(GPIOH,KEY0_Pin)
#define KEY1        HAL_GPIO_ReadPin(GPIOH,KEY1_Pin)
#define KEY2        HAL_GPIO_ReadPin(GPIOC,KEY2_Pin)
#define WK_UP       HAL_GPIO_ReadPin(GPIOA,WAKEUP_Pin)
#define KEY0_PRES       1
#define KEY1_PRES       2
#define KEY2_PRES       3
#define WKUP_PRES       4
uint8_t KeyScan(void);
#endif
```

2. 任务函数

```
/*************************************************************************
* 函 数 名:Led0Task
* 功能说明:LED0 每秒闪烁 1 次任务函数，统计闪烁次数并通过串口发送
* 形    参:pvParameters 是在创建该任务时传递的参数
* 返 回 值:无
```

```
* 优 先 级:3
****************************************************************************/
static void Led0Task(void *pvParameters)
{
    uint16_t cnt=0;                                  /*用于统计闪烁次数的局部变量*/
    UBaseType_t uxPriority;                          /*用于保存优先级值*/
    while(1)
    {
        HAL_GPIO_TogglePin(GPIOB,LED0_Pin);          /*LED0 闪烁*/

        cnt++;
        printf("任务 1: LED0 闪烁，任务 1 已运行 %3d 次\r\n",cnt);
        uxPriority = uxTaskPriorityGet(NULL);        /*获取任务 1 优先级*/
        if(KeyScan()==WKUP_PRES)
        {
            printf("提升任务 2 的优先级至任务 1 之上\r\n");
            vTaskPrioritySet(Led1TaskHandle,uxPriority+1);/*设置任务 2 优先级*/
        }
        HAL_Delay(500);                              /*每秒闪烁 1 次，不会引起任务调度*/
    }
}
/****************************************************************************
* 函 数 名:Led1Task
* 功能说明:LED1 闪烁任务函数，统计闪烁次数并通过串口发送
* 形    参:pvParameters 是在创建该任务时传递的参数
* 返 回 值:无
* 优 先 级:3
****************************************************************************/
static void Led1Task(void *pvParameters)
{
    uint16_t cnt=0;                                  /*用于统计闪烁次数的局部变量*/
    UBaseType_t uxPriority;                          /*用于保存优先级值*/
    while(1)
    {
        HAL_GPIO_TogglePin(GPIOB,LED1_Pin);          /*闪烁 LED1*/
        cnt++;
        printf("任务 2: LED1 闪烁，运行 %3d 次\r\n",cnt);
        uxPriority = uxTaskPriorityGet(Led0TaskHandle);   /*获取任务 1 优先级*/
        if(KeyScan()==KEY0_PRES)
        {
            printf("降低任务 2 的优先级至任务 1 之下\r\n");
            vTaskPrioritySet(Led1TaskHandle,uxPriority-1); /*设置任务 2 优先级*/
```

```
        }
        HAL_Delay(250);                                        /*每秒闪烁2次，不会引起任务调度*/
    }
}
```

3. 任务创建

```
static TaskHandle_t Led0TaskHandle = NULL;    /* LED0 任务句柄 */
static TaskHandle_t Led1TaskHandle = NULL;    /* LED1 任务句柄 */
/*****************************************************************************
* 函 数 名:appStartTask
* 功能说明:开始任务函数，用于创建其他任务并开启调度器
* 形    参:无
* 返 回 值:无
*****************************************************************************/
void appStartTask(void)
{
    taskENTER_CRITICAL();                   /* 进入临界段，关中断 */
    xTaskCreate(Led0Task,                   /* 任务函数 */
                "Led0Task",                 /* 任务名 */
                128,                        /* 任务堆栈大小，单位为 word，也就是 4B */
                NULL,                       /* 任务参数 */
                3,                          /* 任务优先级 */
                &Led0TaskHandle );          /* 任务句柄 */
    xTaskCreate(Led1Task,                   /* 任务函数 */
                "Led1Task",                 /* 任务名 */
                128,                        /* 任务堆栈大小，单位为 word，也就是 4B */
                NULL,                       /* 任务参数 */
                3,                          /* 任务优先级 */
                &Led1TaskHandle );          /* 任务句柄 */
    taskEXIT_CRITICAL();                    /* 退出临界段，开中断 */
    vTaskStartScheduler();                  /* 开启调度器 */
}
```

4. 下载测试

编译无误后将程序下载到开发板上，可以看到LED1以每秒2次的频率闪烁。同时，串口调试助手显示任务2在运行，其运行次数不断增加，这是因为任务1和任务2在创建时具有相同的优先级，都为优先级3。由于时间片调度被禁止，所以只有后创建的任务2在运行。

按下KEY0按键后，任务2的优先级被设置成比任务1的优先级低一级。此时任务1的优先级比任务2高，任务1获得CPU使用权。按下WAKEUP按键后，把任务2的优先级提高到任务1的优先级之上，任务2运行。在两个任务中都没有调用任何可能引起任

务阻塞的 API 函数，只要高优先级的任务不主动放弃 CPU 使用权，低优先级的任务就得不到运行，如图 6-6 所示。

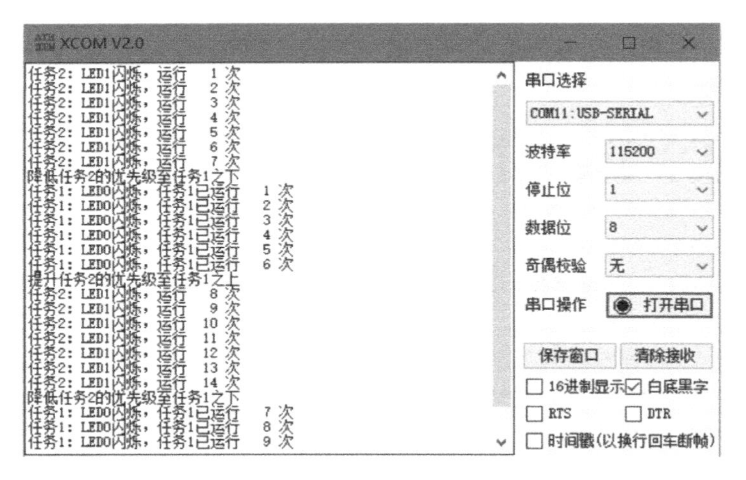

图 6-6　只有高优先级的任务能够运行

6.3　获取任务状态信息

FreeRTOS 提供了很多 API 函数用于查询任务的状态信息，方便开发者在编码、调试阶段调整任务划分、堆栈设置和优先级设置等策略。

6.3.1　任务状态信息获取函数

1. uxTaskGetSystemState()函数

uxTaskGetSystemState()函数用于获取所有任务的状态，任务句柄、任务名、任务堆栈、任务优先级等信息会保存在一个 TaskStatus_t 类型的结构体数组中。使用此函数需要将宏 configUSE_TRACE_FACILITY 设置为 1。该函数的原型如下。

```
UBaseType_t uxTaskGetSystemState( TaskStatus_t * const pxTaskStatusArray,
                                  const UBaseType_t uxArraySize,
                                  uint32_t * const pulTotalRunTime );
```

参数说明如下。

pxTaskStatusArray：	指向 TaskStatus_t 类型的结构体数组首地址。
uxArraySize：	保存任务状态信息的数组大小。
pulTotalRunTime：	当宏 configGENERATE_RUN_TIME_STATS 为 1 时，保存总运行时间。

返回值：获取到的任务状态个数，即保存到数组 pxTaskStatusArray 中的任务状态个数。

2. vTaskGetInfo()函数

vTaskGetInfo()函数用于获取单个任务的状态，任务句柄、任务名、任务堆栈、任务优先级等信息会保存在一个 TaskStatus_t 类型的结构体中。使用此函数需要将宏 configUSE_TRACE_FACILITY 设置为 1。该函数的原型如下。

```
void vTaskGetInfo( TaskHandle_t xTask,
                   TaskStatus_t *pxTaskStatus,
                   BaseType_t xGetFreeStackSpace,
                   eTaskState eState );
```

参数说明如下。

xTask：	要获取任务信息的任务句柄。
pxTaskStatus：	指向 TaskStatus_t 类型的结构体变量。
xGetFreeStackSpace：	是否需要获取任务剩余堆栈历史最小值。
eState：	要获取信息的任务状态。

返回值：无。

3. uxTaskGetStackHighWaterMark()函数

每个任务都有自己的堆栈，用于在进行任务切换时保存必要的数据，任务堆栈大小在创建任务时指定。任务堆栈到底取多大，与任务复杂程度、任务中使用的变量数等因素相关，没有一个准确的任务堆栈大小计算方法。利用 uxTaskGetStackHighWaterMark()函数，可以检测任务从创建运行以来剩余堆栈历史最小值，这个值越小，说明堆栈溢出的可能性越大，而堆栈溢出是灾难性的。FreeRTOS 把这个任务剩余堆栈历史最小值称为"高水位线"。使用此函数，需要将宏 INCLUDE_uxTaskGetStackHighWaterMark 设置为 1。该函数的原型如下。

```
configSTACK_DEPTH_TYPE uxTaskGetStackHighWaterMark2( TaskHandle_t xTask );
```

参数说明如下。

xTask：	要获取高水位线的任务句柄，为 NULL 时表示查询任务自身。

返回值：任务剩余堆栈历史最小值。

4. eTaskGetState()函数

eTaskGetState()函数用于查询指定任务的状态，任务的状态有运行态、阻塞态、挂起态和就绪态 4 种。该函数的原型如下。

```
eTaskState eTaskGetState( TaskHandle_t xTask );
```

参数说明如下。

xTask：	要查询任务的任务句柄。

返回值：eTaskState 枚举常量，eRunning、eReady、eBlocked、eSuspended、eDeleted、eInvalid 中之一。

5. vTaskList()函数

vTaskList()函数用于将每个任务的状态信息以字符串的形式存入字符数组或指定的存储区。任务状态信息包括任务名、任务状态、优先级、剩余堆栈大小及任务号。该函数的原型如下。

```
void vTaskList( char * pcWriteBuffer );
```

参数说明如下。

pcWriteBuffer:	保存任务状态信息的存储区。

返回值：无。

6.3.2 任务状态信息获取示例

本示例通过 appStartTask()函数创建 3 个 FreeRTOS 任务。

任务 1 的任务函数为 Led0Task()，其功能是使 LED0 每秒闪烁 1 次，优先级为 3。

任务 2 的任务函数为 Led1Task()，其功能是使 LED1 每秒闪烁 2 次，优先级为 2。

任务 3 的任务函数为 getTaskInfo()，其功能是当 WAKEUP 按键被按下时，获取所有任务的状态信息并通过串口发送，优先级为 1。

1. 任务函数

```
/*************************************************************************
* 函 数 名:Led0Task
* 功能说明:LED0 每秒闪烁 1 次
* 形    参:pvParameters 是在创建该任务时传递的参数
* 返 回 值:无
* 优 先 级:3
*************************************************************************/
static void Led0Task(void *pvParameters)
{
    uint32_t testArray[128];                                /*任务中的局部变量*/
    while(1)
    {
        HAL_GPIO_TogglePin(GPIOB,LED0_Pin);                 /*LED0 闪烁*/

        vTaskDelay(pdMS_TO_TICKS(500));                     /*每秒闪烁 1 次*/
    }
}
/*************************************************************************
* 函 数 名:Led1Task
```

```
* 功能说明:LED1 每秒闪烁 2 次
* 形    参:pvParameters 是在创建该任务时传递的参数
* 返 回 值:无
* 优 先 级:2
*************************************************************************/
static void Led1Task(void *pvParameters)
{
    uint32_t testArray[128]={0};                        /*任务中的局部变量*/
    while(1)
    {
        HAL_GPIO_TogglePin(GPIOB,LED1_Pin);             /*LED1 闪烁*/
        vTaskDelay(pdMS_TO_TICKS(250));                 /*每秒闪烁 2 次*/
    }
}
/*************************************************************************
* 函 数 名:getTaskInfo
* 功能说明:获取任务状态信息并通过串口发送
* 形    参:pvParameters 是在创建该任务时传递的参数
* 返 回 值:无
* 优 先 级:1
*************************************************************************/
static void getTaskInfo(void *pvParameters)
{
    char pcTaskInfo[800];                           /*用于保存任务状态信息*/
    while(1)
    {
        if(KeyScan()==WKUP_PRES)
        {
            vTaskList(pcTaskInfo);
            printf("任务名  任务状态  优先级  剩余堆栈大小  任务号\r\n");
            printf("%s\r\n",pcTaskInfo);
        }
        vTaskDelay(pdMS_TO_TICKS(100));             /*阻塞 100ms*/
    }
}
```

2. 任务创建

```
static TaskHandle_t Led0TaskHandle = NULL;      /* LED0 任务句柄 */
static TaskHandle_t Led1TaskHandle = NULL;      /* LED1 任务句柄 */
static TaskHandle_t tskInfoTaskHandle = NULL;   /* 任务查询句柄 */
/*************************************************************************
* 函 数 名:appStartTask
* 功能说明:开始任务函数，用于创建其他任务并开启调度器
* 形    参:无
```

```
* 返 回 值:无
*************************************************************************/
void appStartTask(void)
{
   taskENTER_CRITICAL();                  /* 进入临界段，关中断 */
   xTaskCreate(Led0Task,                   /* 任务函数 */
               "Led0Task",                 /* 任务名 */
               256,                        /* 任务堆栈大小，单位为 word，也就是 4B */
               NULL,                       /* 任务参数 */
               3,                          /* 任务优先级 */
               &Led0TaskHandle );          /* 任务句柄 */
   xTaskCreate(Led1Task,                   /* 任务函数 */
               "Led1Task",                 /* 任务名 */
               256,                        /* 任务堆栈大小，单位为 word，也就是 4B */
               NULL,                       /* 任务参数 */
               2,                          /* 任务优先级 */
               &Led1TaskHandle );          /* 任务句柄 */
   xTaskCreate(getTaskInfo,                /* 任务函数 */
               "TaskInfo",                /* 任务名 */
               512,                        /* 任务堆栈大小，单位为 word，也就是 4B */
               NULL,                       /* 任务参数 */
               1,                          /* 任务优先级 */
               &tskInfoTaskHandle );       /* 任务句柄 */
   taskEXIT_CRITICAL();                    /* 退出临界段，开中断 */
   vTaskStartScheduler();                  /* 开启调度器 */
}
```

3. 下载测试

编译无误后将程序下载到开发板上，可以看到开发板上的 LED0 和 LED1 分别以 1Hz 和 2Hz 的频率闪烁。按下 WAKEUP 按键后，串口调试助手显示获取到的所有任务状态信息，如图 6-7 所示。

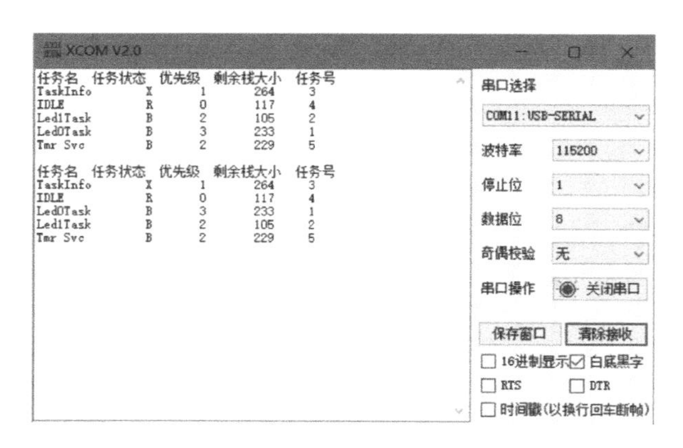

图 6-7 用 vTaskList()函数获取到的任务状态信息

由运行结果可以看出，系统中一共有 5 个任务：3 个用户创建的任务 Led0Task、Led1Task 和 TaskInfo；1 个系统自动创建的空闲任务 IDLE，运行于最低优先级 0；1 个因宏 configUSE_TIMERS 为 1，系统自动创建的软件定时器服务任务 Tmr Svc。

任务状态信息中的任务号是按任务创建顺序分配的唯一序号。由任务号可以看出，先创建 3 个用户任务，然后创建空闲任务，最后创建软件定时器服务任务。

任务状态中的 X 表示运行态，R 表示就绪态，B 表示阻塞态，S 表示挂起态。

任务 1 和任务 2 在创建时，指定了任务堆栈大小都是 256 word，但它们的剩余堆栈大小却不一样，请试着分析一下为什么。

6.4 统计任务运行时间信息

6.4.1 任务运行时间信息统计函数

FreeRTOS 提供了一个用于统计系统中任务运行时间信息的函数 vTaskGetRunTimeStats()。该函数的原型如下。

```
void vTaskGetRunTimeStats( char *pcWriteBuffer );
```

参数说明如下。

pcWriteBuffer:	保存任务运行时间信息的存储区。

返回值：无。

使用 vTaskGetRunTimeStats()函数需要将宏 configGENERATE_RUN_TIME_STATS、configUSE_TRACE_FACILITY 及 configUSE_STATS_FORMATTING_FUNCTIONS 都设置为 1，同时用户还需在 FreeRTOSConfig.h 头文件中实现如下两个宏。

portCONFIGURE_TIMER_FOR_RUN_TIME_STATS()：用于初始化任务运行时间信息统计功能的时间基准。时间基准一般使用定时器来提供，并且要求这个定时器的精度是系统时钟节拍精度的 10 倍以上。

portGET_RUN_TIME_COUNTER_VALUE()：用于获取统计任务运行时间信息的计数器值，利用这个计数器值来计算任务运行时间百分比。

注意：使用 vTaskGetRunTimeStats()函数可能会降低系统的实时性。该函数一般在代码调试阶段使用，用于合理分配和优化任务，在正式发布时应该禁用这个函数。

6.4.2 任务运行时间信息统计示例

本示例在任务状态信息获取示例的基础上，增加任务运行时间信息统计功能。通过 appStartTask()函数，创建 3 个 FreeRTOS 任务。

任务 1 的任务函数为 Led0Task()，其功能是使 LED0 每秒闪烁 1 次，优先级为 3。

任务 2 的任务函数为 Led1Task()，其功能是使 LED1 每秒闪烁 2 次，优先级为 2。

任务 3 的任务函数为 getTaskInfo()，其功能是当 WAKEUP 按键被按下时，获取所有任务状态信息并通过串口发送；当 KEY0 按键被按下时，获取所有任务运行时间信息并通过串口发送，优先级为 4。

1. 配置时间基准

要使用任务运行时间信息统计功能，需要一个精度是系统时钟节拍精度 10 倍以上的时间基准。本示例使用基本定时器 TIM7 来提供这个时间基准。

在 RTE 环境中启动 STM32CubeMX，选用基本定时器 TIM7，使能 TIM7 全局中断，并配置溢出时间为 100μs（系统时钟节拍已设置为 1ms），重新生成初始化代码，如图 6-8 所示。

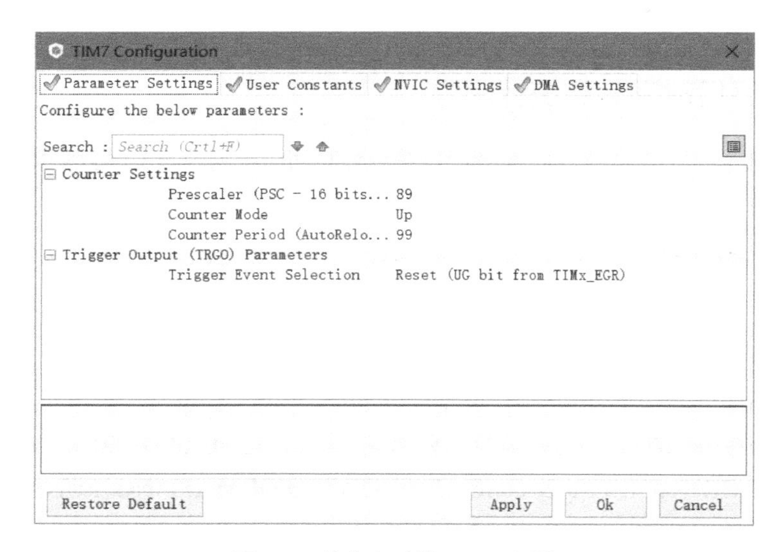

图 6-8 基本定时器 TIM7 配置

将新生成的 tim.c 文件添加到工程项目分组中。在 tim.c 文件中添加一个任务运行时间信息统计变量，同时在 tim.h 文件中进行外部变量声明。

```
/* USER CODE BEGIN 0 */
volatile unsigned long long ullTimeCount=0;          /*用于任务运行时间信息统计的计数器*/
/* USER CODE END 0 */
```

在 tim.c 文件的 HAL_TIM_Base_MspInit()函数中添加使能更新中断并开启定时器的代码，注意代码应位于 BEGIN…和 END…之间。

```
void HAL_TIM_Base_MspInit(TIM_HandleTypeDef* tim_baseHandle)
{
  if(tim_baseHandle->Instance==TIM7)
  {
  /* USER CODE BEGIN TIM7_MspInit 0 */
  /* USER CODE END TIM7_MspInit 0 */
```

```
    /* TIM7 clock enable */
    __HAL_RCC_TIM7_CLK_ENABLE();
    /* TIM7 interrupt Init */
    HAL_NVIC_SetPriority(TIM7_IRQn, 0, 0);
    HAL_NVIC_EnableIRQ(TIM7_IRQn);
  /* USER CODE BEGIN TIM7_MspInit 1 */
    HAL_TIM_Base_Start_IT(&htim7);                    /*使能更新中断并开启定时器*/

  /* USER CODE END TIM7_MspInit 1 */
  }
}
```

在自动生成代码的 main.c 文件中找到定时器更新中断回调函数 HAL_TIM_PeriodElapsedCallback()，添加使任务运行时间信息统计值加 1 的代码。

```
void HAL_TIM_PeriodElapsedCallback(TIM_HandleTypeDef *htim)
{
  /* USER CODE BEGIN Callback 0 */
  /* USER CODE END Callback 0 */
  if (htim->Instance == TIM6) {
    HAL_IncTick();
  }
  /* USER CODE BEGIN Callback 1 */
    if(htim->Instance == TIM7)
    {
        ullTimeCount++;          /*任务运行时间信息统计值加1*/
    }
  /* USER CODE END Callback 1 */
}
```

2. 配置任务运行时间信息统计功能

要开启任务运行时间信息统计功能，需要设置一些宏，并实现两个用于初始化计数器及获取统计值的宏。

```
/*以下3个宏需要设置为1*/
#define configUSE_TRACE_FACILITY                    1
#define configUSE_STATS_FORMATTING_FUNCTIONS        1
#define configGENERATE_RUN_TIME_STATS               1
extern volatile unsigned long long ullTimeCount;   /*用于任务运行时间信息统计的计数器*/
/*用于初始化计数器及获取统计值的两个宏*/
#define portCONFIGURE_TIMER_FOR_RUN_TIME_STATS()    (ullTimeCount=0)
#define portGET_RUN_TIME_COUNTER_VALUE()            ullTimeCount
```

3. 任务函数

```
/************************************************************************
* 函 数 名:Led0Task
* 功能说明:LED0 每秒闪烁 1 次
* 形    参:pvParameters 是在创建该任务时传递的参数
* 返 回 值:无
* 优 先 级:3
************************************************************************/
static void Led0Task(void *pvParameters)
{
    uint32_t testArray[128];                         /*任务中的局部变量*/
    while(1)
    {
        HAL_GPIO_TogglePin(GPIOB,LED0_Pin);          /*LED0 闪烁*/

        vTaskDelay(pdMS_TO_TICKS(500));              /*每秒闪烁 1 次*/
    }
}
/************************************************************************
* 函 数 名:Led1Task
* 功能说明:LED1 每秒闪烁 2 次
* 形    参:pvParameters 是在创建该任务时传递的参数
* 返 回 值:无
* 优 先 级:2
************************************************************************/
static void Led1Task(void *pvParameters)
{
    uint32_t testArray[128]={0};                     /*任务中的局部变量*/
    while(1)
    {
        HAL_GPIO_TogglePin(GPIOB,LED1_Pin);          /*LED1 闪烁*/
        vTaskDelay(pdMS_TO_TICKS(250));              /*每秒闪烁 2 次*/
    }
}
/************************************************************************
* 函 数 名:getTaskInfo
* 功能说明:获取任务状态信息，并通过串口发送
* 形    参:pvParameters 是在创建该任务时传递的参数
* 返 回 值:无
* 优 先 级:4
************************************************************************/
static void getTaskInfo(void *pvParameters)
```

```
{
    uint8_t ucKeyValue=0;                               /*保存按键值*/
    char pcTaskInfo[800];                               /*用于保存任务状态信息*/
    while(1)
    {
        ucKeyValue = KeyScan();                         /*扫描按键*/
        if(ucKeyValue==WKUP_PRES)
        {
            vTaskList(pcTaskInfo);
            printf("任务名  任务状态  优先级  剩堆余栈大小  任务号\r\n");
            printf("%s\r\n",pcTaskInfo);
        }
        else if(ucKeyValue==KEY0_PRES)
        {
            vTaskGetRunTimeStats(pcTaskInfo);
            printf("任务名\t\t运行时间\t百分比\r\n");
            printf("%s\r\n",pcTaskInfo);
        }
        vTaskDelay(pdMS_TO_TICKS(100));                 /*阻塞100ms*/
    }
}
```

4．任务创建

```
static TaskHandle_t Led0TaskHandle = NULL;              /* LED0任务句柄 */
static TaskHandle_t Led1TaskHandle = NULL;              /* LED1任务句柄 */
static TaskHandle_t tskInfoTaskHandle = NULL;           /* 任务查询句柄 */
/*************************************************************************
* 函 数 名:appStartTask
* 功能说明:开始任务函数，用于创建其他任务并开启调度器
* 形    参:无
* 返 回 值:无
*************************************************************************/
void appStartTask(void)
{
    taskENTER_CRITICAL();                       /* 进入临界段，关中断 */
    xTaskCreate(Led0Task,                       /* 任务函数 */
                "Led0Task",                     /* 任务名 */
                256,                            /* 任务堆栈大小，单位为word，也就是4B */
                NULL,                           /* 任务参数 */
                3,                              /* 任务优先级 */
                &Led0TaskHandle );              /* 任务句柄 */
    xTaskCreate(Led1Task,                       /* 任务函数 */
                "Led1Task",                     /* 任务名 */
```

```
                256,                       /* 任务堆栈大小，单位为 word，也就是 4B */
                NULL,                      /* 任务参数 */
                2,                         /* 任务优先级 */
                &Led1TaskHandle );         /* 任务句柄 */
    xTaskCreate(getTaskInfo,               /* 任务函数 */
                "TaskInfo",                /* 任务名 */
                512,                       /* 任务堆栈大小，单位为 word，也就是 4B */
                NULL,                      /* 任务参数 */
                4,                         /* 任务优先级 */
                &tskInfoTaskHandle );      /* 任务句柄 */
    taskEXIT_CRITICAL();                   /* 退出临界段，开中断 */
    vTaskStartScheduler();                 /* 开启调度器 */
}
```

5. 下载测试

编译无误后将程序下载到开发板上，可以看到开发板上的两个 LED 按要求闪烁。先按 WAKEUP 按键，输出所有任务状态信息，再按 KEY0 按键，输出所有任务运行时间信息，以及所占的百分比，如图 6-9 所示。

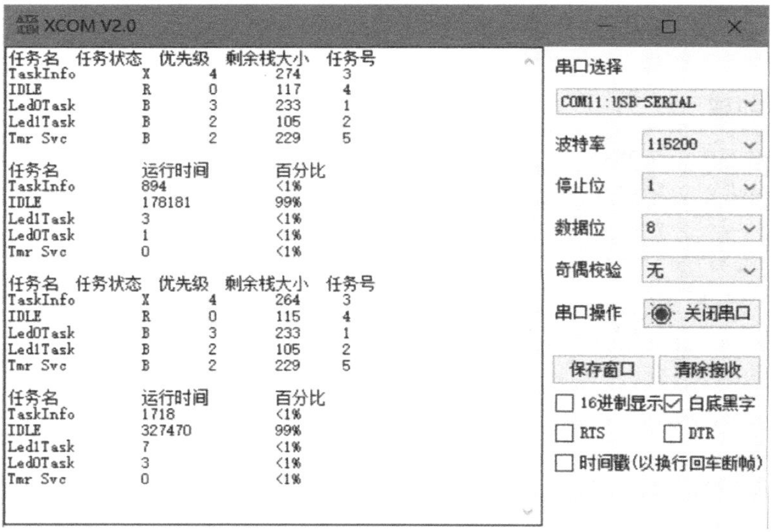

```
任务名    任务状态  优先级  剩余栈大小  任务号
TaskInfo     X        4       274        3
IDLE         R        0       117        4
Led0Task     B        3       233        1
Led1Task     B        2       105        2
Tmr Svc      B        2       229        5

任务名       运行时间      百分比
TaskInfo     894           <1%
IDLE         178181        99%
Led1Task     3             <1%
Led0Task     1             <1%
Tmr Svc      0             <1%

任务名    任务状态  优先级  剩余栈大小  任务号
TaskInfo     X        4       264        3
IDLE         R        0       115        4
Led0Task     B        3       233        1
Led1Task     B        2       105        2
Tmr Svc      B        2       229        5

任务名       运行时间      百分比
TaskInfo     1718          <1%
IDLE         327470        99%
Led1Task     7             <1%
Led0Task     3             <1%
Tmr Svc      0             <1%
```

图 6-9　获取任务状态信息及任务运行时间信息

图 6-9 中的任务运行时间并不是真实的任务运行时间，再乘以时间基准才是真实的任务运行时间，本示例中需要乘以 100μs。

6.5　总结

任务管理是 FreeRTOS 的核心功能，FreeRTOS 提供了很多任务函数，比较常用的任务函数有延时函数、优先级控制函数、任务状态信息及任务运行时间信息获取函数等。任务状态信息及任务运行时间信息能帮助开发者对任务划分、任务堆栈大小、任务优先级分配进行规划和调整，在开发阶段非常有用，但其消耗的资源过多，在正式发布时要禁用这些功能。

思考与练习

1．FreeRTOS 提供哪两种延时函数？它们有什么不同？能用普通延时函数替换吗？

2．有一个最高优先级的任务，要求使 LED1 以 1500ms 为周期闪烁，试编制这个任务的任务函数。

3．FreeRTOS 任务的优先级与 STM32 微控制器的中断优先级在数据表达上有什么不同？

4．改写本项目所讲的任务运行时间信息统计示例，将示例中使用的基本定时器由 TIM7 改为 TIM3，输出任务状态信息及任务运行时间信息。

第7章

FreeRTOS 队列与消息传递

任务与任务之间、任务与中断之间经常需要进行一些信息交互和消息传递。FreeRTOS利用队列来实现任务间的通信，队列可以用于在任务与任务之间、任务与中断之间传递消息，所以又被称为消息队列。另外，用于资源共享和访问的二值信号量、计数信号量、互斥信号量和递归互斥信号量也都是通过队列来实现的。

7.1 FreeRTOS 队列及其结构

队列是一种特殊的数据结构，可以保存有限个具有确定长度的数据单元。队列可以保存的最大单元数目被称为队列的深度，在创建队列时需要设定其深度和每个单元的大小。

7.1.1 FreeRTOS 队列特性

1. 存储数据

通常情况下，队列作为 FIFO（先进先出）结构使用，即数据从队列尾写入，从队列首读出，当然，从队列首写入也是可以的。FreeRTOS 向队列写入数据是通过字节复制把数据复制存储到队列中的，而不是通过数据引用（只传递数据指针）的方式实现的。从队列中读出数据将删除队列中复制的数据。

2. 多任务访问

队列不属于某个任务，所有任务都可以操作队列，向队列发送消息，或者从队列中获取消息，前提是队列要在操作之前创建好。

3. 读队列时阻塞

当某个任务试图读一个队列时，可以指定一个阻塞超时时间，在这段时间中，如果队列为空，那么该任务将保持阻塞态以等待队列数据有效。如果其他任务或中断服务示例程序向其等待的队列中写入了数据，那么该任务将自动由阻塞态转为就绪态。当等待的时间超过了指定的阻塞超时时间时，即使队列中尚无有效数据，任务也会自动从阻塞态转为就绪态。

由于队列可以被多个任务读取，所以对单个队列而言，也可能有多个任务处于阻塞态以等待队列数据有效。在这种情况下，一旦队列数据有效，只会有一个任务被解除阻塞态，这个任务就是所有等待任务中优先级最高的任务。如果所有等待任务的优先级相同，那么被解除阻塞态的任务将是等待最久的任务。

4. 写队列时阻塞

同读队列一样，任务也可以在写队列时指定一个阻塞超时时间，这个时间是当被写队列已满时，任务进入阻塞态以等待队列空间有效的最长时间。

由于队列可以被多个任务写入，所以对单个队列而言，也可能有多个任务处于阻塞态以等待队列空间有效。在这种情况下，一旦队列空间有效，只会有一个任务被解除阻塞态，这个任务就是所有等待任务中优先级最高的任务。如果所有等待任务的优先级相同，那么被解除阻塞态的任务将是等待最久的任务。

5. 队列读写过程

创建一个队列 Queue 用于进行任务 1 和任务 2 之间的通信，此队列最多可以保存 5 个字符。队列在刚创建好时是空的，不包含任务数据单元。

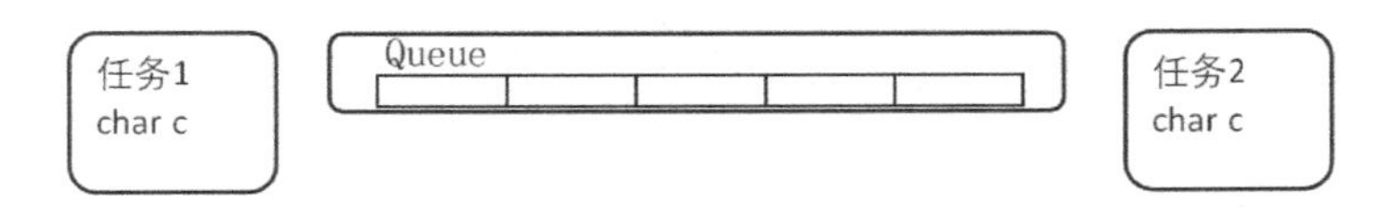

任务 1 将一个本地变量的值写入队列（入队），由于队列之前是空的，所以写入的值目前是队列中唯一的数据单元，队列尾和队列首同是这个值。

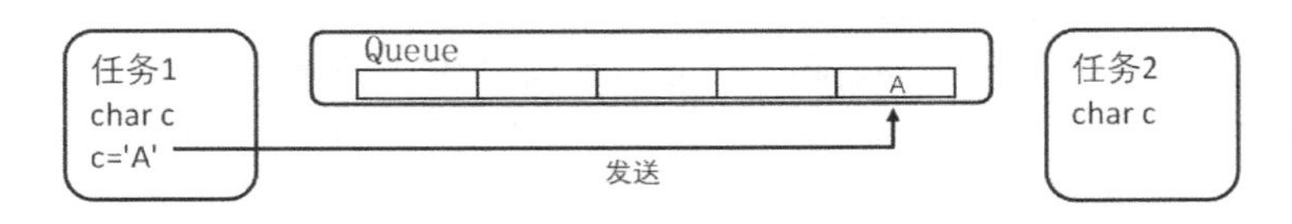

任务 1 改变本地变量的值并再次写入队列，由于之前队列首已经有数值了，新写入的值被插入队列尾，紧跟在第一个值之后，现在队列中还有 3 个空的数据单元。

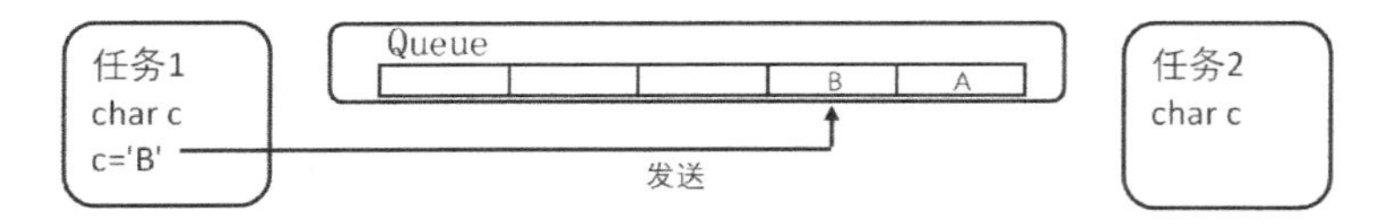

任务 2 从队列中读取（接收）数据到本地变量，读取的值是队列首的数值，即任务 1 第一次写入的值。

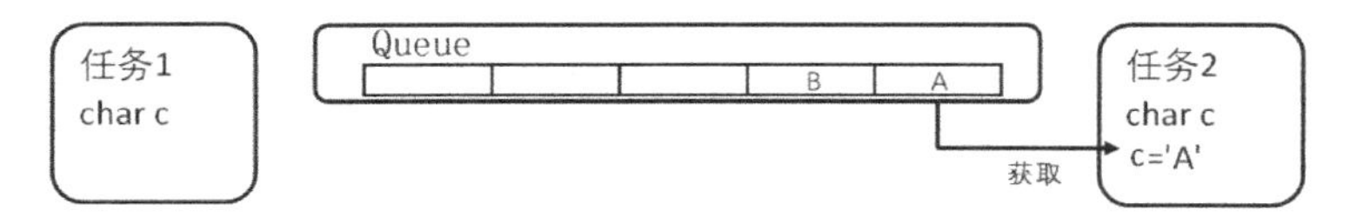

任务 2 已经读走了一个数据单元，现在队列中只剩下任务 1 第二次写入的值，这个值将在任务 2 下一次读队列时被读走，目前队列中空数据单元变为 4 个。

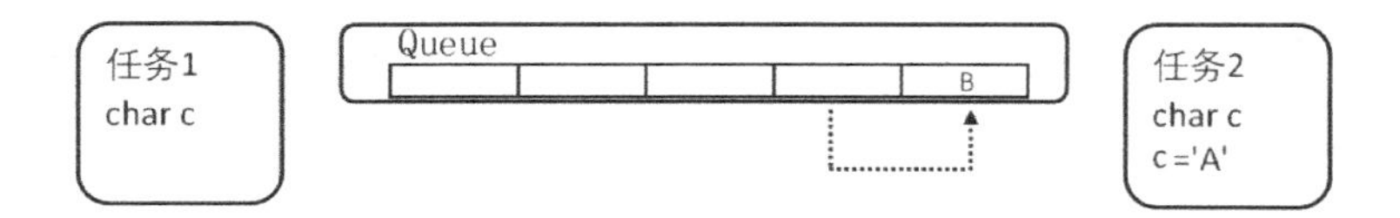

7.1.2 队列结构体

FreeRTOS 用结构体类型 Queue_t 描述队列，在 queue.c 文件中定义，旧版本类型名为 xQUEUE，新版本类型名为 Queue_t，省略部分条件编译代码后的定义如下。

```
typedef struct QueueDefinition                      /* 旧版本使用的队列结构体类型名 */
{
    int8_t *pcHead;                                 /* 指向队列存储区首地址 */
    int8_t *pcWriteTo;                              /* 指向队列存储区下一个空闲地址 */
    union
    {
        QueuePointers_t xQueue;                     /* 用作队列时保存队列尾等信息 */
        SemaphoreData_t xSemaphore;                 /* 用作信号量时保存额外数据 */
    } u;
    List_t xTasksWaitingToSend;                     /* 等待发送任务列表 */
    List_t xTasksWaitingToReceive;                  /* 等待接收任务列表 */
    volatile UBaseType_t uxMessagesWaiting;         /* 队列中当前队列项数量 */
    UBaseType_t uxLength;                           /* 队列长度，即最大队列项数量 */
    UBaseType_t uxItemSize;                         /* 队列中每个队列项的最大长度，单位为 B */
    volatile int8_t cRxLock;                        /* 队列上锁后，存储从队列中接收到的队列项数 */
    volatile int8_t cTxLock;                        /* 队列上锁后，存储发送到队列的队列项数量 */
    #if ( configUSE_QUEUE_SETS == 1 )
        struct QueueDefinition *pxQueueSetContainer;
    #endif
```

```
    #if ( configUSE_TRACE_FACILITY == 1 )
        UBaseType_t uxQueueNumber;
        uint8_t ucQueueType;
    #endif
} xQUEUE;
/* 新版本队列数据类型名 */
typedef xQUEUE Queue_t;
```

队列结构体类型中定义了队列长度、队列项大小、操作队列的指针，以及入队阻塞任务列表和出队阻塞任务列表等成员。

7.2　队列操作

队列的创建、入队和出队是最常用的队列操作，除此之外还有队列删除、重置，查询队列中的消息数量等队列操作。

7.2.1　队列创建

与任务创建一样，队列创建也有动态和静态两种方法。用 xQueueCreate()可实现动态创建队列，用 xQueueCreateStatic()可实现静态创建队列。采用动态方法时，内存使用动态内存分配，而采用静态方法时，则需要由用户指定相应的存储区。

1．xQueueCreate()

xQueueCreate()可用动态内存分配方法创建队列，这其实是一个宏，定义如下。

```
#define xQueueCreate( uxQueueLength, uxItemSize )                    \
             xQueueGenericCreate( ( uxQueueLength ),                  \
                                  ( uxItemSize ),                     \
                                  ( queueQUEUE_TYPE_BASE ) )
```

由此可见，真正用来创建队列的是 xQueueGenericCreate()函数。该函数的原型如下。

```
QueueHandle_t xQueueGenericCreate( const UBaseType_t uxQueueLength,
                                   const UBaseType_t uxItemSize,
                                   const uint8_t ucQueueType );
```

参数说明如下。

uxQueueLength:	要创建队列的长度，即队列项数量。	
uxItemSize:	队列中每个队列项的长度，单位为 B。	
ucQueueType:	队列类型，用于指明创建的队列属于哪种用途，一共有如下 6 种类型。	
	queueQUEUE_TYPE_BASE	普通消息队列
	queueQUEUE_TYPE_SET	队列集
	queueQUEUE_TYPE_MUTEX	互斥信号量

queueQUEUE_TYPE_COUNTING_SEMAPHORE	计数信号量
queueQUEUE_TYPE_BINARY_SEMAPHORE	二值信号量
queueQUEUE_TYPE_RECURSIVE_MUTEX	递归互斥信号量

返回值：创建成功返回所创建队列的队列句柄，创建失败返回 NULL。

2. xQueueCreateStatic()

xQueueCreateStatic()可用静态方法创建队列，创建过程中使用的内存需要由用户事先分配。这也是一个宏，定义如下。

```
#define xQueueCreateStatic( uxQueueLength, uxItemSize, pucQueueStorage, pxQueueBuffer )\
                    xQueueGenericCreateStatic( ( uxQueueLength ),                     \
                     ( uxItemSize ),                                                   \
                     ( pucQueueStorage ),                                              \
                     ( pxQueueBuffer ),                                                \
                     ( queueQUEUE_TYPE_BASE ) )
```

由此可见，真正用来创建队列的是 xQueueGenericCreateStatic()函数，该函数的原型如下。

```
QueueHandle_t xQueueGenericCreateStatic( const UBaseType_t uxQueueLength,
                                         const UBaseType_t uxItemSize,
                                         uint8_t *pucQueueStorage,
                                         StaticQueue_t *pxStaticQueue,
                                         const uint8_t ucQueueType );
```

参数说明如下。

uxQueueLength：	要创建队列的长度，即队列项数量。
uxItemSize：	队列中每个队列项的长度，单位为 B。
pucQueueStorage：	指向队列项的存储区，需要由用户自行分配内存。
pxStaticQueue：	指向 StaticQueue_t 结构体变量，用于保存队列结构体。
ucQueueType：	队列类型，与动态方法创建队列中的类型相同。

返回值：创建成功返回所创建队列的队列句柄，创建失败返回 NULL。

7.2.2 入队操作

入队操作 API 有 xQueueSend()、xQueueSendToBack()、xQueueSendToFront()和 xQueueOverwrite()4 个，它们都是长得像函数的宏，实际执行入队操作的是 xQueueGenericSend()函数。xQueueSendFromISR()、xQueueSendToBackFromISR()、xQueueSendToFrontFromISR()和 xQueueOverwriteFromISR()是入队操作 API 的中断版本，实际执行入队操作的是 xQueueGenericSendFromISR()函数。

1．xQueueGenericSend()函数

xQueueGenericSend()函数是通用入队函数。该函数的原型如下。

```
BaseType_t    xQueueGenericSend( QueueHandle_t xQueue,
                                 const void * const pvItemToQueue,
                                 TickType_t xTicksToWait,
                                 const BaseType_t xCopyPosition );
```

参数说明如下。

xQueue：	队列句柄，指明要向哪个队列发送数据。
pvItemToQueue：	发往队列的消息，以数据复制的形式发送。
xTicksToWait：	任务阻塞超时时间，该值为 0 且队列满时不阻塞，函数立即返回。 该值为 portMAX_DELAY 且队列满时将无限期阻塞，但要将宏 INCLUDE_vTaskSuspend 设置为 1。 其他值为队列满时任务阻塞的系统时钟节拍。
xCopyPosition：	入队方式，有如下 3 种入队方式。 queueSEND_TO_BACK　　后向入队 queueSEND_TO_FRONT　　前向入队 queueOVERWRITE　　覆写入队

返回值：pdTRUE，向队列发送消息成功；errQUEUE_FULL，队列满，向队列发送消息失败。

2．xQueueGenericSendFromISR()函数

xQueueGenericSendFromISR()函数是中断服务函数中使用的入队函数。该函数的原型如下。

```
BaseType_t    xQueueGenericSend( QueueHandle_t xQueue,
                                 const void * const pvItemToQueue,
                                 BaseType_t * const pxHigherPriorityTaskWoken,
                                 const BaseType_t xCopyPosition );
```

参数说明如下。

xQueue：	队列句柄，指明要向哪个队列发送数据。
pvItemToQueue：	发往队列的消息，以数据复制的形式发送。
pxHigherPriorityTaskWoken：	指向一个用于保存调用函数后是否进行任务切换的变量，若执行函数后值为 pdTRUE，则要在退出中断服务函数后执行一次任务切换。
xCopyPosition：	入队方式，有如下 3 种入队方式。

	queueSEND_TO_BACK	后向入队
	queueSEND_TO_FRONT	前向入队
	queueOVERWRITE	覆写入队

返回值：pdTRUE，向队列发送消息成功；errQUEUE_FULL，队列满，向队列发送消息失败。

7.2.3 出队操作

从队列中获取数据，需要用到出队操作。出队操作函数有 xQueueReceive()和 xQueuePeek()两个，它们的中断版本是 xQueueReceiveFromISR()和 xQueuePeekFromISR()。

1. xQueueReceive()函数

xQueueReceive()函数用于从指定的队列中读取数据，读取成功后会将队列中的这个数据删除。该函数的原型如下。

```
BaseType_t    xQueueReceive( QueueHandle_t xQueue,
                             void * const pvBuffer,
                             TickType_t xTicksToWait );
```

参数说明如下。

xQueue：	队列句柄，指明要从哪个队列中接收数据。
pvBuffer：	指向保存数据的缓冲区，以数据复制的形式保存到缓冲区中。
xTicksToWait：	任务阻塞超时时间，该值为 0 且队列空时不阻塞，函数立即返回。 该值为 portMAX_DELAY 且队列空时任务将无限期阻塞，但要将宏 INCLUDE_vTaskSuspend 设置为 1。 其他值为队列空时任务阻塞的系统时钟节拍。

返回值：pdTRUE，成功从指定队列中读取到消息；pdFALSE，从指定队列中读取消息失败。

2. xQueuePeek()函数

xQueuePeek()函数用于从指定的队列中读取消息，读取成功后并不删除队列中的这个数据。该函数的原型如下。

```
BaseType_t    xQueuePeek( QueueHandle_t xQueue,
                          void * const pvBuffer,
                          TickType_t xTicksToWait );
```

参数说明如下。

xQueue：	队列句柄，指明要从哪个队列中读取数据。

pvBuffer：	指向保存数据的缓冲区，以数据复制的形式保存到缓冲区中。
xTicksToWait：	任务阻塞超时时间，该值为 0 且队列空时不阻塞，函数立即返回。 该值为 portMAX_DELAY 且队列空时任务将无限期阻塞，但要将宏 INCLUDE_vTaskSuspend 设置为 1。 其他值为队列空时任务阻塞的系统时钟节拍。

返回值：pdTRUE，成功从指定队列中读取到消息；pdFALSE，从指定队列中读取消息失败。

3．xQueueReceiveFromISR()函数

xQueueReceiveFromISR()函数用于在中断服务函数中从指定的队列中读取消息，读取成功后会将队列中的这个数据删除。该函数的原型如下。

```
BaseType_t    xQueueReceiveFromISR( QueueHandle_t xQueue,
                          void * const pvBuffer,
                          BaseType_t * const pxHigherPriorityTaskWoken );
```

参数说明如下。

xQueue：	队列句柄，指明要从哪个队列中接收数据。
pvBuffer：	指向保存数据的缓冲区，以数据复制的形式保存到缓冲区中。
pxHigherPriorityTaskWoken：	指向一个用于保存调用函数后是否进行任务切换的变量，若执行函数后值为 pdTRUE，则要在退出中断服务函数后执行一次任务切换。

返回值：pdTRUE，成功从指定队列中读取到消息；pdFALSE，从指定队列中读取消息失败。

4．xQueuePeekFromISR()函数

xQueuePeekFromISR()函数用于在中断服务函数中从指定的队列中读取消息，读取成功后并不删除队列中的这个数据。该函数的原型如下。

```
BaseType_t xQueuePeekFromISR( QueueHandle_t xQueue,
                              void * const pvBuffer );
```

参数说明如下。

xQueue：	队列句柄，指明要从哪个队列中接收数据。
pvBuffer：	指向保存数据的缓冲区，以数据复制的形式保存到缓冲区中。

返回值：pdTRUE，成功从指定队列中读取到消息；pdFALSE，从指定队列中读取消息失败。

7.2.4 其他队列操作函数

除上面介绍的常用队列操作函数之外，还有一些队列操作函数，如表 7-1 所示。

表 7-1 其他队列操作函数

函　数	功　能
vQueueDelete()	删除队列并释放内存
uxQueueMessagesWaiting()	查询队列中的消息数量
uxQueueMessagesWaitingFromISR()	查询队列中的消息数量中断版本
uxQueueSpacesAvailable()	查询队列中空闲空间
xQueueReset()	将队列重置为原始的空状态
vQueueAddToRegistry()	为队列分配名称并添加到队列注册表中
pcQueueGetName()	通过队列句柄查询队列名
vQueueUnregisterQueue()	从队列注册表中删除队列
xQueueIsQueueEmptyFromISR()	在中断服务函数中查询队列是否为空
xQueueIsQueueFullFromISR()	在中断服务函数中查询队列是否为满

7.3 用队列实现串口守护任务

在之前的示例程序中，经常要通过串口发送信息，当多个任务同时访问串口时，就会发生资源冲突，造成数据混乱。之前的做法，要么限制只有一个任务能够运行，要么在访问串口时用临界段代码保护或挂起调度器的方式进行代码保护。这种解决多个任务同时访问某个资源的方法叫作互斥访问，相关内容将在后面的章节中详细介绍。

7.3.1 守护任务

守护任务是对某个资源具有唯一所有权的任务。只有守护任务才可以直接访问其守护的资源，其他任务要访问该资源只能间接地通过守护任务提供的服务实现。守护任务提供了一种干净利落的方法用来实现互斥功能，不用担心会发生优先级反转和死锁问题。

7.3.2 串口守护任务示例

本示例对延时函数使用示例进行改写，将原来两个任务通过临界段代码保护实现串口输出改写成通过串口守护任务输出。

本示例通过 appStartTask()函数创建 3 个具有相同优先级的 FreeRTOS 任务，均运行于优先级 3，抢占式调度和时间片调度开启。

任务 1 的任务函数为 Led0Task()，其功能是使 LED0 闪烁，统计任务 1 的运行次数，并将任务 1 的运行总节拍数通过队列传给串口守护任务打印。

任务 2 的任务函数为 Led1Task()，其功能是使 LED1 闪烁，统计任务 2 的运行次数，并将任务2的运行总节拍数通过队列传给串口守护任务打印。

任务3是串口守护任务，任务函数为printTask()，其功能是将通过队列传送过来的字符信息在串口上输出，任何时候只有该守护任务能访问串口。

1. 修改appTask.h

添加队列实现头文件，声明串口守护任务函数。

```
/*用来管理FreeRTOS任务的头文件*/
#ifndef _APPTASK_H_
#define _APPTASK_H_
#include "freertos.h"                          /*FreeRTOS头文件*/
#include "task.h"                              /*FreeRTOS任务实现头文件*/
#include "queue.h"                             /*FreeRTOS队列实现头文件*/
static void Led0Task(void *pvParameters);      /*LED0闪烁任务*/
static void Led1Task(void *pvParameters);      /*LED1闪烁任务*/
static void printTask(void *pvParameters);     /*串口守护任务*/
void appStartTask(void);                       /*用于创建队列及其他任务的函数*/
#endif
```

2. 任务函数

```
static char pcToPrint[80];                     /*待打印内容缓冲区*/
xQueueHandle xQueuePrint;                      /*消息队列句柄*/
/***************************************************************************
* 函 数 名:Led0Task
* 功能说明:使LED0闪烁，并将任务的运行总节拍数通过队列传给串口守护任务打印
* 形    参:pvParameters是在创建该任务时传递的参数
* 返 回 值:无
* 优 先 级:3
***************************************************************************/
static void Led0Task(void *pvParameters)
{
   uint16_t cnt=0;                                /*用于统计系统时钟节拍数的局部变量*/
   TickType_t xFirstTime;                         /*用于保存延时前的系统时钟节拍值*/
   while(1)
   {
      xFirstTime = xTaskGetTickCount();           /*获得任务进入点的系统时钟节拍*/
      HAL_GPIO_TogglePin(GPIOB,LED0_Pin);         /*LED0闪烁*/

      HAL_Delay(200);                             /*模拟任务的运行时间*/
      vTaskDelay(pdMS_TO_TICKS(500));             /*延时500ms*/
      cnt = xTaskGetTickCount() - xFirstTime;
      /*生成待打印输出信息*/
      sprintf(pcToPrint,"任务1: LED0闪烁，任务1运行的节拍数为: %3d次\r\n",cnt);
      /*打印信息，所有发往串口的信息不能直接输出，通过队列发给串口守护任务*/
```

```
        xQueueSendToBack(xQueuePrint,pcToPrint,0);
    }
}
/**************************************************************************
* 函 数 名:Led1Task
* 功能说明:使 LED1 闪烁，并将任务的运行总节拍数通过队列传给串口守护任务打印
* 形    参:pvParameters 是在创建该任务时传递的参数
* 返 回 值:无
* 优 先 级:3
**************************************************************************/
static void Led1Task(void *pvParameters)
{
    uint16_t cnt=0;                                   /*用于统计系统时钟节拍数的局部变量*/
    TickType_t xFirstTime;                            /*用于保存延时前的系统时钟节拍值*/
    TickType_t xNextTime;                             /*用于保存解除阻塞时系统时钟节拍值*/
    while(1)
    {
        xFirstTime = xTaskGetTickCount();             /*获得任务进入点的系统时钟时钟节拍*/
        xNextTime = xFirstTime;                       /*保存任务进入点的系统时钟时钟节拍*/
        HAL_GPIO_TogglePin(GPIOB,LED1_Pin);           /*LED1 闪烁*/

        HAL_Delay(200);                                        /*模拟任务的运行时间*/
        vTaskDelayUntil(&xNextTime,pdMS_TO_TICKS(500));        /*延时 500ms*/
        cnt = xTaskGetTickCount() - xFirstTime;
        /*生成待打印输出信息*/
        sprintf(pcToPrint,"任务 2: LED1 闪烁，任务 2 运行的节拍数为: %3d 次\r\n",cnt);
        /*打印信息，所有发往串口的信息不能直接输出，通过队列发送给串口守护任务*/
        xQueueSendToBack(xQueuePrint,pcToPrint,0);
    }
}
/**************************************************************************
* 函 数 名:printTask
* 功能说明:串口守护任务，任何时候只有该守护任务能访问串口
* 形    参:pvParameters 是在创建该任务时传递的参数
* 返 回 值:无
* 优 先 级:3
**************************************************************************/
static void printTask(void *pvParameters)
{
    char pcToWrite[80];                                        /*缓存从队列接收到的数据*/
    while(1)
    {
        /*当队列为空，即没有字符需要输出时，阻塞超时时间为 portMAX_DELAY，任务将进入无限期等待
        状态，可以不检测队列读取函数的返回值*/
        xQueueReceive(xQueuePrint,pcToWrite,portMAX_DELAY);
```

```
        printf("%s",pcToWrite);
    }
}
```

串口守护任务使用了一个 FreeRTOS 队列来对串口实现串行化访问，该守护任务是唯一能够直接访问串口的任务。串口守护任务大部分时间都在阻塞态等待队列中有消息到来，当一个消息到达时，串口守护任务仅简单地将接收到的消息发送到串口上，然后又返回阻塞态，继续等待下一条消息的到来。

3. 任务创建

```
static TaskHandle_t Led0TaskHandle = NULL;       /* LED0 任务句柄 */
static TaskHandle_t Led1TaskHandle = NULL;       /* LED1 任务句柄 */
static TaskHandle_t printTaskHandle = NULL;      /* 串口守护任务句柄 */
/*****************************************************************************
* 函 数 名:appStartTask
* 功能说明:开始任务函数，用于创建其他任务并开启调度器
* 形    参:无
* 返 回 值:无
*****************************************************************************/
void appStartTask(void)
{
    /*创建一个长度为 2，队列项大小足够容纳待输出字符的队列*/
    xQueuePrint = xQueueCreate(2,sizeof(pcToPrint));
    if(xQueuePrint != NULL)
    {
        taskENTER_CRITICAL();                     /* 进入临界段，关中断 */
        xTaskCreate(Led0Task,                     /* 任务函数 */
                    "Led0Task",                   /* 任务名 */
                    128,                          /* 任务堆栈大小，单位为 word，也就是 4B */
                    NULL,                         /* 任务参数 */
                    3,                            /* 任务优先级 */
                    &Led0TaskHandle );            /* 任务句柄 */
        xTaskCreate(Led1Task,                     /* 任务函数 */
                    "Led1Task",                   /* 任务名 */
                    128,                          /* 任务堆栈大小，单位为 word，也就是 4B */
                    NULL,                         /* 任务参数 */
                    3,                            /* 任务优先级 */
                    &Led1TaskHandle );            /* 任务句柄 */
        xTaskCreate(printTask,                    /* 任务函数 */
                    "printTask",                  /* 任务名 */
                    128,                          /* 任务堆栈大小，单位为 word，也就是 4B */
                    NULL,                         /* 任务参数 */
                    3,                            /* 任务优先级 */
                    &printTaskHandle );           /* 任务句柄 */
```

```
    taskEXIT_CRITICAL();                    /* 退出临界段，开中断 */
    vTaskStartScheduler();                  /* 开启调度器 */
  }
}
```

4．下载测试

编译无误后将程序下载到开发板上，可以看到 LED 闪烁，并且串口的输出都与之前的示例结果一样，串口输出信息准确无误，如图 7-1 所示。

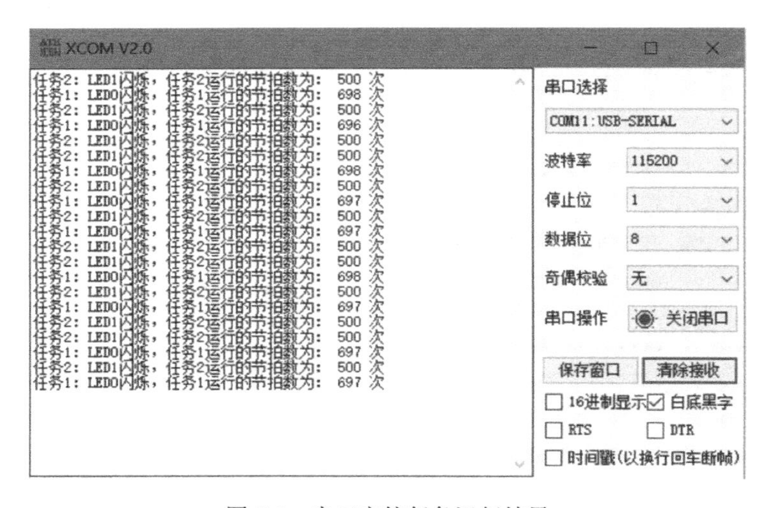

图 7-1　串口守护任务运行结果

7.4　总结

队列是一种特殊的数据结构，可以保存有限个具有确定长度的数据单元，一般采用先进先出的存取方式。FreeRTOS 利用队列实现任务间通信、消息传递，后文中将要介绍的信号量也是用队列来实现的。

思考与练习

1．什么是队列？它有什么特点？

2．简述 FreeRTOS 队列的特性。

3．试估算创建一个队列长度为 1 的 FreeRTOS 队列所需的最小内存。

4．什么叫守护任务？它有什么作用？

5．FreeRTOS 在开启调度器时，会创建一个空闲任务，请修改 FreeRTOS 配置文件，启用空闲任务钩子函数，在空闲任务钩子函数中对空闲任务的运行次数进行统计，每当次数达到 500 时，通过串口守护任务输出“空闲任务运行 500 次”信息。

第 8 章 FreeRTOS 信号量与任务同步

信号量是操作系统用来实现资源管理和任务同步的消息机制。FreeRTOS 信号量分为二值信号量、计数信号量、互斥信号量和递归互斥信号量。可以将互斥信号量看成一种特殊的二值信号量，但互斥信号量和二值信号量之间还是有一些区别的。

（1）使用目的不同：二值信号量用于同步，可实现任务和任务之间及任务和中断之间的同步。互斥信号量用于互锁，保证在同一时间只有一个任务访问某个资源。

（2）操作方法不同：二值信号量在用于同步时，一般是一个任务（或中断）给出信号，另一个任务获取信号。互斥信号量必须在同一个任务中获取并在同一个任务中给出信号。

（3）使用场合不同：互斥信号量具有优先级继承机制，而二值信号量没有。互斥信号量不能用在中断服务函数中，而二值信号量可以。

（4）创建方法不同：用于创建互斥信号量和用于创建二值信号量的 API 函数不同，但是获取和给出信号的 API 函数相同。

8.1 二值信号量

二值信号量相当于只有一个队列项的队列，创建二值信号量与创建队列使用的是同一个函数。二值信号量只关心这个特殊的队列状态，要不为空，要不为满，并不关心队列中存放的是什么消息。

二值信号量主要用于同步，可实现任务和任务之间及任务和中断之间的同步。二值信号量用于实现任务和中断之间同步的工作过程如下。

1．任务因请求信号量而阻塞

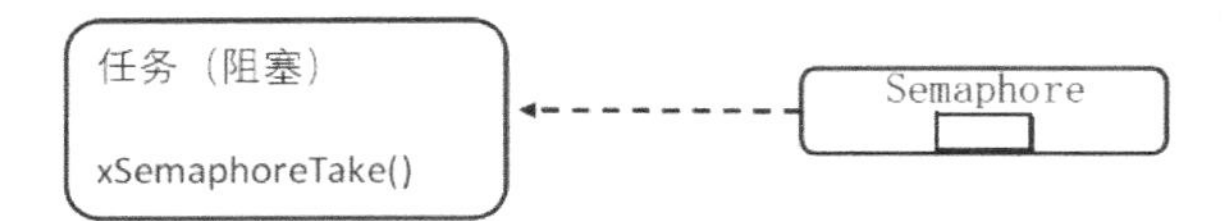

任务通过 xSemaphoreTake()函数试图获取信号量，但此时二值信号量无效，任务进入阻塞态。

2．中断服务函数释放信号量

在任务阻塞过程中，有中断发生，在该中断的中断服务函数中用 xSemaphoreGiveFromISR()函数释放了信号量，二值信号量变为有效的。

3．任务成功获取信号量

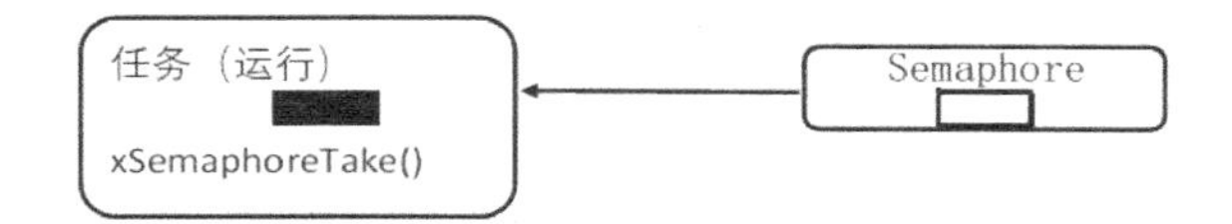

任务获取二值信号量成功，任务解除阻塞，开始执行任务处理程序。

4．任务因请求信号量再次进入阻塞态

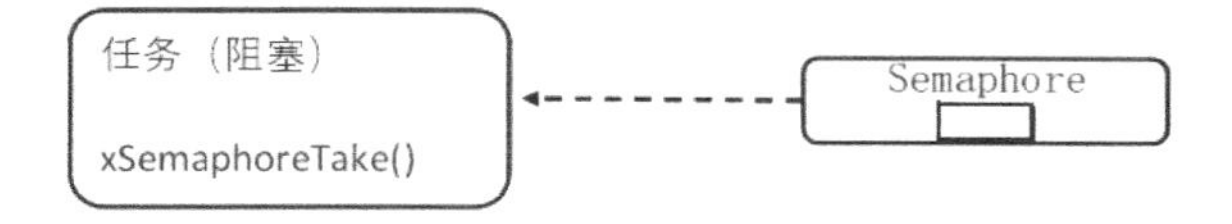

通常任务函数都是一个大循环，在任务处理完相关事务后，又会再次调用 xSemaphoreTake()函数试图再次获取信号量，但此时二值信号量已无效，任务再次进入阻塞态。

8.1.1　创建二值信号量

FreeRTOS 创建二值信号量可使用两个宏：vSemaphoreCreateBinary() 和 xSemaphoreCreateBinary()。这两个宏最终被队列创建函数 xQueueGenericCreate()替换，使用这两个宏创建二值信号量，需要将宏 configSUPPORT_DYNAMIC_ALLOCATION 设置为 1。

1．vSemaphoreCreateBinary()

vSemaphoreCreateBinary()是旧版本的 FreeRTOS 使用的二值信号量创建宏，在 semphr.h 文件中定义。

```
#define vSemaphoreCreateBinary( xSemaphore )                                    \
    {                                                                           \
        ( xSemaphore ) = xQueueGenericCreate( ( UBaseType_t ) 1,                \
                                          semSEMAPHORE_QUEUE_ITEM_LENGTH,       \
                                          queueQUEUE_TYPE_BINARY_SEMAPHORE );   \
        if( ( xSemaphore ) != NULL )                                            \
        {                                                                       \
              ( void ) xSemaphoreGive( ( xSemaphore ) );                        \
        }                                                                       \
    }
```

该宏有一个参数 xSemaphore，用来保存创建成功的二值信号量的句柄。实际用于创建二值信号量的是队列创建函数 xQueueGenericCreate()，创建成功后会返回这个二值信号量的句柄且二值信号量默认有效，创建失败则返回 NULL。

2．xSemaphoreCreateBinary()

xSemaphoreCreateBinary()是新版本的 FreeRTOS 使用的二值信号量创建宏，同样是通过调用队列创建函数 xQueueGenericCreate()来创建二值信号量的，只不过创建成功后并没有释放此二值信号量。

```
#define xSemaphoreCreateBinary()                                                \
                        xQueueGenericCreate( ( UBaseType_t ) 1,                 \
                        semSEMAPHORE_QUEUE_ITEM_LENGTH,                         \
                        queueQUEUE_TYPE_BINARY_SEMAPHORE );                     \
```

xQueueGenericCreate()函数如果成功创建了二值信号量，则返回这个二值信号量的句柄，创建失败则返回 NULL。

8.1.2　释放二值信号量

1．xSemaphoreGive()

xSemaphoreGive()是一个宏，用于释放二值信号量，最终实现功能的是队列发送函数 xQueueGenericSend()。

```
#define xSemaphoreGive( xSemaphore )                                            \
                        xQueueGenericSend( ( QueueHandle_t ) ( xSemaphore ),    \
                        NULL,                                                   \
                        semGIVE_BLOCK_TIME, queueSEND_TO_BACK )                 \
```

该宏有一个参数 xSemaphore，指明要释放的信号量句柄。该宏不仅可用于释放二值信号量，还可用于释放计数信号量和互斥信号量。释放成功则返回 pdTRUE，释放失败则返回 pdFALSE。

2. xSemaphoreGiveFromISR()

xSemaphoreGiveFromISR()是释放信号量的宏的中断版本，在中断服务函数中使用，同样也是一个宏。该宏可用于释放二值信号量和计数信号量，但不能用于释放互斥信号量。最终实现功能的是 xQueueGiveFromISR()函数。

```
#define xSemaphoreGiveFromISR( xSemaphore, pxHigherPriorityTaskWoken )          \
                    xQueueGiveFromISR( ( QueueHandle_t ) ( xSemaphore ),        \
                    ( pxHigherPriorityTaskWoken ) )                             \
```

参数说明如下。

xSemaphore：	信号量句柄。
pxHigherPriorityTaskWoken：	指向一个用于保存调用函数后是否进行任务切换的变量，若执行函数后值为 pdTRUE，则要在退出中断服务函数后执行一次任务切换。

返回值：pdTRUE，成功释放信号量；errQUEUE_FULL，在指定阻塞时间内释放信号量失败。

8.1.3 获取二值信号量

1. xSemaphoreTake()

xSemaphoreTake()是一个宏，用于获取二值信号量。该宏还可用于获取计数信号量和互斥信号量。该宏的定义如下。

```
#define xSemaphoreTake( xSemaphore, xBlockTime )                \
            xQueueSemaphoreTake( ( xSemaphore ), ( xBlockTime ) )
```

参数说明如下。

xSemaphore：	信号量句柄。
xBlockTime：	任务阻塞超时时间，当信号量无效时，若该值为 0 则函数立即返回，若该值为 portMAX_DELAY 则任务将无限期阻塞，但要将宏 INCLUDE_vTaskSuspend 设置为 1。 其他值为任务阻塞的系统时钟节拍。

返回值：pdTRUE，成功获取信号量；pdFALSE，在指定阻塞时间内获取信号量失败。

最终实现功能的是 xQueueSemaphoreTake()函数。该函数的原型如下。

```
# BaseType_t xQueueSemaphoreTake( QueueHandle_t xQueue, TickType_t xTicksToWait );
```

2. xSemaphoreTakeFromISR()

xSemaphoreTakeFromISR()是获取信号量的宏的中断版本，在中断服务函数中使用，同样也是一个宏。该宏可以用来获取二值信号量和计数信号量，但不能用于获取互斥信号量。最终实现功能的是 xQueueReceiveFromISR()函数。

```
#define xSemaphoreTakeFromISR( xSemaphore, pxHigherPriorityTaskWoken )          \
                xQueueReceiveFromISR( ( QueueHandle_t ) ( xSemaphore ),          \
                NULL,                                                            \
               ( pxHigherPriorityTaskWoken ) )
```

参数说明如下。

xSemaphore：	信号量句柄。
pxHigherPriorityTaskWoken：	指向一个用于保存调用函数后是否进行任务切换的变量，若执行函数后值为 pdTRUE，则要在退出中断服务函数后执行一次任务切换。

返回值：pdTRUE，成功获取信号量；pdFALSE，在指定阻塞时间内获取信号量失败。

8.1.4　用二值信号量进行任务同步

本示例通过对二值信号量的操作，实现任务与任务之间及任务与中断之间的同步。本示例通过 appStartTask()函数创建 4 个 FreeRTOS 任务。

任务 1 的任务函数为 Led0Task()，其功能是使 LED0 闪烁，优先级为 3，通过二值信号量实现任务与任务之间的同步，输出信息到串口。

任务 2 的任务函数为 Led1Task()，其功能是使 LED1 闪烁，优先级为 3，通过二值信号量实现任务与中断之间的同步，输出信息到串口。

任务 3 是串口守护任务，任务函数为 printTask()，优先级为 3，其功能是将通过队列传送过来的字符信息在串口上输出，任何时候只有该守护任务能访问串口。

任务 4 是按键扫描任务，任务函数为 keyTask()，优先级为 4，其功能是按键扫描，并根据返回的键值执行释放二值信号量、启动定时器等操作。本示例中使用到 3 个按键，WAKEUP 按键用于释放任务与任务之间同步的二值信号量，KEY0 用于启动 TIM2，利用 TIM2 的更新中断释放任务与中断之间同步的二值信号量，KEY1 用于停止 TIM2。

1. 配置 TIM2

使用定时器 TIM2，利用它的更新中断在中断服务函数中释放二值信号量，实现任务与中断之间的同步。

在 RTE 环境中启动 STM32CubeMX，配置 TIM2，使能 TIM2 全局中断，设置中断抢占优先级为 6（系统配置 FreeRTOS 能管理的最高中断优先级为 5，TIM2 的中断抢占优先级不能高于 5），并配置溢出时间为 10ms，重新生成初始化代码，如图 8-1 所示。

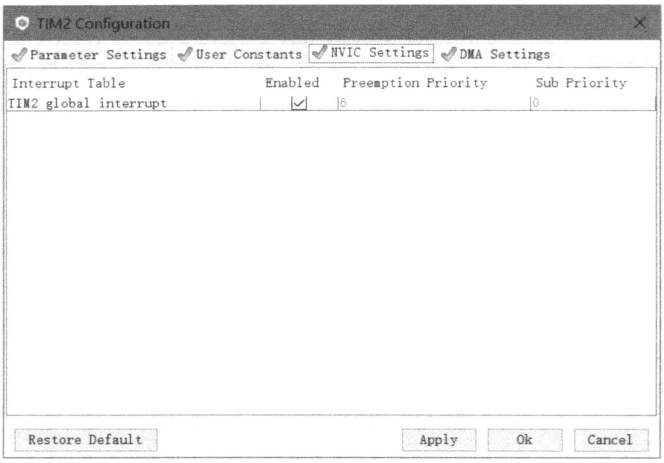

图 8-1　配置定时器 TIM2 中断

将新生成的 tim.c 文件添加到工程项目分组中。在自动生成代码的 main.c 中，找到定时器更新中断回调函数 HAL_TIM_PeriodElapsedCallback()，添加中断服务函数释放二值信号量代码。

```
void HAL_TIM_PeriodElapsedCallback(TIM_HandleTypeDef *htim)
{
  /* USER CODE BEGIN Callback 0 */
  /* USER CODE END Callback 0 */
  if (htim->Instance == TIM6) {
    HAL_IncTick();
  }
  /* USER CODE BEGIN Callback 1 */

  extern SemaphoreHandle_t binIRQSemaphore;          /*任务与中断之间同步二值信号量句柄*/
  extern volatile uint8_t uIRQCounter;               /*用于统计中断次数*/
  BaseType_t xHighPriorityTaskWoken = pdFALSE;       /*退出中断后是否进行任务切换*/
  if(htim->Instance == TIM2)
  {
      uIRQCounter++;
      /*通过发送二值信号量给任务 2 进行同步，使用了 FreeRTOS 的 API 函数，本中断的中断优先级要低于
      configLIBRARY_MAX_SYSCALL_INTERRUPT_PRIORITY 设定值，本示例该宏为 5，本中断的中断优先
      级为 6*/
      xSemaphoreGiveFromISR(binIRQSemaphore,&xHighPriorityTaskWoken);
      /*如果有更高优先级的任务，退出中断后执行任务切换*/
      portYIELD_FROM_ISR(xHighPriorityTaskWoken);
  }
```

```
  /* USER CODE END Callback 1 */
}
```

2. 任务函数

```
static char pcToPrint[80];                            /*待打印内容缓冲区*/
xQueueHandle xQueuePrint;                             /*消息队列句柄*/
volatile uint8_t uIRQCounter;                         /*用于统计中断次数*/
SemaphoreHandle_t binKeySemaphore;                    /*任务与任务之间同步二值信号量句柄*/
SemaphoreHandle_t binIRQSemaphore;                    /*任务与中断之间同步二值信号量句柄*/
/***************************************************************************
* 函 数 名:Led0Task
* 功能说明:使 LED0 闪烁，通过二值信号量实现任务与任务之间的同步，输出信息到串口
* 形    参:pvParameters 是在创建该任务时传递的参数
* 返 回 值:无
* 优 先 级:3
***************************************************************************/
static void Led0Task(void *pvParameters)
{
   while(1)
   {
      HAL_GPIO_TogglePin(GPIOB,LED0_Pin);        /*LED0 闪烁*/
      vTaskDelay(pdMS_TO_TICKS(500));            /*每秒闪烁 1 次*/

      /*若获取二值信号量成功，则执行一些操作，本示例发送相应信息到串口*/
      if(xSemaphoreTake(binKeySemaphore,10)==pdTRUE)
      {
         sprintf(pcToPrint,"按键任务通过二值信号量同步任务 1\r\n\r\n");
         xQueueSendToBack(xQueuePrint,pcToPrint,0);
      }
   }
}
/***************************************************************************
* 函 数 名:Led1Task
* 功能说明:使 LED1 闪烁，通过二值信号量实现任务与中断之间的同步，输出信息到串口
* 形    参:pvParameters 是在创建该任务时传递的参数
* 返 回 值:无
* 优 先 级:3
***************************************************************************/
static void Led1Task(void *pvParameters)
{
   while(1)
   {
      HAL_GPIO_TogglePin(GPIOB,LED1_Pin);            /*LED1 闪烁*/
```

```
        vTaskDelay(pdMS_TO_TICKS(500));                    /*每秒闪烁 1 次*/

        /*若获取二值信号量成功，则执行一些操作，本示例发送相应信息到串口*/
        if(xSemaphoreTake(binIRQSemaphore,10)==pdTRUE)
        {
            sprintf(pcToPrint,"TIM2 中断同步任务 2，中断%3d 次\r\n\r\n",uIRQCounter);
            xQueueSendToBack(xQueuePrint,pcToPrint,0);
        }
    }
}
/*printTask()函数与之前示例中的相同，此处省略*/
/***************************************************************************
* 函 数 名:keyTask
* 功能说明:按键扫描任务，根据键值执行相应操作
* 形    参:pvParameters 是在创建该任务时传递的参数
* 返 回 值:无
* 优 先 级:4
***************************************************************************/
static void keyTask(void *pvParameters)
{
    uint8_t keyValue;                                  /*键值*/
    extern TIM_HandleTypeDef htim2;
    while(1)
    {
        keyValue = KeyScan();                          /*获取键值*/
        if(keyValue == WKUP_PRES)
        {
            /*WAKEUP 按键，先输出提示，再给出二值信号量*/
            sprintf(pcToPrint,"WAKEUP 按键按下，发送同步信号...\r\n\r\n");
            xQueueSendToBack(xQueuePrint,pcToPrint,0);
            /*通过发送二值信号量给任务 1 进行同步*/
            xSemaphoreGive(binKeySemaphore);
        }
        else if(keyValue == KEY0_PRES)
        {
            /*KEY0 按键，启动 TIM2 定时器及更新中断*/
            HAL_TIM_Base_Start_IT(&htim2);
            sprintf(pcToPrint,"KEY0 按键按下，启动 TIM2 更新中断...\r\n\r\n");
            xQueueSendToBack(xQueuePrint,pcToPrint,0);

            /*在定时器 TIM2 中断中，通过发送二值信号量给任务 2 进行同步*/
        }
```

```
        else if(keyValue == KEY1_PRES)
        {
            /*KEY1 按键，停止定时器 TIM2 更新中断*/
            HAL_TIM_Base_Stop_IT(&htim2);
            xSemaphoreTake(binIRQSemaphore,10);          /*在使用计数信号量时注释掉*/
            sprintf(pcToPrint,"KEY1 按键按下，停止 TIM2...\r\n\r\n");
            xQueueSendToBack(xQueuePrint,pcToPrint,0);
        }
        vTaskDelay(pdMS_TO_TICKS(100));
    }
}
```

3. 信号量及任务创建

```
static TaskHandle_t Led0TaskHandle = NULL;             /* LED0 任务句柄 */
static TaskHandle_t Led1TaskHandle = NULL;             /* LED1 任务句柄 */
static TaskHandle_t printTaskHandle = NULL;            /* 串口守护任务句柄 */
static TaskHandle_t keyTaskHandle = NULL;              /* 按键扫描任务句柄 */
/**************************************************************************
* 函 数 名:appStartTask
* 功能说明:开始任务函数，用于创建其他任务并开启调度器
* 形    参:无
* 返 回 值:无
**************************************************************************/
void appStartTask(void)
{
    /*创建一个长度为 2，队列项大小足够容纳待输出字符的队列*/
    xQueuePrint = xQueueCreate(2,sizeof(pcToPrint));
    /*创建两个二值信号量，一个用于实现任务与任务之间的同步，另一个用于实现任务与中断之间的同步*/
    binKeySemaphore = xSemaphoreCreateBinary();
    binIRQSemaphore = xSemaphoreCreateBinary();

    if(xQueuePrint && binKeySemaphore && binIRQSemaphore )
    {
        taskENTER_CRITICAL();                      /* 进入临界段，关中断 */
        xTaskCreate(Led0Task,                      /* 任务函数 */
                    "Led0Task",                    /* 任务名 */
                    128,                           /* 任务堆栈大小，单位为 word，也就是 4B */
                    NULL,                          /* 任务参数 */
                    3,                             /* 任务优先级 */
                    &Led0TaskHandle );             /* 任务句柄 */
        xTaskCreate(Led1Task,                      /* 任务函数 */
                    "Led1Task",                    /* 任务名 */
                    128,                           /* 任务堆栈大小，单位为 word，也就是 4B */
```

```
                NULL,                  /* 任务参数 */
                3,                     /* 任务优先级 */
                &Led1TaskHandle );     /* 任务句柄 */
    xTaskCreate(printTask,             /* 任务函数 */
                "printTask",           /* 任务名 */
                128,                   /* 任务堆栈大小，单位为 word，也就是 4B */
                NULL,                  /* 任务参数 */
                3,                     /* 任务优先级 */
                &printTaskHandle );    /* 任务句柄 */
    xTaskCreate(keyTask,               /* 任务函数 */
                "keyTask",             /* 任务名 */
                128,                   /* 任务堆栈大小，单位为 word，也就是 4B */
                NULL,                  /* 任务参数 */
                4,                     /* 任务优先级 */
                &keyTaskHandle );      /* 任务句柄 */
    taskEXIT_CRITICAL();               /* 退出临界段，开中断 */
    vTaskStartScheduler();             /* 开启调度器 */
  }
}
```

4. 下载测试

编译无误后将程序下载到开发板上，可以看到两个 LED 在闪烁，按 WAKEUP 按键，屏幕输出任务同步信息；按 KEY0 按键启动 TIM2，TIM2 的更新中断发出二值信号量同步任务 2（间隔 100ms），屏幕输出任务与中断之间的同步信息；按 KEY1 按键关闭 TIM2，停止任务与中断之间的同步，如图 8-2 所示。

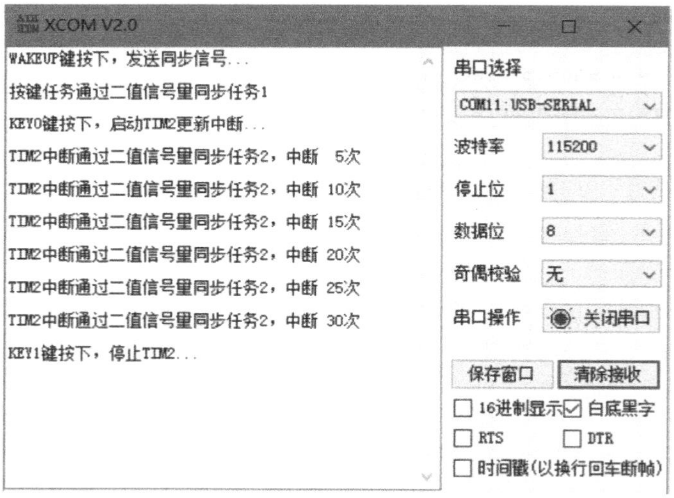

图 8-2　用二值信号量同步任务

8.2 计数信号量

细心的读者可能会发现，在用二值信号量同步任务与中断的例子中，串口输出的同步信息数量明显少于中断次数。这是由于 TIM2 更新中断时间短，在使用二值信号量同步任务与中断时，信号的传递还没有完成，新的中断又发生了，二值信号量显然无法保存多次中断的状态，采用计数信号量则可以解决这个问题。

计数信号量相当于长度大于 1 的队列，主要用于事件计数和资源管理。当计数信号量用于事件计数时，初值一般为 0，事件处理函数每释放一次信号量其值加一，其他任务获取信号量其值减一。当计数信号量用于资源管理时，信号量代表资源可用的数量，初值为可用资源的最大值。

8.2.1 创建计数信号量

xSemaphoreCreateCounting()是用于动态创建计数信号量的宏，其定义如下。

```
#define xSemaphoreCreateCounting( uxMaxCount, uxInitialCount )                  \
            xQueueCreateCountingSemaphore( ( uxMaxCount ), ( uxInitialCount ) )
```

该宏有两个参数 uxMaxCount 和 uxInitialCount，用于给创建的计数信号量指定最大计数值和初值，实际用于创建计数信号量的是 xQueueCreateCountingSemaphore()函数。创建成功会返回这个信号量的句柄，创建失败则返回 NULL。

还有一个用于静态创建计数信号量的宏 xSemaphoreCreateCountingStatic()，在使用该宏创建计数信号量时需要由用户分配所需内存。

8.2.2 计数信号量的释放和获取

计数信号量的释放和获取与二值信号量完全相同，使用相同的释放和获取函数，包括中断版本的释放和获取也一样。

8.2.3 用计数信号量进行任务同步

本示例改写自用二值信号量进行任务同步示例，将原示例中中断服务函数释放的二值信号量替换成计数信号量，观察任务与中断同步的情况。

1. 信号量及任务创建

本示例唯一的不同点是信号量的创建，其他代码均与原示例相同，信号量句柄名字可变可不变，相关代码如下。

```
/*******************************************************************************
* 函 数 名:appStartTask
* 功能说明:开始任务函数，用于创建其他任务并开启调度器
```

```
* 形    参:无
* 返 回 值:无
*************************************************************************/
void appStartTask(void)
{
    /*创建一个长度为 2, 队列项大小足够容纳待输出字符的队列*/
    xQueuePrint = xQueueCreate(2,sizeof(pcToPrint));
    /*创建两个二值信号量, 一个用于进行任务与任务之间的同步, 另一个用于进行任务与中断之间的同步*/
    binKeySemaphore = xSemaphoreCreateBinary();
    /*创建一个计数信号量, 初值为 0, 用于进行任务与中断之间的同步*/
    cntIRQSemaphore = xSemaphoreCreateCounting(255,0);

    if(xQueuePrint && binKeySemaphore && cntIRQSemaphore )
    {
        taskENTER_CRITICAL();                   /* 进入临界段, 关中断 */
        xTaskCreate(Led0Task,                   /* 任务函数 */
                    "Led0Task",                 /* 任务名 */
                    128,                        /* 任务堆栈大小, 单位为 word, 也就是 4B */
                    NULL,                       /* 任务参数 */
                    3,                          /* 任务优先级 */
                    &Led0TaskHandle );          /* 任务句柄 */
        xTaskCreate(Led1Task,                   /* 任务函数 */
                   "Led1Task",                  /* 任务名 */
                    128,                        /* 任务堆栈大小, 单位为 word, 也就是 4B */
                    NULL,                       /* 任务参数 */
                    3,                          /* 任务优先级 */
                    &Led1TaskHandle );          /* 任务句柄 */
        xTaskCreate(printTask,                  /* 任务函数 */
                    "printTask",                /* 任务名 */
                    128,                        /* 任务堆栈大小, 单位为 word, 也就是 4B */
                    NULL,                       /* 任务参数 */
                    3,                          /* 任务优先级 */
                    &printTaskHandle );         /* 任务句柄 */
        xTaskCreate(keyTask,                    /* 任务函数 */
                    "keyTask",                  /* 任务名 */
                    128,                        /* 任务堆栈大小, 单位为 word, 也就是 4B */
                    NULL,                       /* 任务参数 */
                    4,                          /* 任务优先级 */
                    &keyTaskHandle );           /* 任务句柄 */
        taskEXIT_CRITICAL();                    /* 退出临界段, 开中断 */
        vTaskStartScheduler();                  /* 开启调度器 */
```

```
    }
}
```

2．下载测试

编译无误后将程序下载到开发板上，按 WAKEUP 按键，屏幕输出任务 1 同步信息；按 KEY0 按键启动 TIM2，TIM2 的更新中断通过计数信号量同步任务 2，屏幕输出中断次数；按 KEY1 按键关闭 TIM2，停止中断计数并释放计数信号量，如图 8-3 所示。

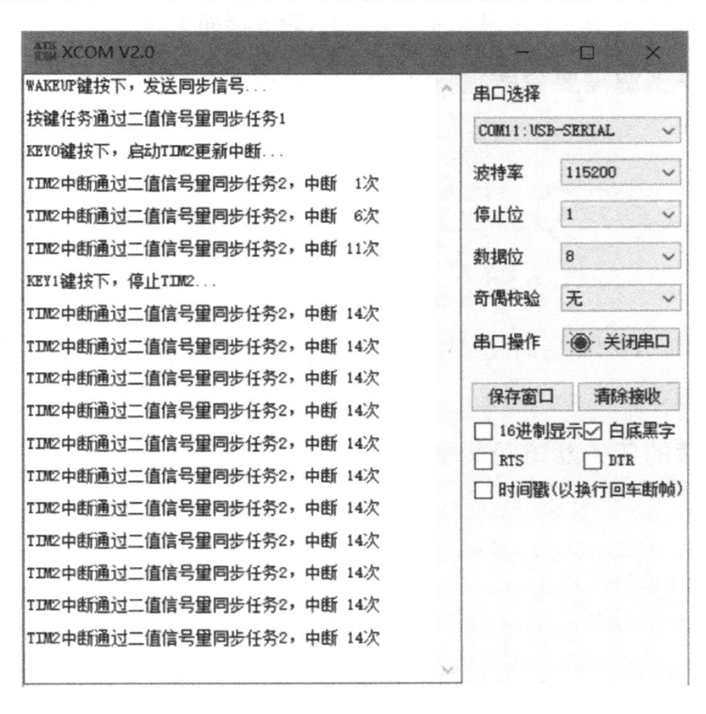

图 8-3　用计数信号量进行任务同步

由串口输出结果可以看出，中断同步任务 2 的操作滞后于计数信号量释放，但计数信号量较好地复原了中断发生的次数，以及中断同步任务 2 的次数。计数信号量在中断服务函数中被释放了多少次，在任务处理程序中就可以被获取多少次，这一点二值信号量是做不到的。

8.3　互斥信号量

互斥信号量是一种特殊的二值信号量，用于控制在两个或多个任务之间访问共享资源。互斥信号量提供一种优先级继承机制，让持有互斥信号量的任务优先级提升到等待这个互斥信号量的任务优先级。与二值信号量主要用于同步不同，互斥信号量主要用于互斥访问。除优先级继承机制以外，二者的区别主要在于信号量被获取后发生的事情。

用于互斥的信号量必须归还。

用于同步的信号量通常在完成同步之后便丢弃，不再归还。

互斥信号量在多任务资源共享上相当于与共享资源关联的令牌。一个任务想要合法地访问资源，必须先成功地得到（Take）该资源对应的令牌（成为令牌持有者）。令牌持有者在完成资源使用后，必须马上归还（Give）令牌。只有归还了令牌，其他任务才可能成功持有令牌，也才可能安全地访问该共享资源。一个任务除非持有令牌，否则不允许访问共享资源。一个典型的互斥信号量用于资源共享的过程如下。

1．访问共享资源需要令牌

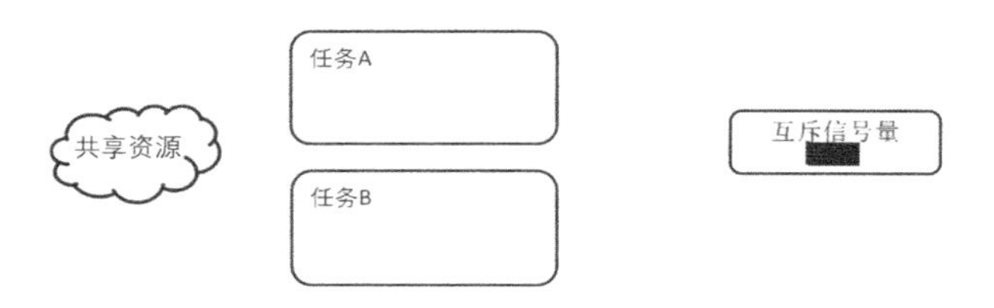

任务 A 和任务 B 都能访问共享资源，只有获得共享资源令牌——互斥信号量的任务才能访问共享资源。

2．获得令牌的任务能访问共享资源

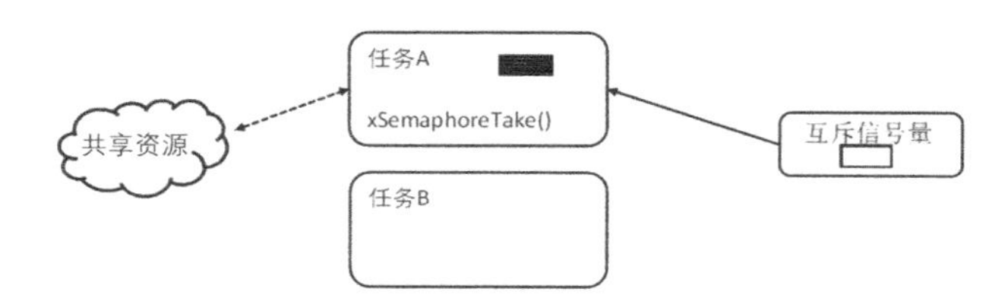

任务 A 试图通过 xSemaphoreTake()函数获取令牌，因为此时令牌没有被其他任务持有，所以任务 A 能获得这个令牌，从而开始访问共享资源。

3．令牌仅能被一个任务持有

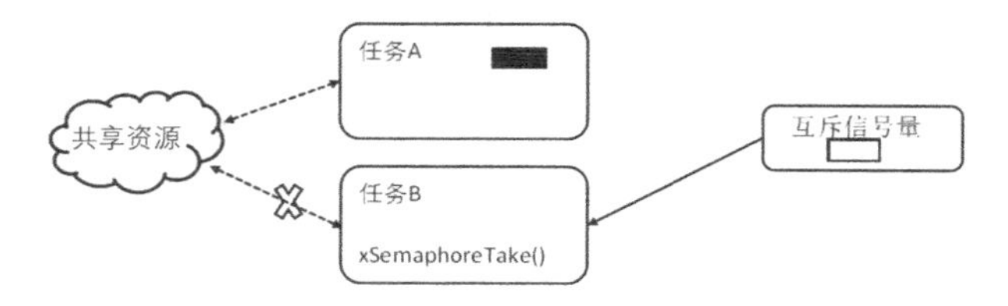

在任务 A 获得令牌访问共享资源的过程中，任务 B 试图通过 xSemaphoreTake()函数获取令牌，但因为这时令牌被任务 A 持有，所以任务 B 获取令牌失败，进入阻塞态。

4．令牌用完后必须归还

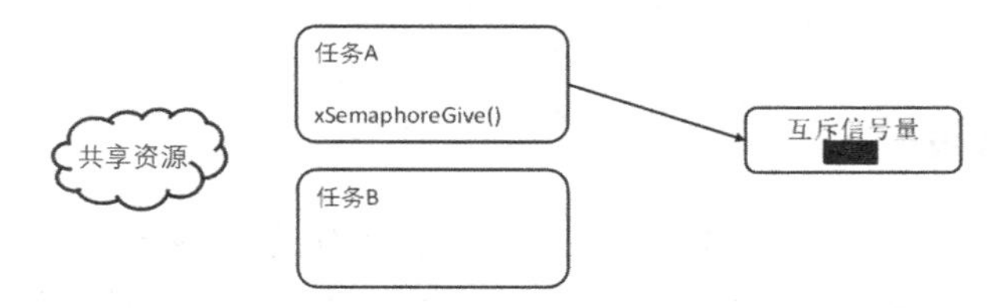

任务 A 持有令牌访问共享资源完成后，必须归还令牌，以便其他任务能获取令牌。

5．令牌归还后可被其他任务获取

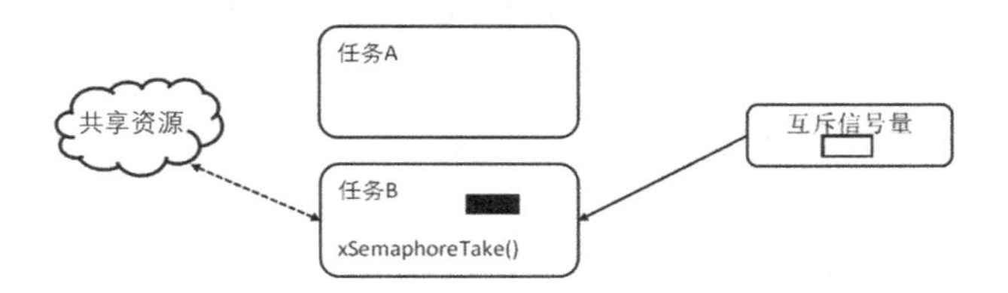

任务 A 归还令牌后，任务 B 通过 xSemaphoreTake()函数获取令牌成功，解除阻塞，经操作系统调度后对共享资源进行访问。

6．再次归还令牌

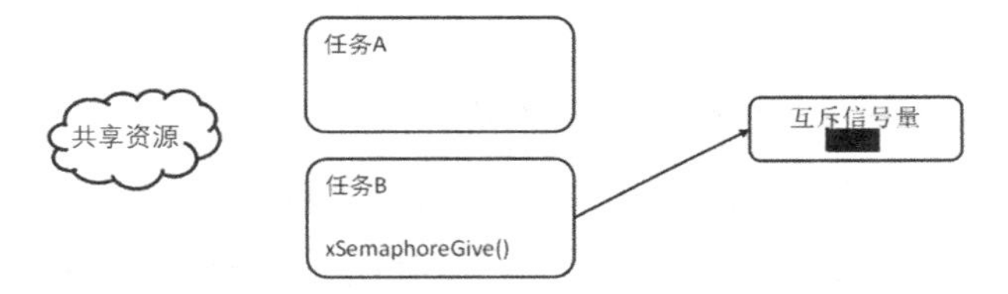

任务 B 持有令牌访问共享资源完成后，归还令牌，重新回到起始状态。

8.3.1　创建互斥信号量

宏 xSemaphoreCreateMutex()使用动态内存分配方法来创建互斥信号量，其定义如下。

```
#define xSemaphoreCreateMutex() xQueueCreateMutex( queueQUEUE_TYPE_MUTEX )
```

实际用于创建互斥信号量的是 xQueueCreateMutex()函数。若互斥信号量创建成功则返回这个信号量的句柄，若创建失败则返回 NULL。

还有一个用于静态创建互斥信号量的宏 xSemaphoreCreateMutexStatic()，在使用该宏创建互斥信号量时需要由用户分配所需内存。

8.3.2　互斥信号量的释放和获取

因为有优先级继承机制，互斥信号量不能用在中断服务函数中，因此中断版本的信号量释放与获取函数不能用于互斥信号量。在任务中使用互斥信号量，其释放和获取与二值信号量完全相同，使用相同的释放和获取函数。

8.3.3 优先级翻转

在抢占式内核上使用二值信号量，往往容易出现优先级翻转现象。所谓优先级翻转，是指在任务的事务处理顺序上，高优先级任务的事务处理反而滞后于低优先级任务的事务处理。

假设有 3 个不同优先级的任务，低优先级和高优先级的任务运行需要获取信号量 S，而中优先级的任务运行不需要获取信号量。优先级翻转任务执行过程如图 8-4 所示。

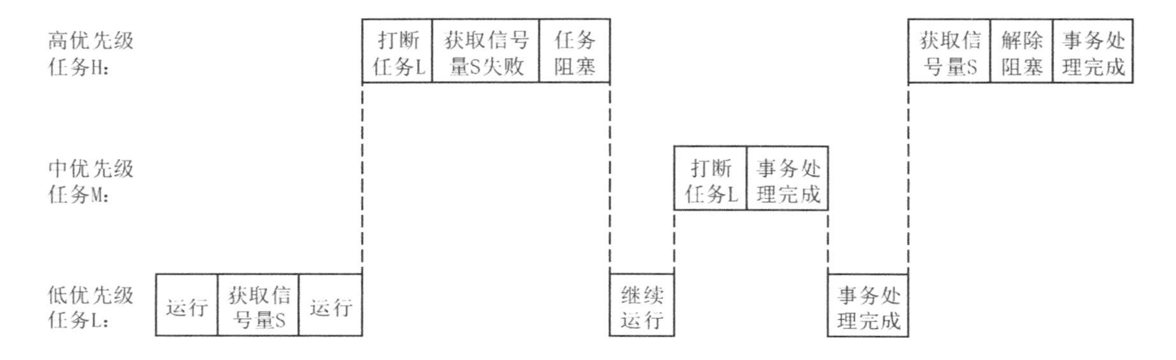

图 8-4 优先级翻转任务执行过程

在某个时间点，任务 H 和任务 M 由于等待某些事件而处于挂起态，任务 L 开始运行，任务 L 获取并持有信号量 S 并继续运行，此时任务 H 恢复运行，申请获取信号量 S，但信号量 S 被任务 L 持有，任务 H 获取信号量失败进入阻塞态，任务 L 得以继续运行。下一时刻，任务 M 等待的事件发生，恢复运行，由于任务 M 的优先级比任务 L 高，且任务 M 运行不需要获取信号量 S，故任务 M 可一直运行，直至事务处理完成。任务 M 事务处理完成后让出 CPU 使用权，使得任务 L 得以继续运行，直至任务 L 的事务处理完成，然后释放信号量 S。随后，任务 H 成功获取信号量 S，解除阻塞，直至事务处理完成。很明显，在这 3 个任务的运行过程中，高优先级任务 H 的事务处理被推迟到中优先级任务 M 及低优先级任务 L 之后，这就是优先级翻转。

8.3.4 优先级翻转示例

本示例通过 appStartTask()函数创建 4 个具有不同优先级的 FreeRTOS 任务，开启抢占式调度和时间片调度。

低优先级任务：优先级为 1，任务函数为 lowTask()，任务运行需要获取信号量，同时将运行信息送往串口。

中优先级任务：优先级为 2，任务函数为 midTask()，任务简单地将运行信息送往串口。

高优先级任务：优先级为 3，任务函数为 highTask()，任务运行需要获取与低优先级任务相同的信号量，同时将运行信息送往串口。

串口守护任务：优先级为 4，任务函数为 printTask()，其功能是将通过队列传送过来的字符信息从串口输出，任何时候只有该守护任务能访问串口。

1．任务函数

```
static char pcToPrint[80];                          /*待打印内容缓冲区*/
xQueueHandle xQueuePrint;                           /*消息队列句柄*/
SemaphoreHandle_t semphrSemaphore;                  /*信号量句柄*/
/*****************************************************************************
* 函 数 名:lowTask
* 功能说明:低优先级任务，任务运行需要获取信号量，并将运行信息送往串口
* 形    参:pvParameters 是在创建该任务时传递的参数
* 返 回 值:无
* 优 先 级:1
*****************************************************************************/
static void lowTask(void *pvParameters)
{
   uint32_t i;
   while(1)
   {
      xSemaphoreTake(semphrSemaphore,portMAX_DELAY);    /*获取信号量*/

      sprintf(pcToPrint,"低优先级任务运行\r\n");
      xQueueSendToBack(xQueuePrint,pcToPrint,0);

      for(i=0;i<0x3fffff;i++)                       /*模拟低优先级任务占用信号量处理事务*/
      {
         taskYIELD();                               /*进行任务调度*/
      }

      xSemaphoreGive(semphrSemaphore);              /*释放信号量*/
      vTaskDelay(pdMS_TO_TICKS(1000));              /*阻塞延时 1s*/
   }
}
/*****************************************************************************
* 函 数 名:midTask
* 功能说明:中优先级任务，简单地将运行信息送往串口
* 形    参:pvParameters 是在创建该任务时传递的参数
```

```
* 返 回 值:无
* 优 先 级:2
*************************************************************************/
static void midTask(void *pvParameters)
{
    while(1)
    {
        vTaskDelay(pdMS_TO_TICKS(100));                 /*让低优先级任务先运行*/

        sprintf(pcToPrint,"中优先级任务运行\r\n");
        xQueueSendToBack(xQueuePrint,pcToPrint,0);

        vTaskDelay(pdMS_TO_TICKS(1000));                /*阻塞延时 1s*/
    }
}
/*************************************************************************
* 函 数 名:highTask
* 功能说明:高优先级任务，任务运行需要获取信号量，并将运行信息送往串口
* 形    参:pvParameters 是在创建该任务时传递的参数
* 返 回 值:无
* 优 先 级:3
*************************************************************************/
static void highTask(void *pvParameters)
{
    while(1)
    {
        vTaskDelay(pdMS_TO_TICKS(50));                  /*让低优先级任务先持有信号量*/
        sprintf(pcToPrint,"高优先级任务请求信号量......\r\n");
        xQueueSendToBack(xQueuePrint,pcToPrint,0);

        xSemaphoreTake(semphrSemaphore,portMAX_DELAY);  /*获取信号量*/

        sprintf(pcToPrint,"高优先级任务运行\r\n");
        xQueueSendToBack(xQueuePrint,pcToPrint,0);

        xSemaphoreGive(semphrSemaphore);                /*释放信号量*/
        vTaskDelay(pdMS_TO_TICKS(1000));                /*阻塞延时 1s*/
    }
}
/*printTask()函数与之前示例中的相同，此处省略*/
```

2. 创建任务

先创建一个二值信号量，然后依次创建 4 个任务，再开启调度器。

```
static TaskHandle_t lowTaskHandle = NULL;       /* 低优先级任务句柄 */
static TaskHandle_t midTaskHandle = NULL;       /* 中优先级任务句柄 */
static TaskHandle_t highTaskHandle = NULL;      /* 高优先级任务句柄 */
static TaskHandle_t printTaskHandle = NULL;     /* 串口守护任务句柄 */
/**************************************************************************
* 函 数 名:appStartTask
* 功能说明:开始任务函数，用于创建其他任务并开启调度器
* 形    参:无
* 返 回 值:无
**************************************************************************/
void appStartTask(void)
{
   /*创建一个长度为 2，队列项大小足够容纳待输出字符的队列*/
   xQueuePrint = xQueueCreate(2,sizeof(pcToPrint));

   semphrSemaphore = xSemaphoreCreateBinary();  /*创建一个二值信号量*/

   if(xQueuePrint && semphrSemaphore)
   {
      xSemaphoreGive(semphrSemaphore);        /*释放信号量*/

      taskENTER_CRITICAL();                   /* 进入临界段，关中断 */
      xTaskCreate(lowTask,                    /* 任务函数 */
                  "lowTask",                  /* 任务名 */
                  128,                        /* 任务堆栈大小，单位为 word，也就是 4B */
                  NULL,                       /* 任务参数 */
                  1,                          /* 任务优先级 */
                  &lowTaskHandle );           /* 任务句柄 */
      xTaskCreate(midTask,                    /* 任务函数 */
                  "midTask",                  /* 任务名 */
                  128,                        /* 任务堆栈大小，单位为 word，也就是 4B */
                  NULL,                       /* 任务参数 */
                  2,                          /* 任务优先级 */
                  &midTaskHandle );           /* 任务句柄 */
      xTaskCreate(highTask,                   /* 任务函数 */
                  "highTask",                 /* 任务名 */
                  128,                        /* 任务堆栈大小，单位为 word，也就是 4B */
                  NULL,                       /* 任务参数 */
                  3,                          /* 任务优先级 */
```

```
                &highTaskHandle );          /* 任务句柄 */
    xTaskCreate(printTask,                  /* 任务函数 */
                "printTask",                /* 任务名 */
                128,                        /* 任务堆栈大小，单位为 word，也就是 4B */
                NULL,                       /* 任务参数 */
                4,                          /* 任务优先级 */
                &printTaskHandle );         /* 任务句柄 */
    taskEXIT_CRITICAL();                    /* 退出临界段，开中断 */
    vTaskStartScheduler();                  /* 开启调度器 */
  }
}
```

3. 下载测试

编译无误后将程序下载到开发板上，打开串口调试助手，运行结果如图 8-5 所示。

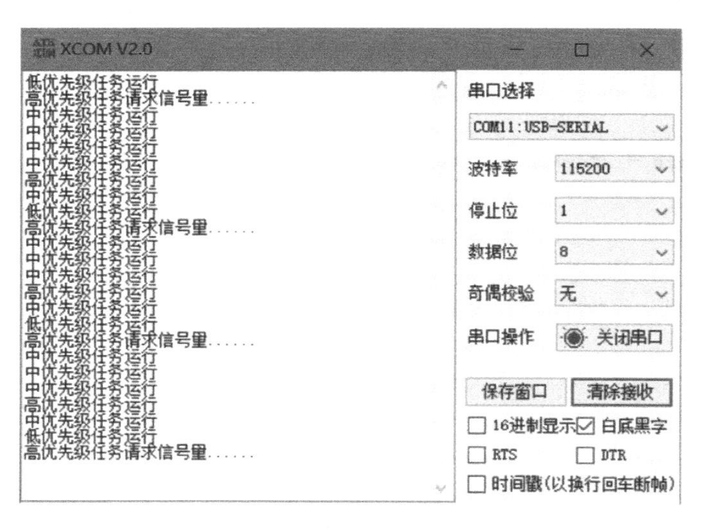

图 8-5　优先级翻转运行结果

由运行结果可以看出，低优先级任务持有信号量先运行，接着高优先级任务申请同一个信号量，因为信号量此时被低优先级任务持有，高优先级任务进入阻塞态。中优先级任务由于不需要使用信号量，所以打断了低优先级任务的运行，在低优先级任务持有信号量期间，一直都是中优先级任务在运行。待低优先级任务事务处理完成，释放信号量之后，高优先级任务才得以运行，从而造成了优先级翻转。

8.3.5 用互斥信号量抑制优先级翻转

互斥信号量有优先级继承机制，能够将持有互斥信号量任务的优先级提升到等待这个互斥信号量任务的优先级，从而抑制优先级翻转。

本示例仅将优先级翻转示例中的二值信号量换成互斥信号量，其他代码完全相同。创建互斥信号量是在 appStartTask()函数中完成的，该函数代码如下。

```
static TaskHandle_t lowTaskHandle = NULL;        /* 低优先级任务句柄 */
static TaskHandle_t midTaskHandle = NULL;        /* 中优先级任务句柄 */
static TaskHandle_t highTaskHandle = NULL;       /* 高优先级任务句柄 */
static TaskHandle_t printTaskHandle = NULL;      /* 串口守护任务句柄 */
/*****************************************************************************
* 函 数 名:appStartTask
* 功能说明:开始任务函数，用于创建其他任务并开启调度器
* 形    参:无
* 返 回 值:无
*****************************************************************************/
void appStartTask(void)
{
    /*创建一个长度为 2，队列项大小足够容纳待输出字符的队列*/
    xQueuePrint = xQueueCreate(2,sizeof(pcToPrint));

    semphrSemaphore = xSemaphoreCreateMutex();   /*创建一个互斥信号量*/

    if(xQueuePrint && semphrSemaphore)
    {
        xSemaphoreGive(semphrSemaphore);         /*释放信号量*/

        taskENTER_CRITICAL();                    /* 进入临界段，关中断 */
        xTaskCreate(lowTask,                     /* 任务函数 */
                    "lowTask",                   /* 任务名 */
                    128,                         /* 任务堆栈大小，单位为 word，也就是 4B */
                    NULL,                        /* 任务参数 */
                    1,                           /* 任务优先级 */
                    &lowTaskHandle );            /* 任务句柄 */
        xTaskCreate(midTask,                     /* 任务函数 */
                    "midTask",                   /* 任务名 */
                    128,                         /* 任务堆栈大小，单位为 word，也就是 4B */
                    NULL,                        /* 任务参数 */
                    2,                           /* 任务优先级 */
                    &midTaskHandle );            /* 任务句柄 */
        xTaskCreate(highTask,                    /* 任务函数 */
                    "highTask",                  /* 任务名 */
                    128,                         /* 任务堆栈大小，单位为 word，也就是 4B */
                    NULL,                        /* 任务参数 */
                    3,                           /* 任务优先级 */
                    &highTaskHandle );           /* 任务句柄 */
        xTaskCreate(printTask,                   /* 任务函数 */
```

```
                "printTask",                    /* 任务名 */
                128,                            /* 任务堆栈大小，单位为 word，也就是 4B */
                NULL,                           /* 任务参数 */
                4,                              /* 任务优先级 */
                &printTaskHandle );             /* 任务句柄 */
    taskEXIT_CRITICAL();                        /* 退出临界段，开中断 */
    vTaskStartScheduler();                      /* 开启调度器 */
  }
}
```

重新编译程序并将其下载到开发板上，打开串口调试助手，运行结果如图 8-6 所示。

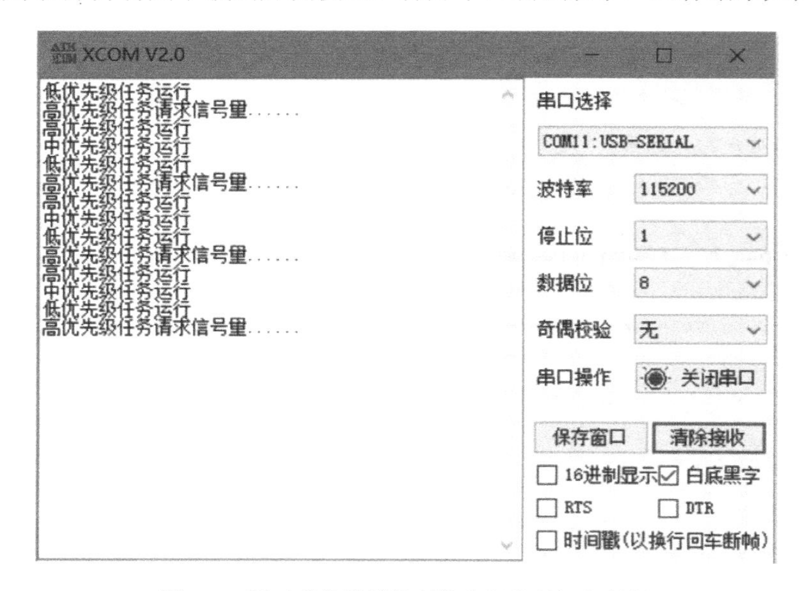

图 8-6　用互斥信号量抑制优先级翻转运行结果

由运行结果可以看出，使用互斥信号量可以明显地抑制优先级翻转现象。即便如此，也不能完全依赖互斥信号量来解决优先级翻转问题，解决该问题最好的办法是在程序设计阶段仔细考虑，从任务划分、优先级配置、信号量使用、资源共享等多方面加以考虑。

8.4　递归互斥信号量

在使用互斥信号量时，已经获取了这个互斥信号量的任务不能再次获取这个互斥信号量。递归互斥信号量是一种特殊的互斥信号量，已经获取了递归互斥信号量的任务可以重复获取这个递归互斥信号量，而且没有次数的限制。

同互斥信号量一样，递归互斥信号量也有优先级继承机制，同样不能用在中断服务函数中。其他事项，如创建、释放和获取的操作与互斥信号量完全相同，只是 API 函数的名字不一样而已。递归互斥信号量操作函数如表 8-1 所示。

表 8-1 递归互斥信号量操作函数

函数	功能
xSemaphoreCreateRecursiveMutex()	用动态方法创建递归互斥信号量
xSemaphoreCreateRecursiveMutexStatic()	用静态方法创建递归互斥信号量
xSemaphoreGiveRecursive()	释放递归互斥信号量
xSemaphoreTakeRecursive()	获取递归互斥信号量

在使用递归互斥信号量时，获取和释放的次数要一致，在任务中获取了多少次递归互斥信号量，就要释放多少次。

8.5 总结

信号量是操作系统用来实现资源管理和任务同步的消息机制。FreeRTOS 信号量分为二值信号量、计数信号量、互斥信号量和递归互斥信号量。二值信号量一般用于事件或任务的同步，计数信号量一般用于事件计数和资源管理，而互斥信号量具有优先级继承机制，多用于任务之间共享资源的互斥访问。

思考与练习

1．FreeRTOS 信号量分为哪几类？各有什么用途？

2．互斥信号量和二值信号量有哪些共同点？又有哪些区别？

3．计数信号量可用于哪些场合？计数信号量值在不同场合各有什么意义？

4．什么是优先级翻转？如何抑制？

5．改写本章示例程序，用二值信号量进行任务同步，要求使用外部中断方式检测 KEY1 按键，并实现该中断与 LED1 闪烁任务的同步，WAKEUP 按键处理方式与功能不变。

第9章 FreeRTOS 事件标志组

信号量可以用来同步任务，但使用信号量只能同步单个任务或事件，有时候某个任务可能需要与多个任务或事件同步，信号量显然不能满足这一要求。FreeRTOS 提供了事件标志组，用于实现多个任务的同步。

9.1 事件标志组

用一个二进制位来表示一个事件，这个二进制位为 1 表明发生了对应事件，为 0 表明没有发生事件，这样多个二进制位组合在一起就可以用来表示事件标志组。

在 FreeRTOS 中，事件标志组中的所有事件标志位使用一个 EventBits_t 数据类型来存储。这个数据类型与处理器的字长有关，在 STM32 微控制器中，这个数据类型为 32 位，但 FreeRTOS 事件标志组只使用低 24 位用来存储事件标志位，故事件标志组最多只能存储 24 个事件。

9.1.1 创建事件标志组

xEventGroupCreate()函数用于创建事件标志组。该函数的原型如下。

```
EventGroupHandle_t xEventGroupCreate( void )
```

该函数没有形参，创建成功则返回事件标志组句柄，创建失败则返回 NULL，创建失败往往是由不能动态申请到内存引起的。

还有一个用于静态创建事件标志组的函数 xEventGroupCreateStatic()，在用该函数创建事件标志组时需要由用户分配所需内存。

9.1.2 设置事件标志位

设置事件标志位涉及两种操作：置 1 和清 0。

1. xEventGroupClearBits()

xEventGroupClearBits()为事件标志位清 0 函数。该函数的原型如下。

```
EventBits_t xEventGroupClearBits( EventGroupHandle_t xEventGroup,
                                  const EventBits_t uxBitsToClear );
```

参数说明如下。

xEventGroup：	事件标志组句柄，指明要操作哪个事件标志组。
uxBitsToClear：	要清 0 的事件标志位，可以多位同时清 0。

返回值：指定事件标志位清 0 之前的事件标志组值。

2. xEventGroupClearBitsFromISR()

xEventGroupClearBitsFromISR()是中断服务函数中用于事件标志位清 0 的函数。该函数的原型如下。

```
BaseType_t xEventGroupClearBitsFromISR( EventGroupHandle_t xEventGroup,
                                        const EventBits_t uxBitsToClear );
```

参数说明如下。

xEventGroup：	事件标志组句柄，指明要操作哪个事件标志组。
uxBitsToClear：	要清 0 的事件标志位，可以多位同时清 0。

返回值：pdPASS，指定事件标志位清 0 成功；pdFALSE，指定事件标志位清 0 失败。

3. xEventGroupSetBits()

xEventGroupSetBits()是事件标志位置 1 函数。该函数的原型如下。

```
EventBits_t xEventGroupSetBits( EventGroupHandle_t xEventGroup,
                                const EventBits_t uxBitsToSet );
```

参数说明如下。

xEventGroup：	事件标志组句柄，指明要操作哪个事件标志组。
uxBitsToSet：	要置 1 的事件标志位，可以多位同时置 1。

返回值：指定事件标志位置 1 后的事件标志组值。

4. xEventGroupSetBitsFromISR()

xEventGroupSetBitsFromISR()是中断服务函数中用于事件标志位置 1 的函数。该函数的原型如下。

```
BaseType_t xEventGroupSetBitsFromISR( EventGroupHandle_t xEventGroup,
                                      const EventBits_t uxBitsToSet,
                                       BaseType_t *pxHigherPriorityTaskWoken );
```

参数说明如下。

xEventGroup:	事件标志组句柄，指明要操作哪个事件标志组。
uxBitsToSet:	要置 1 的事件标志位，可以多位同时置 1。
pxHigherPriorityTaskWoken:	指向一个用于保存调用函数后是否进行任务切换的变量，若执行函数后值为 pdTRUE，则要在退出中断服务函数后执行一次任务切换。

返回值：pdPASS，指定事件标志位置 1 成功；pdFALSE，指定事件标志位置 1 失败。

注意：若使用中断版本的事件标志位置 1 或清 0 函数，则需要将宏 configUSE_TRACE_FACILITY、INCLUDE_xTimerPendFunctionCall 和 configUSE_TIMERS 都设置为 1，这样相应函数才会被编译。

9.1.3 获取事件标志组值

1. xEventGroupGetBits()

xEventGroupGetBits()是获取事件标志组当前值函数。该函数的原型如下。

```
#define xEventGroupGetBits( xEventGroup ) xEventGroupClearBits( xEventGroup, 0 );
```

参数说明如下。

xEventGroup:	事件标志组句柄，指明要操作哪个事件标志组。

返回值：事件标志组当前值。

实际实现功能的是事件标志组指定位清 0 函数 xEventGroupClearBits()，利用这个函数返回清 0 指定事件标志位之前的事件标志组值来完成获取，传入参数 0 表示没有哪个事件标志位被清 0。

2. xEventGroupGetBits FromISR()

xEventGroupGetBits FromISR()是中断服务函数中用于获取事件标志组当前值的函数。该函数的原型如下。

```
EventBits_t xEventGroupGetBitsFromISR( EventGroupHandle_t xEventGroup );
```

参数说明如下。

xEventGroup:	事件标志组句柄，指明要操作哪个事件标志组。

返回值：pdPASS，指定事件标志位置 1 成功；pdFALSE，指定事件标志位置 1 失败。

9.1.4 等待指定的事件标志位

某个任务可能需要与多个事件进行同步，可使用 xEventGroupWaitBits()函数来判断多个事件标志位。该函数的原型如下。

```
EventBits_t xEventGroupWaitBits( EventGroupHandle_t xEventGroup,
                                 const EventBits_t uxBitsToWaitFor,
                                 const BaseType_t xClearOnExit,
                                 const BaseType_t xWaitForAllBits,
                                 TickType_t xTicksToWait );
```

参数说明如下。

xEventGroup:	事件标志组句柄，指明要操作哪个事件标志组。
uxBitsToWaitFor:	指定要等待的事件标志位，可以多位同时操作。
xClearOnExit:	退出函数前，对指定要等待的事件标志位进行何种操作，传入 pdTRUE 清 0，传入 pdFALSE 保持不变。
xWaitForAllBits:	指定函数返回时机，传入 pdTRUE 表示指定要等待的所有事件标志位都为 1 或阻塞超时才返回，传入 pdFALSE 表示指定要等待的事件标志位有一个为 1 或阻塞超时就返回。
xTicksToWait:	设置阻塞超时时间，单位为系统时钟节拍。

返回值：返回要等待的事件标志位置 1 之后的事件标志组值，若因阻塞超时返回，则返回值将没有任何意义。

9.2 用事件标志组进行任务同步

本示例通过操作事件标志组，实现任务与多个事件之间的同步，通过 appStartTask()函数创建 4 个 FreeRTOS 任务。

任务 1 的任务函数为 Led0Task()，优先级为 3，其功能是使 LED0 闪烁，指示程序正在运行。

任务 2 的任务函数为 Led1Task()，优先级为 3，其功能是检测事件标志位，bit2、bit1、和 bit0 同时置 1 时点亮 LED1，并输出信息到串口。

任务 3 是串口守护任务，优先级为 3，任务函数为 printTask()，其功能是将通过队列传送过来的字符信息在串口上输出，任何时候只有该守护任务能访问串口。

任务 4 是按键扫描任务，优先级为 4，任务函数为 keyTask()，其功能是按键扫描，并根据返回的键值执行事件标志位置 1、启动定时器等操作，模拟事件发生。本示例中用到 3 个按键，KEY0 按键用于将事件标志组 bit0 置 1，KEY1 按键用于将事件标志组 bit1 置 1，KEY2 按键用于启动 TIM2，使用 TIM2 的更新中断将事件标志组 bit2 置 1 后停止 TIM2。

9.2.1 配置 FreeRTOS

1. 包含头文件

使用事件标志组，须包含 event_groups.h 头文件，本示例将头文件包含在 appTask.h 头文件中。

```
/*用来管理 FreeRTOS 任务的头文件*/
#ifndef _APPTASK_H_
#define _APPTASK_H_
#include "freertos.h"                           /*FreeRTOS 头文件*/
#include "task.h"                               /*FreeRTOS 任务实现头文件*/
#include "queue.h"                              /*FreeRTOS 队列实现头文件*/
#include "semphr.h"                             /*FreeRTOS 信号量实现头文件*/
#include "event_groups.h"                       /*FreeRTOS 事件标志组实现头文件*/
static void Led0Task(void *pvParameters);      /*LED0 闪烁任务*/
static void Led1Task(void *pvParameters);      /*LED1 闪烁任务*/
static void printTask(void *pvParameters);     /*串口守护任务*/
static void keyTask(void *pvParameters);       /*按键扫描任务*/
void appStartTask(void);                        /*用于创建队列事件标志组及其他任务的函数*/
#endif
```

2. 配置宏

在中断服务函数中使用 xEventGroupSetBitsFromISR()函数操作事件标志位，需要将下面 3 个宏配置为 1。

```
#define configUSE_TRACE_FACILITY              1
#define configUSE_TIMERS                      1
#define INCLUDE_xTimerPendFunctionCall        1
```

9.2.2 配置定时器

本示例用定时器 TIM2 的更新中断来模拟中断事件。在 RTE 环境中启动 STM32CubeMX，设置 TIM2 的预分频及重装载值，使其溢出周期为 100ms，中断优先级为 6。生成初始化代码后在 main.c 的定时器更新中断回调函数中添加代码，置位事件标志组 bit2。

```
void HAL_TIM_PeriodElapsedCallback(TIM_HandleTypeDef *htim)
{
  /* USER CODE BEGIN Callback 0 */
  /* USER CODE END Callback 0 */
  if (htim->Instance == TIM6) {
    HAL_IncTick();
  }
```

```
  /* USER CODE BEGIN Callback 1 */

  extern EventGroupHandle_t evnGroupHandler;            /*事件标志组句柄*/
  BaseType_t xHighPriorityTaskWoken = pdFALSE;          /*退出中断后是否进行任务切换*/
  if(htim->Instance == TIM2)
  {
      /*中断发生后，事件标志组bit2置1*/
      xEventGroupSetBitsFromISR(evnGroupHandler,0x04,&xHighPriorityTaskWoken);
      /*如果有更高优先级的任务，则退出中断后执行任务切换*/
      portYIELD_FROM_ISR(xHighPriorityTaskWoken);
      HAL_TIM_Base_Stop(&htim2);
  }
  /* USER CODE END Callback 1 */
}
```

9.2.3 任务函数

```
static char pcToPrint[80];                      /*待打印内容缓冲区*/
xQueueHandle xQueuePrint;                       /*消息队列句柄*/
EventGroupHandle_t evnGroupHandler;             /*事件标志组句柄*/
/***************************************************************************
* 函 数 名:Led0Task
* 功能说明:LED0闪烁，指示程序正在运行
* 形    参:pvParameters是在创建该任务时传递的参数
* 返 回 值:无
* 优 先 级:3
***************************************************************************/
static void Led0Task(void *pvParameters)
{
   while(1)
   {
      HAL_GPIO_TogglePin(GPIOB,LED0_Pin);       /*LED0闪烁*/
      vTaskDelay(pdMS_TO_TICKS(500));           /*每秒闪烁1次*/
   }
}
/***************************************************************************
* 函 数 名:Led1Task
* 功能说明:检测事件标志位，bit2、bit1和bit0同时置位时点亮LED1，并输出信息到串口
* 形    参:pvParameters是在创建该任务时传递的参数
* 返 回 值:无
* 优 先 级:3
***************************************************************************/
static void Led1Task(void *pvParameters)
```

```
{
    while(1)
    {
        HAL_GPIO_WritePin(GPIOB,LED1_Pin,GPIO_PIN_SET);              /*熄灭 LED1*/

        /*检测事件标志组 bit2、bit1 和 bit0，均置位时点亮 LED1 并发送相应信息到串口，3 个事件标志位
        同时置位函数才返回，不满足则无限期阻塞任务，退出函数时清除 3 个事件标志位*/
        xEventGroupWaitBits(evnGroupHandler,0x07,pdTRUE,pdTRUE,portMAX_DELAY);

        sprintf(pcToPrint,"按键 0 事件、按键 1 事件、TIM2 中断事件均发生\r\n\r\n");
        xQueueSendToBack(xQueuePrint,pcToPrint,0);

        HAL_GPIO_WritePin(GPIOB,LED1_Pin,GPIO_PIN_RESET);            /*LED1 点亮*/
        vTaskDelay(pdMS_TO_TICKS(1000));                             /*点亮 1s*/
    }
}
/*printTask()函数与之前示例中的相同，此处省略*/
/*************************************************************************
* 函 数 名:keyTask
* 功能说明:按键扫描任务，根据键值执行相应操作
* 形    参:pvParameters 是在创建该任务时传递的参数
* 返 回 值:无
* 优 先 级:4
*************************************************************************/
static void keyTask(void *pvParameters)
{
    uint8_t keyValue;                                    /*键值*/
    extern TIM_HandleTypeDef htim2;
    while(1)
    {
        keyValue = KeyScan();                            /*获取键值*/
        if(keyValue == KEY0_PRES)
        {
            sprintf(pcToPrint,"KEY0 按键按下，置位 bit0...\r\n");
            xQueueSendToBack(xQueuePrint,pcToPrint,0);

            /*设置事件标志组 bit01*/
            xEventGroupSetBits(evnGroupHandler,0x01);
        }
        else if(keyValue == KEY1_PRES)
        {
            sprintf(pcToPrint,"KEY1 按键按下，置位 bit1...\r\n");
```

```
            xQueueSendToBack(xQueuePrint,pcToPrint,0);

            /*设置事件标志组 bit1 为 1*/
            xEventGroupSetBits(evnGroupHandler,0x02);
        }
        else if(keyValue == KEY2_PRES)
        {
            /*KEY2 按键，启动 TIM2 定时器 1 次，在定时器 TIM2 中断里，设置事件标志组 bit2 为 1*/
            HAL_TIM_Base_Start_IT(&htim2);
            sprintf(pcToPrint,"KEY2 按键按下，启动 TIM2...\r\n");
            xQueueSendToBack(xQueuePrint,pcToPrint,0);
        }
        vTaskDelay(pdMS_TO_TICKS(100));
    }
}
```

9.2.4 创建任务

创建事件标志组，创建任务并开启调度器。

```
static TaskHandle_t Led0TaskHandle = NULL;        /* LED0 任务句柄 */
static TaskHandle_t Led1TaskHandle = NULL;        /* LED1 任务句柄 */
static TaskHandle_t printTaskHandle = NULL;       /* 串口守护任务句柄 */
static TaskHandle_t keyTaskHandle = NULL;         /* 按键扫描任务句柄 */
/***************************************************************************
* 函 数 名:appStartTask
* 功能说明:开始任务函数，用于创建其他任务并开启调度器
* 形    参:无
* 返 回 值:无
***************************************************************************/
void appStartTask(void)
{
    /*创建一个长度为 2，队列项大小足够容纳待输出字符的队列*/
    xQueuePrint = xQueueCreate(2,sizeof(pcToPrint));

    /*创建一个事件标志组，用于实现任务与多个事件之间的同步*/
    evnGroupHandler = xEventGroupCreate();

    if(xQueuePrint && evnGroupHandler )
    {
```

```
    taskENTER_CRITICAL();                    /* 进入临界段，关中断 */
    xTaskCreate(Led0Task,                    /* 任务函数 */
                "Led0Task",                  /* 任务名 */
                128,                         /* 任务堆栈大小，单位为 word，也就是 4B */
                NULL,                        /* 任务参数 */
                3,                           /* 任务优先级 */
                &Led0TaskHandle );           /* 任务句柄 */
    xTaskCreate(Led1Task,                    /* 任务函数 */
                "Led1Task",                  /* 任务名 */
                128,                         /* 任务堆栈大小，单位为 word，也就是 4B */
                NULL,                        /* 任务参数 */
                3,                           /* 任务优先级 */
                &Led1TaskHandle );           /* 任务句柄 */
    xTaskCreate(printTask,                   /* 任务函数 */
                "printTask",                 /* 任务名 */
                128,                         /* 任务堆栈大小，单位为 word，也就是 4B */
                NULL,                        /* 任务参数 */
                3,                           /* 任务优先级 */
                &printTaskHandle );          /* 任务句柄 */
    xTaskCreate(keyTask,                     /* 任务函数 */
                "keyTask",                   /* 任务名 */
                128,                         /* 任务堆栈大小，单位为 word，也就是 4B */
                NULL,                        /* 任务参数 */
                4,                           /* 任务优先级 */
                &keyTaskHandle );            /* 任务句柄 */
    taskEXIT_CRITICAL();                     /* 退出临界段，开中断 */
    vTaskStartScheduler();                   /* 开启调度器 */
  }
}
```

9.2.5 下载测试

编译无误后将程序下载到开发板上，可以看到用于指示程序运行的 LED0 闪烁。打开串口调试助手，分别按下 KEY0、KEY1 和 KEY2 按键，模拟 3 个事件发生，串口给出提示信息，在 3 个事件均发生后，任务 2 检测到 3 个事件标志位，任务解除阻塞，给出相应提示信息，运行结果如图 9-1 所示。

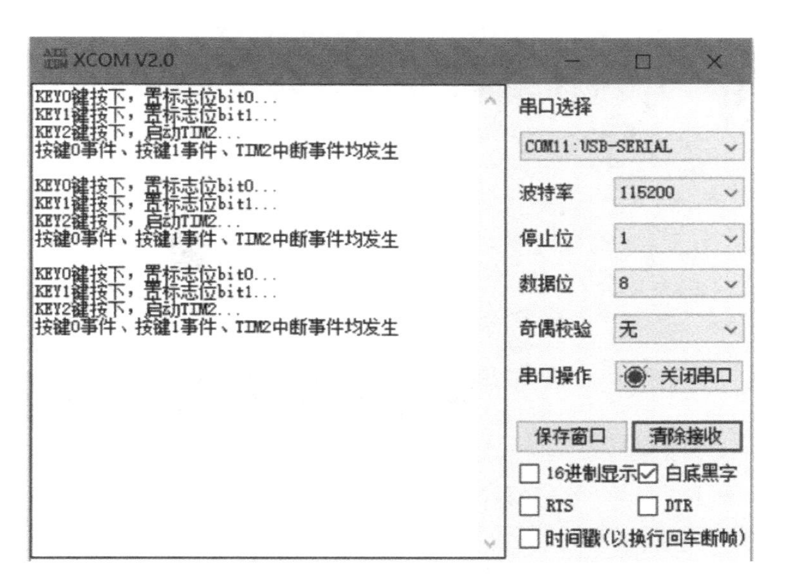

图 9-1　用事件标志组同步任务的运行结果

9.3　总结

事件标志组可以用来同步多个事件或任务，事件标志组要先创建后使用。在不同任务中均可操作事件标志组，可以设置和获取指定位的事件标志。事件标志位置 1 表示对应的事件发生，xEventGroupWaitBits()函数可在等待多个事件的同时阻塞当前任务。

思考与练习

1．什么是事件标志组？它有什么作用？

2．在 STM32 微控制器中，FreeRTOS 事件标志组最多能存储多少个事件？

3．使用事件标志组，FreeRTOS 要进行怎样的配置？

4．改写本章示例程序，要求使用事件标志组 bit2、bit1 和 bit0，当 bit1 和 bit0 置位时，点亮 LED0 约 1s，当 bit2 和 bit0 置位时，点亮 LED1 约 1s，bit0 要求在 TIM2 的更新中断中进行置位。

第10章 FreeRTOS任务通知

任务通知是一个事件，FreeRTOS从v8.2.0版本开始增加了任务通知功能。每个TCB中有一个32位的成员变量ulNotifiedValue，专门用于任务通知。任务通知可以在某些场合用来代替信号量、事件标志组等，并且拥有更高的执行效率。

接收任务通知的任务可因等待任务通知而进入阻塞态，在其他任务向这个任务发送任务通知后解除阻塞。根据FreeRTOS官方数据，使用任务通知相较于使用信号量和事件标志组，唤醒被阻塞任务时间的速度提升了45%，并且使用的RAM空间更少。但使用任务通知也有如下局限性。

（1）只能有一个接收任务通知的任务。

（2）只有接收任务通知的任务能进入阻塞态，发送任务不会因任务通知发送失败而阻塞。

10.1 发送和获取任务通知

FreeRTOS提供了6个API用于发送任务通知，分别是xTaskNotify()、xTaskNotifyGive()、xTaskNotifyAndQuery()及它们的中断版本。用于获取任务通知的API有两个，即ulTaskNotifyTake()和xTaskNotifyWait()。用于获取任务通知的API函数不能用于中断服务函数，没有对应的中断版本。

10.1.1 发送任务通知

1．xTaskNotify()

xTaskNotify()用于将指定的任务通知值发送给指定任务，并可指定任务通知更新方法，真正实现功能的是xTaskGenericNotify()函数。该宏的定义如下。

```
#define xTaskNotify( xTaskToNotify, ulValue, eAction )                    \
                  xTaskGenericNotify( ( xTaskToNotify ),                  \
                                      ( ulValue ),                        \
                                      ( eAction ),                        \
                                      NULL )
```

参数说明如下。

xTaskToNotify:	任务句柄，指定接收任务通知的任务。
ulValue:	任务通知值。
eAction:	任务通知更新方法，是一个枚举类型，取值如下。
	eNoAction　　无动作
	eSetBits　　更新指定位
	eIncrement　　通知值加一
	eSetValueWithOverwrite　　覆写方式更新通知值
	eSetValueWithoutOverwrite　　非覆写方式更新通知值

返回值：当 eAction 设为 eSetValueWithoutOverwrite 且任务通知没有更新成功时返回 pdFAIL；当 eAction 设为其他选项时返回 pdPASS。

2．xTaskNotifyGive()

xTaskNotifyGive()用于将任务通知值简单加一后发送给指定任务，真正实现功能的是 xTaskGenericNotify()函数。该宏的定义如下。

```
#define xTaskNotifyGive( xTaskToNotify )                     \
        xTaskGenericNotify( ( xTaskToNotify ),               \
                            ( 0 ),                           \
                            eIncrement,                      \
                            NULL )
```

参数说明如下。

xTaskToNotify:	任务句柄，指定接收任务通知的任务。

返回值：pdPASS。

3．xTaskNotifyAndQuery()

xTaskNotifyAndQuery()用于将指定的任务通知值发送给指定任务，并且保存接收任务的任务通知原值，真正实现功能的是 xTaskGenericNotify()函数。该宏的定义如下。

```
#define xTaskNotifyAndQuery( xTaskToNotify, ulValue, eAction, pulPreviousNotifyValue ) \
                          xTaskGenericNotify( ( xTaskToNotify ),                       \
                                              ( ulValue ),                             \
                                              ( eAction ),                             \
```

```
                                                    ( pulPreviousNotifyValue ) )
```

参数说明如下。

xTaskToNotify：	任务句柄，指定接收通知的任务。
ulValue：	任务通知值。
eAction：	任务通知更新方法，是一个枚举类型。
pulPreviousNotifyValue：	用来保存更新前的任务通知值。

返回值：当 eAction 设为 eSetValueWithoutOverwrite 且任务通知没有更新成功时返回 pdFAIL；当 eAction 设为其他选项时返回 pdPASS。

除上面 3 个发送任务通知函数之外，还有 3 个对应的发送任务通知函数中断版本，它们都以 FromISR 结尾，用在中断服务函数中，主要增加了退出中断后是否要进行任务切换这个功能。

10.1.2 获取任务通知

1．ulTaskNotifyTake()

ulTaskNotifyTake()为简单获取任务通知函数，可以指定函数退出时的行为，以及调用此函数任务的阻塞时间。该函数的原型如下。

```
uint32_t ulTaskNotifyTake( BaseType_t xClearCountOnExit, TickType_t xTicksToWait );
```

参数说明如下。

xClearCountOnExit：	函数退出时对任务通知值的操作，传入 pdTRUE 参数退出函数时任务通知值清 0，传入 pdFALSE 参数退出函数时任务通知值减 1。
xTicksToWait：	获取通知任务的阻塞时间。

返回值：任务通知值。

2．xTaskNotifyWait()

xTaskNotifyWait()为获取任务通知函数，可以指定函数退出时的行为、调用此函数任务的阻塞时间，并且保存接收任务的任务通知原值。该函数的原型如下。

```
BaseType_t xTaskNotifyWait( uint32_t ulBitsToClearOnEntry,
                            uint32_t ulBitsToClearOnExit,
                            uint32_t *pulNotificationValue,
                            TickType_t xTicksToWait )
```

参数说明如下。

ulBitsToClearOnEntry：	没收到任务通知，将此参数取反值与任务通知值进行按位与。
ulBitsToClearOnExit：	收到任务通知，退出函数前将此参数取反值与任务通知值进行按位与。
pulNotificationValue：	指向用于保存任务通知值的变量。
xTicksToWait：	获取通知任务的阻塞时间。

返回值：pdTRUE，获取任务通知成功；pdFALSE，获取任务通知失败。

10.2　任务通知使用

10.2.1　用任务通知模拟二值信号量

本示例改写自用二值信号量进行任务同步示例，用任务通知替代二值信号量，其余代码与原示例基本相同。

1．任务函数

不用定义二值信号量句柄，省略了代码没有变化的 printTask()函数。

```
static char pcToPrint[80];                          /*待打印内容缓冲区*/
xQueueHandle xQueuePrint;                           /*消息队列句柄*/
volatile uint8_t uIRQCounter;                       /*用于统计中断次数*/
/****************************************************************************
* 函 数 名:Led0Task
* 功能说明:LED0 闪烁，通过任务通知实现任务之间的同步，输出信息到串口
* 形    参:pvParameters 是在创建该任务时传递的参数
* 返 回 值:无
* 优 先 级:3
****************************************************************************/
static void Led0Task(void *pvParameters)
{
    uint32_t ulNotifyValue;                         /*保存任务通知值*/
    while(1)
    {
        HAL_GPIO_TogglePin(GPIOB,LED0_Pin);         /*LED0 闪烁*/
        vTaskDelay(pdMS_TO_TICKS(500));             /*每秒闪烁 1 次*/

        /*获取通过按键发送的任务通知，调用函数后任务通知值清 0*/
        ulNotifyValue = ulTaskNotifyTake(pdTRUE,10);
        if(ulNotifyValue)
        {
```

```
            sprintf(pcToPrint,"按键任务通过任务通知同步任务 1\r\n\r\n");
            xQueueSendToBack(xQueuePrint,pcToPrint,0);
        }
    }
}
/*************************************************************************
* 函 数 名:Led1Task
* 功能说明:LED1 闪烁, 通过任务通知实现任务与中断之间的同步, 输出信息到串口
* 形    参:pvParameters 是在创建该任务时传递的参数
* 返 回 值:无
* 优 先 级:3
*************************************************************************/
static void Led1Task(void *pvParameters)
{
    uint32_t ulNotifyValue;                             /*保存任务通知值*/
    while(1)
    {
        HAL_GPIO_TogglePin(GPIOB,LED1_Pin);             /*LED1 闪烁*/
        vTaskDelay(pdMS_TO_TICKS(500));                 /*每秒闪烁 1 次*/

        /*获取通过中断发送的任务通知, 调用函数后任务通知值清 0*/
        ulNotifyValue = ulTaskNotifyTake(pdTRUE,10);
        if(ulNotifyValue)
        {
            sprintf(pcToPrint,"TIM2 中断通过任务通知同步任务 2, 中断%3d 次
\r\n\r\n",uIRQCounter);
            xQueueSendToBack(xQueuePrint,pcToPrint,0);
        }
    }
}
/*************************************************************************
* 函 数 名:keyTask
* 功能说明:按键扫描任务, 根据键值执行相应操作
* 形    参:pvParameters 是在创建该任务时传递的参数
* 返 回 值:无
* 优 先 级:4
*************************************************************************/
static void keyTask(void *pvParameters)
{
    uint8_t keyValue;                               /*键值*/
    extern TIM_HandleTypeDef htim2;
    while(1)
```

```
    {
        keyValue = KeyScan();                           /*获取键值*/
        if(keyValue == WKUP_PRES)
        {
            sprintf(pcToPrint,"WAKEUP 按键按下，发送任务通知...\r\n\r\n");
            xQueueSendToBack(xQueuePrint,pcToPrint,0);

            /*通过发送任务通知给任务 1 进行同步*/
            xTaskNotifyGive(Led0TaskHandle);
        }
        else if(keyValue == KEY0_PRES)
        {
            HAL_TIM_Base_Start_IT(&htim2);
            sprintf(pcToPrint,"KEY0 按键按下，启动 TIM2 更新中断...\r\n\r\n");
            xQueueSendToBack(xQueuePrint,pcToPrint,0);

            /*在定时器 TIM2 中断中，通过发送任务通知给任务 2 进行同步*/
        }
        else if(keyValue == KEY1_PRES)
        {
            HAL_TIM_Base_Stop_IT(&htim2);
            sprintf(pcToPrint,"KEY1 按键按下，停止 TIM2...\r\n\r\n");
            xQueueSendToBack(xQueuePrint,pcToPrint,0);
        }
        vTaskDelay(pdMS_TO_TICKS(100));
    }
}
```

2. TIM2 更新中断回调函数

```
void HAL_TIM_PeriodElapsedCallback(TIM_HandleTypeDef *htim)
{
  /* USER CODE BEGIN Callback 0 */
  /* USER CODE END Callback 0 */
  if (htim->Instance == TIM6) {
    HAL_IncTick();
  }
  /* USER CODE BEGIN Callback 1 */

  extern TaskHandle_t Led1TaskHandle;                 /* LED1 任务句柄 */
  extern volatile uint8_t uIRQCounter;                /*用于统计中断次数*/
  BaseType_t xHighPriorityTaskWoken = pdFALSE;        /*退出中断后是否进行任务切换*/
  if(htim->Instance == TIM2)
  {
```

```
        uIRQCounter++;
        /*通过发送任务通知给任务 2 进行同步*/
        vTaskNotifyGiveFromISR(Led1TaskHandle,&xHighPriorityTaskWoken);
        /*如果有更高优先级的任务，退出中断后执行任务切换*/
        portYIELD_FROM_ISR(xHighPriorityTaskWoken);
    }
    /* USER CODE END Callback 1 */
}
```

3. 任务创建

因为任务通知是 TCB 自带的功能，所以在任务创建函数 appTask()中，删除原用于定义二值信号量的代码即可，其他代码与原示例完全相同。

4. 下载测试

测试结果与之前示例完全相同，由此可见，任务通知可以在某些场合下替代二值信号量。

10.2.2 用任务通知模拟事件标志组

本示例改写自用事件标志组进行任务同步示例，用任务通知替代事件标志组，其余代码与原示例基本相同。

1. 任务函数

不用定义事件标志组，省略了代码没有变化的 printTask()函数。

```
static char pcToPrint[80];                                  /*待打印内容缓冲区*/
xQueueHandle xQueuePrint;                                   /*消息队列句柄*/
/*****************************************************************************
* 函 数 名:Led0Task
* 功能说明:LED0 闪烁，指示程序正在运行
* 形    参:pvParameters 是在创建该任务时传递的参数
* 返 回 值:无
* 优 先 级:3
*****************************************************************************/
static void Led0Task(void *pvParameters)
{
    while(1)
    {
        HAL_GPIO_TogglePin(GPIOB,LED0_Pin);                 /*LED0 闪烁*/
        vTaskDelay(pdMS_TO_TICKS(500));                     /*每秒闪烁 1 次*/
    }
}
```

```
/**********************************************************************
* 函 数 名:Led1Task
* 功能说明:检测任务通知值，当bit2、bit1、bit0同时置位时点亮LED1，并输出信息到串口
* 形    参:pvParameters是在创建该任务时传递的参数
* 返 回 值:无
* 优 先 级:3
**********************************************************************/
static void Led1Task(void *pvParameters)
{
    uint32_t uNotifyValue;                              /*用于保存任务通知值*/
    uint8_t evnFlag1,evnFlag2,evnFlag3;                 /*3个事件到来标志*/
    evnFlag1=evnFlag2=evnFlag3=0;
    while(1)
    {
        HAL_GPIO_WritePin(GPIOB,LED1_Pin,GPIO_PIN_SET);    /*熄灭LED1*/

        /*检测任务通知值的bit2、bit1、bit0，当均置位时点亮LED1并发送相应信息到串口，当调用获取
        任务通知函数时，进入函数不清除任务通知值，退出函数清除任务通知值*/
        xTaskNotifyWait(0x00,0xffffffff,&uNotifyValue,portMAX_DELAY);

        if(uNotifyValue &0x01)     evnFlag1=1;
        if(uNotifyValue &0x02)     evnFlag2=1;
        if(uNotifyValue &0x04)     evnFlag3=1;

        if(evnFlag1 && evnFlag2 && evnFlag3)            /*3个事件均已发生*/
        {
            evnFlag1=evnFlag2=evnFlag3=0;
            sprintf(pcToPrint,"按键0事件、按键1事件、TIM2中断事件均发生\r\n\r\n");
            xQueueSendToBack(xQueuePrint,pcToPrint,0);
        }

        HAL_GPIO_WritePin(GPIOB,LED1_Pin,GPIO_PIN_RESET); /*点亮LED1*/
        vTaskDelay(pdMS_TO_TICKS(1000));                 /*点亮1秒*/
    }
}
/**********************************************************************
* 函 数 名:keyTask
* 功能说明:按键扫描任务，根据键值执行相应操作
* 形    参:pvParameters是在创建该任务时传递的参数
* 返 回 值:无
* 优 先 级:4
**********************************************************************/
```

```
static void keyTask(void *pvParameters)
{
    uint8_t keyValue;                          /*键值*/
    extern TIM_HandleTypeDef htim2;
    while(1)
    {
        keyValue = KeyScan();                   /*获取键值*/
        if(keyValue == KEY0_PRES)
        {
            sprintf(pcToPrint,"KEY0 按键按下，置标志位 bit0...\r\n");
            xQueueSendToBack(xQueuePrint,pcToPrint,0);

            /*设置任务通知的 bit0 为 1*/
            xTaskNotify(Led1TaskHandle,0x01,eSetBits);
        }
        else if(keyValue == KEY1_PRES)
        {
            sprintf(pcToPrint,"KEY1 按键按下，置标志位 bit1...\r\n");
            xQueueSendToBack(xQueuePrint,pcToPrint,0);

            /*设置任务通知的 bit1 为 1*/
            xTaskNotify(Led1TaskHandle,0x02,eSetBits);

            /*在定时器 TIM2 中断中，通过发送二值信号量给任务 2 进行同步*/
        }
        else if(keyValue == KEY2_PRES)
        {
            /*KEY2 按键，启动 TIM2 定时器 1 次，在定时器 TIM2 中断中，设置任务通知的 bit2 为 1*/
            HAL_TIM_Base_Start_IT(&htim2);
            sprintf(pcToPrint,"KEY2 按键按下，启动 TIM2...\r\n");
            xQueueSendToBack(xQueuePrint,pcToPrint,0);
        }
        vTaskDelay(pdMS_TO_TICKS(100));
    }
}
```

2. TIM2 更新中断回调函数

```
void HAL_TIM_PeriodElapsedCallback(TIM_HandleTypeDef *htim)
{
  /* USER CODE BEGIN Callback 0 */
  /* USER CODE END Callback 0 */
  if (htim->Instance == TIM6) {
    HAL_IncTick();
```

```
    }
    /* USER CODE BEGIN Callback 1 */

    extern TaskHandle_t Led1TaskHandle;           /* LED1 任务句柄 */
    BaseType_t xHighPriorityTaskWoken = pdFALSE;  /*退出中断后是否进行任务切换*/
    if(htim->Instance == TIM2)
    {
        /*中断发生后，任务通知值的 bit2 置 1*/
        xTaskNotifyFromISR(Led1TaskHandle,0x04,eSetBits,&xHighPriorityTaskWoken);
        /*如果有更高优先级的任务，退出中断后执行任务切换*/
        portYIELD_FROM_ISR(xHighPriorityTaskWoken);
        HAL_TIM_Base_Stop(&htim2);
    }
    /* USER CODE END Callback 1 */
}
```

3．任务创建

因为任务通知是 TCB 自带的功能，所以在任务创建函数 appTask()中，删除原用于定义事件标志组的代码即可，其他代码与原示例完全相同。

4．下载测试

测试结果与之前示例完全相同，由此可见，任务通知可以在某些场合下替代事件标志组。

10.3　总结

FreeRTOS 从 v8.2.0 版本开始增加了任务通知功能，使用任务通知可以提升运行速度和减少 RAM 的消耗，可用于在轻量级的使用场合下替换二值信号量、计数信号量、事件标志组等。

思考与练习

1．什么是任务通知？使用它有什么好处？

2．试举例说明哪些场合不宜使用任务通知。

3．相较信号量、事件标志组，使用任务通知为什么能减少 RAM 的消耗？

4．改写本章示例程序，用任务通知模拟计数信号量，解决中断中发出的任务通知被遗漏的问题。

第 11 章

FreeRTOS 软件定时器

软件定时器是 FreeRTOS 的一个可选功能，基于系统时钟节拍实现。它的实现不需要使用任何硬件定时器资源，并且不受数量的限制，只需系统资源许可。

软件定时器允许在设定时间到来之后执行指定功能，这个执行指定功能的函数被称为软件定时器回调函数。从软件定时器启动到执行软件定时器回调函数之间的时间被称为软件定时器周期。简单来说，软件定时器的定时时间到了，就会执行软件定时器回调函数，要实现的功能就放在软件定时器回调函数中。

11.1 软件定时器服务任务

软件定时器是 FreeRTOS 的一个可选功能，当 configUSE_TIMERS 为 1 时，在调度器启动的时候会自动创建一个软件定时器服务任务（软件定时器守护任务），软件定时器服务任务的堆栈大小、优先级、命令队列长度等也要在配置文件中进行配置。

操作软件定时器的 API 函数通过队列发送命令给软件定时器服务任务，这个队列叫作软件定时器命令队列。软件定时器命令队列是 FreeRTOS 软件定时器私有的，用户不能直接访问，但它又是用户任务与软件定时器服务任务之间沟通的纽带。用户任务通过软件定时器命令队列发送命令给软件定时器服务任务示意图如图 11-1 所示。

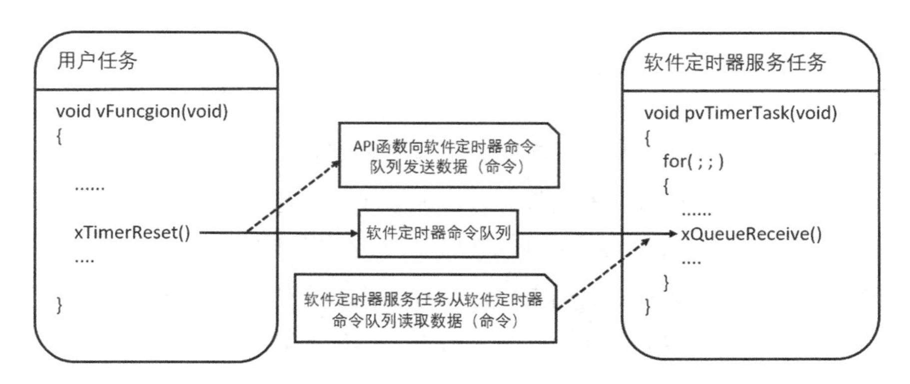

图 11-1　用户任务通过软件定时器命令队列发送命令给软件定时器服务任务示意图

在图 11-1 中，软件定时器命令队列将用户任务与软件定时器服务任务连接在一起。用户任务中的应用程序通过调用 xTimerReset()函数将复位命令通过软件定时器命令队列发送给软件定时器服务任务处理，而不能调用类似 xQueueSend()的队列操作函数来发送。

11.2　软件定时器操作

11.2.1　单次定时与周期定时

FreeRTOS 软件定时器支持单次定时模式与周期定时模式。单次定时模式是指用户创建并开启软件定时器后，达到定时时间只执行一次软件定时器回调函数，然后就会停止。周期定时模式是指此软件定时器会按设置好的定时时间周期性地执行软件定时器回调函数，直到调用软件定时器停止函数为止。

注意：软件定时器回调函数是在软件定时器服务任务中执行的，软件定时器回调函数千万不能使用会导致任务阻塞的 API 函数，如 vTaskDelay()函数等是千万不能使用的。

11.2.2　创建软件定时器

在使用软件定时器之前要先创建软件定时器，有两个函数用于创建软件定时器：动态创建函数 xTimerCreate()和静态创建函数 xTimerCreateStatic()。

1．xTimerCreate()

xTimerCreate()用于动态创建一个软件定时器，所需要的内存通过动态内存分配方法获取，刚创建的软件定时器处于休眠未运行状态。该函数的原型如下。

```
TimerHandle_t xTimerCreate(    const char * const pcTimerName,
                               const TickType_t xTimerPeriodInTicks,
                               const UBaseType_t uxAutoReload,
                               void * const pvTimerID,
                               TimerCallbackFunction_t pxCallbackFunction );
```

参数说明如下。

pcTimerName:	软件定时器的名字，方便调试。
xTimerPeriodInTicks:	定时周期，单位为系统时钟节拍。
uxAutoReload:	软件定时器模式，传入 pdTRUE 参数创建周期软件定时器，传入 pdFALSE 参数创建单次软件定时器。
pvTimerID:	软件定时器 ID，用于标识当多个软件定时器使用同一个回调函数时是哪个软件定时器引起的回调。
pxCallbackFunction:	软件定时器回调函数。

返回值：创建成功返回所创建的软件定时器句柄，创建失败返回 NULL。

2. xTimerCreateStatic()

xTimerCreateStatic()用于静态创建一个软件定时器，所需要的内存需要由用户自行分配，刚创建好的软件定时器处于休眠未运行状态。静态创建函数与动态创建函数相比，多了一个 pxTimerBuffer 形参，用于指向用户分配的软件定时器内存。该函数的原型如下。

```
TimerHandle_t xTimerCreateStatic(   const char * const pcTimerName,
                                    const TickType_t xTimerPeriodInTicks,
                                    const UBaseType_t uxAutoReload,
                                    void * const pvTimerID,
                                    TimerCallbackFunction_t pxCallbackFunction,
                                    StaticTimer_t *pxTimerBuffer );
```

参数说明如下。

pcTimerName:	软件定时器的名字，方便调试。
xTimerPeriodInTicks:	定时周期，单位为系统时钟节拍。
uxAutoReload:	软件定时器模式，传入 pdTRUE 参数创建周期软件定时器，传入 pdFALSE 参数创建单次软件定时器。
pvTimerID:	软件定时器 ID，用于标识当多个软件定时器使用同一个回调函数时是哪个软件定时器引起的回调。
pxCallbackFunction:	软件定时器回调函数。
pxTimerBuffer:	指向一个 StaticTimer_t 类型的结构体

返回值：创建成功返回所创建的软件定时器句柄，创建失败返回 NULL。

11.2.3 启动软件定时器

刚创建好的软件定时器处于休眠未运行状态，有两个 API 可用于启动软件定时器：一个是用于任务的 xTimerStart()；另一个是用于中断服务函数的 xTimerStartFromISR()。

1. xTimerStart()

xTimerStart()为软件定时器启动函数。如果软件定时器没有运行，那么调用此 API 就可计算软件定时器的到时时间并启动软件定时器；如果软件定时器已经运行，那么调用此 API 相当于复位软件定时器。此 API 是一个宏，实际实现功能的是 xTimerGenericCommand()函数。该宏的定义如下。

```
#define    xTimerStart( xTimer, xTicksToWait )                         \
                          xTimerGenericCommand( ( xTimer ),            \
                          tmrCOMMAND_START,                            \
                          ( xTaskGetTickCount() ),                     \
                          NULL,                                        \
                          ( xTicksToWait ) )                           \
```

参数说明如下。

xTimer：	要启动的软件定时器句柄。
xTicksToWait：	命令入队阻塞时间，软件定时器 API 通过给软件定时器队列发送命令来执行相关动作。

返回值：软件定时器启动成功返回 pdPASS，启动失败返回 pdFAIL。

2. xTimerStartFromISR()

xTimerStartFromISR()为启动软件定时器的 API 的中断版本，用于中断服务函数。此 API 是一个宏，实际实现功能的是 xTimerGenericCommand()函数。该宏的定义如下。

```
#define    xTimerStartFromISR( xTimer, pxHigherPriorityTaskWoken )     \
                    xTimerGenericCommand( ( xTimer ),                  \
                            tmrCOMMAND_START_FROM_ISR,                 \
                            ( xTaskGetTickCountFromISR() ),            \
                            ( pxHigherPriorityTaskWoken ),             \
                            0U )
```

参数说明如下。

xTimer：	要启动的软件定时器句柄。
pxHigherPriorityTaskWoken：	指向一个用于保存调用函数后是否进行任务切换的变量，若执行函数后值为 pdTRUE，则要在退出中断服务函数后执行一次任务切换。

返回值：软件定时器启动成功返回 pdPASS，启动失败返回 pdFAIL。

11.2.4 停止软件定时器

周期软件定时器一旦启动就会不断重复运行，直到调用软件定时器停止 API 为止。有两个 API 用于停止软件定时器：一个是用于任务的 xTimerStop()；另一个是用于中断服务函数的 xTimerStopFromISR()。

1. xTimerStop()

xTimerStop()用于停止软件定时器，此 API 是一个宏，实际实现功能的是 xTimerGenericCommand()函数。该宏的定义如下。

```
#define    xTimerStop( xTimer, xTicksToWait )                                   \
               xTimerGenericCommand( ( xTimer ),                                \
                                     tmrCOMMAND_STOP,                           \
                                     0U,                                        \
                                     NULL,                                      \
                                     ( xTicksToWait ) )                         \
```

参数说明如下。

xTimer:	要停止的软件定时器句柄。
xTicksToWait:	命令入队阻塞时间，软件定时器 API 通过给软件定时器队列发送命令来执行相关动作。

返回值：软件定时器停止成功返回 pdPASS，停止失败返回 pdFAIL。

2. xTimerStopFromISR()

xTimerStopFromISR()为停止软件定时器的 AIP 的中断版本，用于中断服务函数。此 API 是一个宏，实际实现功能的是 xTimerGenericCommand()函数。该宏的定义如下。

```
#define    xTimerStopFromISR( xTimer, pxHigherPriorityTaskWoken )       \
                   xTimerGenericCommand( ( xTimer ),                    \
                       tmrCOMMAND_STOP_FROM_ISR,                        \
                       0,                                               \
                       ( pxHigherPriorityTaskWoken ),                   \
                       0U )
```

参数说明如下。

xTimer:	要停止的软件定时器句柄。
pxHigherPriorityTaskWoken:	指向一个用于保存调用函数后是否进行任务切换的变量，若执行函数后值为 pdTRUE，则要在退出中断服务函数后执行一次任务切换。

返回值：软件定时器停止成功返回 pdPASS，停止失败返回 pdFAIL。

11.3 软件定时器使用示例

本示例创建两个软件定时器：一个是单次软件定时器，周期为 2000 系统时钟节拍

（2s）；另一个是周期软件定时器，周期为 1000 系统时钟节拍（1s）。通过 appStartTask()函数创建两个 FreeRTOS 任务。

单次软件定时器回调函数为 singleTimerCallBack()，其功能是对单次软件定时器使用次数进行计数，并将信息通过串口发送，同时使 LED0 亮灭状态改变一次。

周期软件定时器回调函数为 cycleTimerCallBack()，其功能是对周期软件定时器时间到达次数进行计数，并将信息通过串口发送，同时使 LED1 亮灭状态改变一次。

任务 1 是串口守护任务，优先级为 3，任务函数为 printTask()，其功能是将通过队列传送过来的字符信息在串口上输出，任何时候只有该守护任务能访问串口。

任务 2 是按键扫描任务，优先级为 4，任务函数为 keyTask()，其功能是按键扫描，并根据返回的键值来启动或停止软件定时器。按键 KEY0 用于启动单次软件定时器，按键 KEY1 用于启动周期软件定时器，按键 KEY2 用于停止单次软件定时器及周期软件定时器。在启动软件定时器前，要先检查软件定时器是否已经启动运行。

11.3.1　配置 FreeRTOS

1．包含头文件

使用软件定时器，须包含 timers.h 头文件，本示例将头文件包含在 appTask.h 头文件中。

```
/*用来管理 FreeRTOS 任务的头文件*/
#ifndef _APPTASK_H_
#define _APPTASK_H_
#include "freertos.h"                              /*FreeRTOS 头文件*/
#include "task.h"                                  /*FreeRTOS 任务实现头文件*/
#include "queue.h"                                 /*FreeRTOS 队列实现头文件*/
#include "semphr.h"                                /*FreeRTOS 信号量实现头文件*/
#include "timers.h"                                /*FreeRTOS 软件定时器实现头文件*/
static void printTask(void *pvParameters);         /*串口守护任务*/
static void keyTask(void *pvParameters);           /*按键扫描任务*/
void appStartTask(void);                           /*用于创建软件定时器其他任务的函数*/
#endif
```

2．配置宏

使用软件定时器，需要将宏 configUSE_TIMERS 配置为 1，与软件定时器相关的宏配置如下。

```
#define configUSE_TIMERS                           1
#define configTIMER_TASK_PRIORITY                  ( 2 )
#define configTIMER_QUEUE_LENGTH                   10
#define configTIMER_TASK_STACK_DEPTH               ( configMINIMAL_STACK_SIZE * 2 )
#define configSUPPORT_DYNAMIC_ALLOCATION           1
```

11.3.2 软件定时器回调函数

所谓回调函数，是指由使用者自己定义的一个函数，将这个函数指针作为参数传入调用函数（或者在系统函数中注册），以实现使用者自定义的可变功能。回调函数允许调用者在运行时刻调整原始函数的行为和功能。FreeRTOS 软件定时器在时间到达后执行的功能就是由软件定时器回调函数实现的。

```
/**************************************************************************
* 函 数 名:singleTimerCallBac
* 功能说明:单次软件定时器回调函数
* 形    参:xTimer，用于标记引起回调的软件定时器
* 返 回 值:无
**************************************************************************/
void singleTimerCallBack(TimerHandle_t xTimer)
{
    static uint16_t cnt=0;                 /*保存软件定时器回调次数*/
    xTimer = xTimer;

    cnt++;
    HAL_GPIO_TogglePin(GPIOB,LED0_Pin);
    sprintf(pcToPrint,"单次软件定时器, 运行%3d 次\r\n",cnt);
    xQueueSendToBack(xQueuePrint,pcToPrint,0);
}
/**************************************************************************
* 函 数 名:cycleTimerCallBac
* 功能说明:周期软件定时器回调函数
* 形    参:xTimer，用于标记引起回调的软件定时器
* 返 回 值:无
**************************************************************************/
void cycleTimerCallBack(TimerHandle_t xTimer)
{
    static uint16_t cnt=0;                 /*保存软件定时器回调次数*/
    xTimer = xTimer;
    cnt++;
    HAL_GPIO_TogglePin(GPIOB,LED1_Pin);
    sprintf(pcToPrint,"周期软件定时器, 运行%3d 次\r\n",cnt);
    xQueueSendToBack(xQueuePrint,pcToPrint,0);
}
```

11.3.3 任务函数

串口守护任务代码与之前示例相同，仅列出修改过的按键扫描任务，该任务用于启动

和停止软件定时器。

```
/****************************************************************************
* 函 数 名:keyTask
* 功能说明:按键扫描任务，根据键值执行相应操作
* 形    参:pvParameters 是在创建该任务时传递的参数
* 返 回 值:无
* 优 先 级:4
****************************************************************************/
static void keyTask(void *pvParameters)
{
    uint8_t keyValue;                                   /*键值*/
    while(1)
    {
        keyValue = KeyScan();                           /*获取键值*/
        if(keyValue == KEY0_PRES)
        {
            if(xTimerIsTimerActive(tmrSingleHandler) == pdFALSE)
            {
                sprintf(pcToPrint,"启动单次软件定时器...\r\n");
                xQueueSendToBack(xQueuePrint,pcToPrint,0);
                xTimerStart(tmrSingleHandler,0);        /*启动单次软件定时器*/
            }
            else
            {
                sprintf(pcToPrint,"单次软件定时器已启动!\r\n");
                xQueueSendToBack(xQueuePrint,pcToPrint,0);
            }
        }
        else if(keyValue == KEY1_PRES)
        {
            if(xTimerIsTimerActive(tmrCycleHandler) == pdFALSE)
            {
                sprintf(pcToPrint,"启动周期软件定时器...\r\n");
                xQueueSendToBack(xQueuePrint,pcToPrint,0);

                xTimerStart(tmrCycleHandler,0);         /*启动周期软件定时器*/
            }
            else
            {
                sprintf(pcToPrint,"周期软件定时器已启动!\r\n");
                xQueueSendToBack(xQueuePrint,pcToPrint,0);
            }
```

```
        }
        else if(keyValue == KEY2_PRES)
        {
            sprintf(pcToPrint,"停止所有定时器...\r\n");
            xQueueSendToBack(xQueuePrint,pcToPrint,0);

            xTimerStop(tmrSingleHandler,0);                /*停止单次软件定时器*/
            xTimerStop(tmrCycleHandler,0);                 /*停止周期软件定时器*/
        }
        vTaskDelay(pdMS_TO_TICKS(100));
    }
}
```

11.3.4 创建软件定时器和任务

```
TimerHandle_t tmrSingleHandler;                             /* 单次软件定时器句柄 */
TimerHandle_t tmrCycleHandler;                              /* 周期软件定时器句柄 */
static TaskHandle_t printTaskHandle = NULL;                 /* 串口守护任务句柄 */
static TaskHandle_t keyTaskHandle = NULL;                   /* 按键扫描任务句柄 */
/****************************************************************************
* 函 数 名:appStartTask
* 功能说明:开始任务函数, 用于创建软件定时器及其他任务并开启调度器
* 形    参:无
* 返 回 值:无
****************************************************************************/
void appStartTask(void)
{
    /*创建一个长度为 2, 队列项大小足够容纳待输出字符的队列*/
    xQueuePrint = xQueueCreate(2,sizeof(pcToPrint));

    /*创建两个软件定时器: 一个单次软件定时器, 一个周期软件定时器*/
    tmrSingleHandler = xTimerCreate("singleTimer",              /*软件定时器名*/
                                     2000,                       /*软件定时器周期*/
                                     pdFALSE,                    /*单次定时模式*/
                                     (void *)1,                  /*软件定时器 ID*/
                                     singleTimerCallBack);       /*软件定时器回调函数*/
    tmrCycleHandler = xTimerCreate("cycleTimer",                /*软件定时器名*/
                                     1000,                       /*软件定时器周期*/
                                     pdTRUE,                     /*周期定时模式*/
                                     (void *)2,                  /*软件定时器 ID*/
                                     cycleTimerCallBack);        /*软件定时器回调函数*/

    if(xQueuePrint && tmrSingleHandler && tmrCycleHandler )
```

```
    {
        taskENTER_CRITICAL();                    /* 进入临界段，关中断 */
        xTaskCreate(printTask,                   /* 任务函数 */
                    "printTask",                 /* 任务名 */
                    128,                         /* 任务堆栈大小，单位为 word，也就是 4B */
                    NULL,                        /* 任务参数 */
                    3,                           /* 任务优先级 */
                    &printTaskHandle );          /* 任务句柄 */
        xTaskCreate(keyTask,                     /* 任务函数 */
                    "keyTask",                   /* 任务名 */
                    128,                         /* 任务堆栈大小，单位为 word，也就是 4B */
                    NULL,                        /* 任务参数 */
                    4,                           /* 任务优先级 */
                    &keyTaskHandle );            /* 任务句柄 */
        taskEXIT_CRITICAL();                     /* 退出临界段，开中断 */
        vTaskStartScheduler();                   /* 开启调度器 */
    }
}
```

11.3.5 下载测试

编译无误后将程序下载到开发板上，可以看到开发板上的两个 LED 均处于静止点亮状态。打开串口调试助手，按 KEY0 按键，屏幕提示启动单次定时器，约 2s 后，LED0 状态改变，变为熄灭。按 KEY1 按键，屏幕提示启动周期定时器，LED1 以 2s 的周期闪烁，屏幕提示周期定时器运行次数。按 KEY2 按键，两个定时器都停止。在启动定时器后再按对应按键尝试重新启动，屏幕给出定时器已经运行信息，如图 11-2 所示。

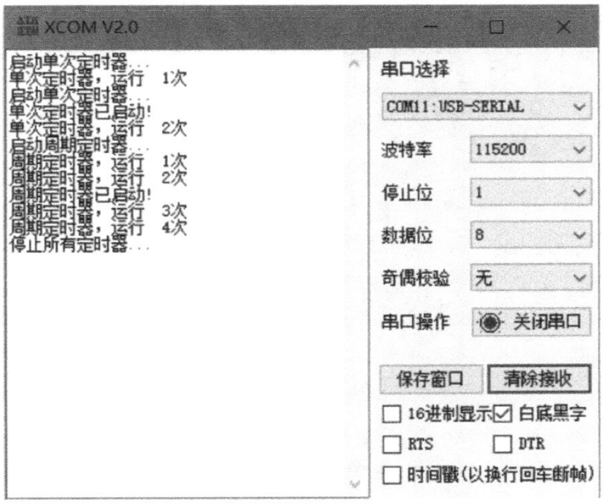

图 11-2　定时器运行结果

11.4 总结

FreeRTOS 软件定时器有单次定时模式和周期定时模式两种工作模式。软件定时器在使用前要先创建，刚创建好的软件定时器处于休眠未运行状态。可通过启动、复位、停止等 API 操作软件定时器，这些 API 通过软件定时器命令队列传递命令给软件定时器服务任务。软件定时器要的功能通过软件定时器回调函数实现，在软件定时器回调函数中不能调用会导致任务阻塞的 API 函数。

思考与练习

1．什么叫软件定时器回调函数？它有何用处？

2．如果要使用软件定时器，应该怎样配置 FreeRTOS？

3．简述使用软件定时器的操作流程。

4．在软件定时器未运行或已运行两种情形下，用 xTimerStart()启动周期软件定时器，定时时间有何不同？为什么？

5．修改本章示例程序，要求用按键启动一个周期为 5s 的单次软件定时器，时间到后启动周期为 0.5s 的周期软件定时器，LED 状态不变，并在串口输出提示信息。

第12章 FreeRTOS内存管理

内存管理是FreeRTOS非常重要的一项功能，前面章节所讲述的任务、消息队列、信号量、事件标志组及软件定时器等在创建时都有两种方法：一种是动态内存分配方法；另一种是由用户指定内存的静态方法。使用动态内存分配方法所需要的内存就是从FreeRTOS所管理的内存区域进行分配的。

12.1 FreeRTOS内存分配方法

FreeRTOS支持5种动态内存管理方法，分别通过文件heap_1、heap_2、heap_3、heap_4和heap_5实现，在实际使用时，只需使用其中的一种即可。

除heap_3动态内存管理之外，FreeRTOS均通过内存堆ucHeap[ ]来管理内存，内存堆的大小为由宏configTOTAL_HEAP_SIZE所设定的大小。

```
#if( configAPPLICATION_ALLOCATED_HEAP == 1 )
    /* 如果由用户管理内存，则需要由用户实现内存分配 */
    extern uint8_t ucHeap[ configTOTAL_HEAP_SIZE ];
#else
    static uint8_t ucHeap[ configTOTAL_HEAP_SIZE ];
#endif
```

在程序运行过程中，可用xPortGetFreeHeapSize()函数获取动态剩余内存堆大小。

12.1.1 heap_1.c动态内存管理方法

heap_1.c动态内存管理方法是5种动态内存管理方法中最简单的一种，采用这种方法，动态内存一旦申请就不允许释放。尽管如此，这种方法还是能满足大部分嵌入式应用的要求。这种嵌入式应用在系统启动阶段就完成了任务创建，以及消息队列、信号量、事件标志组和软件定时器的创建，而且这些资源在系统运行中是一直要使用的，所以也就不需要删除以进行内存释放。

heap_1 动态内存管理方法有如下特性。

（1）项目应用不需要删除任务、信号量、消息队列等已经创建好的资源。

（2）具有时间确定性，即申请动态内存的时间是固定的，并且不会产生内存碎片。

（3）代码实现和内存分配过程非常简单。

12.1.2 heap_2.c 动态内存管理方法

与 heap_1 动态内存管理方法不同，heap_2 动态内存管理方法利用了最适应算法，并且支持内存释放。但是 heap_2 动态内存管理方法不支持内存碎片整理，随着内存的不断申请和释放，会出现大量的内存碎片——小块碎片化的内存，最后可能导致无内存可用。

heap_2 动态内存管理方法有如下特性。

（1）在不考虑内存碎片的情况下，heap_2.c 动态内存管理方法支持重复的任务、信号量、事件标志组、软件定时器等内部资源的创建和删除。

（2）如果用户申请和释放的动态内存大小是随机、可变的，则不建议采用 heap_2.c 动态内存管理方法，因为采用这种方法容易产生内存碎片。

（3）如果用户需要随机创建和删除任务、消息队列、事件标志组、信号量等内部资源，也不建议采用 heap_2.c 动态内存管理方法，因为采用这种方法容易产生内存碎片。

（4）不具有时间确定性，但是比 C 库中的 malloc()函数效率高。

12.1.3 heap_3.c 动态内存管理方法

heap_3.c 动态内存管理方法实现的动态内存管理是对编译器提供的 malloc()函数和 free()函数进行简单封装，额外做了线程保护。

heap_3 动态内存管理方法有如下特性。

（1）需要编译器提供 malloc()函数和 free()函数，内存堆大小不由宏 configTOTAL_HEAP_SIZE 所决定，而由启动文件设置。STM32 微控制器所使用的由启动文件设置内存堆大小的例子如图 12-1 所示。

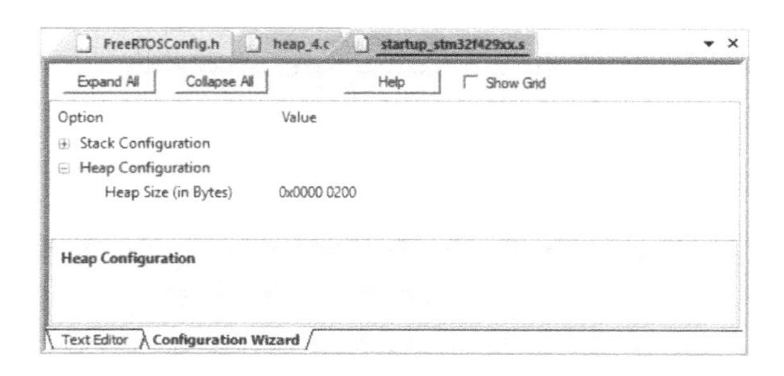

图 12-1　STM32 微控制器所使用的由启动文件设置内存堆大小的例子

（2）不具有时间确定性，即申请动态内存的时间不是固定的。

（3）可能会增加 FreeRTOS 内核的代码量。

12.1.4 heap_4.c 动态内存管理方法

与 heap_2 动态内存管理方法不同，heap_4 动态内存管理方法使用了最优匹配算法，并且支持内存碎片的回收，能将零散的内存碎片整理为一个大的内存块。

heap_4 动态内存管理方法有如下特性。

（1）可以用于需要重复地创建和删除任务、信号量、事件标志组、软件定时器等内部资源的场合。

（2）即使随机地调用 pvPortMalloc()函数和 vPortFree()函数，并且每次申请的内存大小都不同，也不会像 heap_2 动态内存管理方法一样产生很多内存碎片。

（3）不具有时间确定性，即申请动态内存的时间不是固定的，但是比 C 库中的 malloc()函数效率高。

基于以上特性，本书 FreeRTOS 移植、配套使用的例子，都使用了 heap_4 动态内存管理方法。

12.1.5 heap_5.c 动态内存管理方法

heap_5 动态内存管理方法使用了和 heap_4 动态内存管理方法相同的合并算法，内存管理实现也基本相同，但 heap_5 动态内存管理方法允许内存堆跨越多个不连续的内存段。另外，使用 heap_5 动态内存管理方法，要先通过 vPortDefineHeapRegions()函数进行初始化，也就是说用户在创建任务等操作 FreeRTOS 的内部资源前，要先调用 vPortDefineHeapRegions()函数，否则无法通过 pvPortMalloc()函数申请到动态内存。

heap_5 动态内存管理方法有如下特性。

（1）具有与 heap_4 动态内存管理方法一样的一些特性，如支持碎片回收等。

（2）能跨区域管理内存。

（3）使用稍显复杂。

12.2 FreeRTOS 内存管理示例

本示例改写自任务运行时间信息示例，保存任务运行信息的内存区采用动态内存分配方法进行分配，增加检测 FreeRTOS 可用内存堆大小功能，其余代码与原示例基本相同。

增加一个按键 KEY1，用于为获取到的任务信息动态申请内存空间，原 WAKEUP 按键和 KEY0 按键功能不变。

1. FreeRTOS 内存堆

分配 75KB 的内存用于 FreeRTOS 任务创建，等消息队列、信号量、事件标志组和软件定时器创建等的动态内存分配。

```
/*堆内存大小：供 FreeRTOS 使用的总堆内存大小*/
#define configTOTAL_HEAP_SIZE                    ( ( size_t ) ( 75 * 1024 ) )
```

2. 任务函数

LED0 闪烁任务、LED1 闪烁任务及任务创建函数与原示例完全相同，下面仅列出使用动态内存管理的任务信息获取任务函数。

```
/*****************************************************************************
* 函 数 名:getTaskInfo
* 功能说明:动态内存申请和释放，获取任务状态信息，并通过串口发送
* 形    参:pvParameters 是在创建该任务时传递的参数
* 返 回 值:无
* 优 先 级:4
*****************************************************************************/
static void getTaskInfo(void *pvParameters)
{
    uint8_t ucKeyValue=0;                        /*保存键值*/
    uint32_t uHeapSize;                          /*保存剩余内存堆大小*/
    char *pcTaskInfo=NULL;                       /*指向保存任务状态信息的内存区*/
    while(1)
    {
        ucKeyValue = KeyScan();                  /*扫描按键*/
        if(ucKeyValue==WKUP_PRES)
        {
            if(pcTaskInfo != NULL)               /*申请了动态内存*/
            {
                vTaskList(pcTaskInfo);
                printf("任务名  任务状态  优先级  剩余堆栈大小  任务号\r\n");
                printf("%s\r\n",pcTaskInfo);
                vPortFree(pcTaskInfo);           /*释放内存*/
                pcTaskInfo = NULL;
            }
            else
            {
                printf("请先通过按键 KEY1 申请内存! \r\n");
            }
        }
        else if(ucKeyValue==KEY0_PRES)
        {
```

```
        if(pcTaskInfo != NULL)                          /*申请了动态内存*/
        {
            vTaskGetRunTimeStats(pcTaskInfo);
            printf("任务名\t\t运行时间\t百分比\r\n");
            printf("%s\r\n",pcTaskInfo);
            vPortFree(pcTaskInfo);                      /*释放内存*/
            pcTaskInfo = NULL;
        }
        else
        {
            printf("请先通过按键KEY1申请内存! \r\n");
        }
    }
    else if(ucKeyValue==KEY1_PRES)
    {
        if(pcTaskInfo != NULL)                          /*已申请动态内存，先释放*/
        {
            vPortFree(pcTaskInfo);                      /*释放内存*/
            pcTaskInfo = NULL;
        }
        uHeapSize = xPortGetFreeHeapSize();             /*获取剩余内存堆大小*/
        printf("KEY1键申请内存，内存堆剩余%8d字节\r\n",uHeapSize);
        pcTaskInfo = pvPortMalloc(1024);          /*通过heap_4动态内存管理方法申请内存*/
        if(pcTaskInfo != NULL)
        {
            uHeapSize = xPortGetFreeHeapSize();         /*获取剩余内存堆大小*/
            printf("动态申请内存成功，内存堆剩余%8d字节\r\n",uHeapSize);
            printf("动态内存地址: %x\r\n\r\n",(uint32_t)pcTaskInfo);
        }
        else
        {
            printf("申请动态内存失败! \r\n");
        }
    }
    vTaskDelay(pdMS_TO_TICKS(100));                     /*阻塞100ms*/
  }
}
```

3. 下载测试

编译无误后将程序下载到开发板上，可以看到两个LED正常闪烁。打开串口调试助手，按WAKEUP按键，此时用于保存任务信息的内存区尚未分配，屏幕提示要先按KEY1按键申请内存，按KEY0按键也是如此。按KEY1按键开始分配内存，显示分配到的内存区首地址，并给出动态内存分配前后剩余内存堆大小信息。内存申请成功后，就可以用 WAKEUP 按键或 KEY0 按键来获取并显示任务信息，如图 12-2 所示。

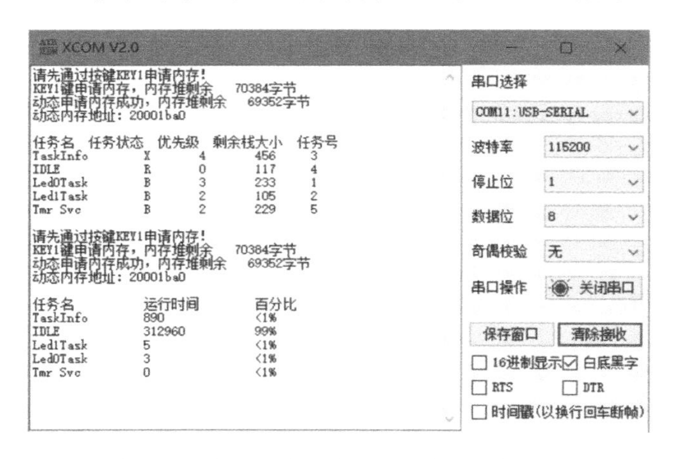

图 12-2　用动态内存分配方法获取任务信息

本示例能获取到比较详细的 FreeRTOS 内存堆大小、任务堆栈、任务运行时间等信息，对于系统设计是非常有用的。FreeRTOS 需要多大的内存堆，需要多大的任务堆栈，这些信息很难一开始就计算准确，可以通过本示例的办法，在系统设计、调试阶段测试这些信息，然后逐步调整，注意一定要让内存堆及任务堆栈有足够的余量，以免引起堆栈溢出，造成系统崩溃。

12.3　总结

FreeRTOS 提供了 5 种动态内存管理方法。heap_1 动态内存管理方法是 5 种方法中最简单的，但是申请的内存不允许释放。heap_2 动态内存管理方法支持动态内存的申请和释放，但是不支持内存碎片的整理。heap_3 动态内存管理方法采用编译器自带的 malloc()函数和 free()函数进行简单的封装，以支持线程安全，即支持多任务调用。heap_4 动态内存管理方法支持动态内存的申请和释放，支持内存碎片整理。heap_5 动态内存管理方法在 heap_4 动态内存管理方法的基础上支持将动态内存设置在不连续的区域上。

思考与练习

1．FreeRTOS 支持哪 5 种动态内存管理方法？各有什么特点？

2．什么叫内存碎片？它是怎样形成的？

3．如果设计的系统需要在运行过程中不断动态申请和释放内存，那么该选用哪种内存管理方法？说明选择的理由。

4．如下程序片段用于统计任务的运行信息并在串口输出，请指出错在什么地方，为什么。

```
char *pcTaskInfo;
vTaskList(pcTaskInfo);
printf("%s\r\n",pcTaskInfo);
```

5．改写本章示例程序，在串口输出任务状态信息、任务运行时间信息及 FreeRTOS 管理的剩余堆栈历史最小值信息，要求上述 3 个信息分别使用不同指针（地址由动态内存分配得到）实现。

第 13 章

智能手表 FreeRTOS 实现

随着电子技术、信息技术的不断发展，智能手表应运而生。智能手表是指具有信息处理功能，符合手表基本技术要求的手表，一般内置操作系统。

本章利用 STM32 微控制器、FreeRTOS 和一些传感显示元件，构造一个简易型智能手表，主要实现以下功能。

时间显示：实现日期、时间、星期显示。

环境感知：实现温度、湿度的采集与显示。

闹钟响铃：在设定时间到来后响铃并震动。

秒表计时：以 0.01s 的精度实现秒表计时。

心率测量：测量并显示心率。

运动计步：通过震动、运动方向检测实现计步和显示。

蓝牙通信：将测量结果通过蓝牙传输给智能手机。

13.1 功能设计

智能手表主要实现时间显示、环境感知、闹钟响铃、秒表计时、心率测量、运动计步、蓝牙通信功能。这些功能通过“模式”键进行切换，当默认的事件发生时，会自动切换到相应界面。除心率测量和秒表计时功能以外，若屏幕操作界面在指定时间内没有按键操作，则会自动关闭屏幕。智能手表功能及状态转移图如图 13-1 所示。

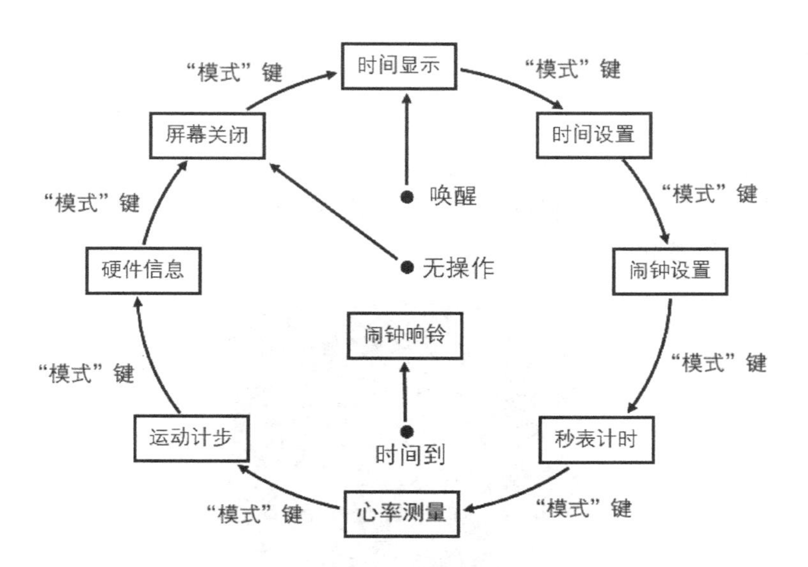

图 13-1　智能手表功能及状态转移图

设置 4 个按键用于智能手表操作，分别如下。

"模式"键：单功能按键，用于智能手表各功能模式的切换。

"功能"键：多功能按键，短按开机，长按关机，当处于设置状态时，短按切换不同设置单元。

"数值加"键：单功能按键，当处于设置状态时，每按一次数值加一。

"数值减"键：单功能按键，当处于设置状态时，每按一次数值减一。

13.1.1　时间显示

按"模式"键进入时间显示界面，该界面主要显示时间、日期、星期、温度及湿度等信息，如图 13-2 所示。

图 13-2　时间显示界面

13.1.2 时间设置

在时间显示界面，按“模式”键进入时间设置界面，如图 13-3 所示。在该界面中，可以设置日期、星期、时间。当前设置单元会以 1Hz 的频率闪烁，用“数值加”键或“数值减”键实现数值的加或减，各设置单元均设置了边界检查功能，以防超出上、下限，用“功能”键定位不同设置单元。

图 13-3 时间设置界面

13.1.3 闹钟设置

在时间设置界面，按“模式”键进入闹钟设置界面，如图 13-4 所示。在该界面中，可以设置闹钟响铃的时间。当前设置单元会以 1Hz 的频率闪烁，用“数值加”键或“数值减”键实现数值的加或减，用“功能”键定位不同设置单元。

图 13-4 闹钟设置界面

13.1.4 闹钟响铃

当到达闹钟设定的时间时，会自动切换到闹钟响铃界面，如图 13-5 所示，同时马达开启发出震动，LED闪烁，闹钟响铃，10s后自动退出响铃界面。

图13-5 闹钟响铃界面

13.1.5 秒表计时

在闹钟设置界面，按“模式”键进入秒表计时界面，如图13-6所示。最大计时时间为1h，计时精度为0.01s。短按“功能”键开启计时，再短按一次“功能”键停止计时。

图13-6 秒表计时界面

13.1.6 心率测量

在秒表计时界面，按“模式”键进入心率测量界面，如图13-7所示。心率测量范围40～180次/min。短按“功能”键开启测量，再短按一次“功能”键停止测量。

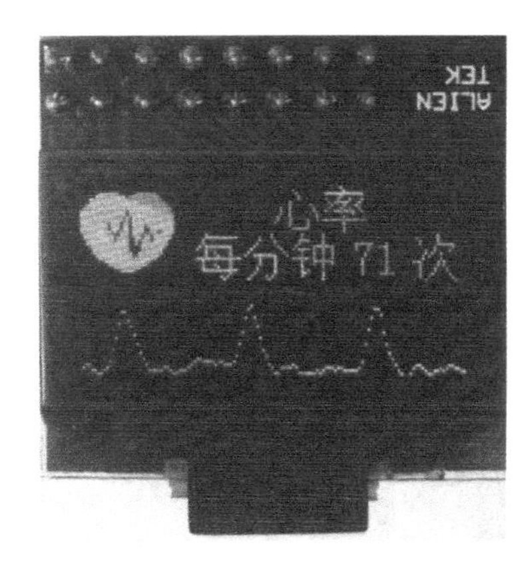

图 13-7 心率测量界面

13.1.7 运动计步

在心率测量界面，按“模式”键进入运动计步界面，如图 13-8 所示。在该界面中，显示当前的运动步数，支持运动步数的动态显示。短按“功能”键可开启或关闭运动信息蓝牙上传功能，当开启运动信息蓝牙上传功能时，屏幕上有“upLoad”指示。

图 13-8 运动计步界面

13.1.8 硬件信息

在运动计步界面，按“模式键”进入硬件信息界面，如图 13-9 所示。在该界面中，可以将 FreeRTOS 任务状态信息和任务运行时间信息、FreeRTOS 剩余堆内存大小等通过串口打印出来，同时通过蓝牙上传，方便程序设计和调整。“数值加”键用于输出任务状态信息，“数值减”键用于输出任务运行时间信息，在输出这些信息前，先用“功能”键申请内存。

图13-9　硬件信息界面

13.2　硬件设计

根据智能手表的功能划分，硬件设计暂不考虑穿戴方面的要求，主要考虑取材容易、简便易行、模块化的设计方案，以方便手上有不同开发板、显示部件的读者实现相关功能。

本项目选用通用 STM32 开发板，STM32F429IGT6 控制芯片，作为智能手表控制核心。显示部分采用 OLED12864 模块，界面简单，容易实现。心率测量采用带模拟输出接口的 Pulse Sensor 模块，易于实现波形显示。运动计步采用带 MPU6050 的 GY-25Z 模块，该模块具有串口输出、编程容易等特点。温湿度采集采用带 I^2C 接口的 AHT10 模块。蓝牙传输采用 ATK-HC05 模块。闹钟响铃采用 LED 及外接震动马达模块。智能手表各模块外观如图13-10所示。

OLED12864 模块

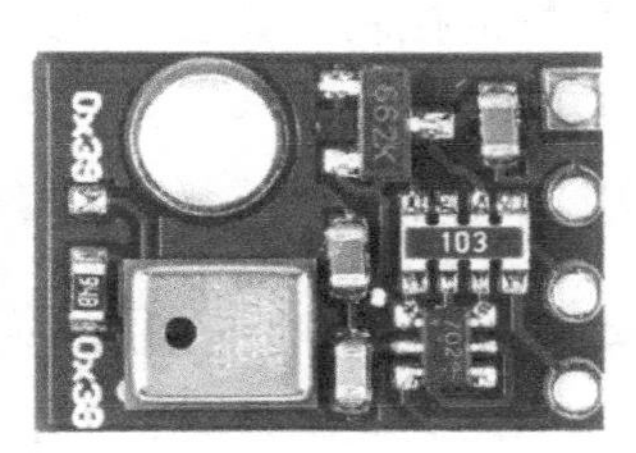

AHT10 模块

Pulse Sensor 模块

震动马达模块

GY-25Z 模块

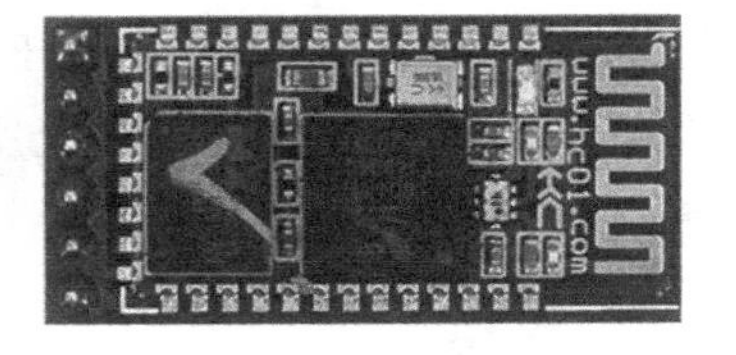

ATK-HC05 模块

图13-10　智能手表各模块外观

13.2.1 硬件系统框图

根据智能手表的功能要求和选定的硬件，以 STM32 微控制器为核心，智能手表的硬件系统框图如图 13-11 所示。

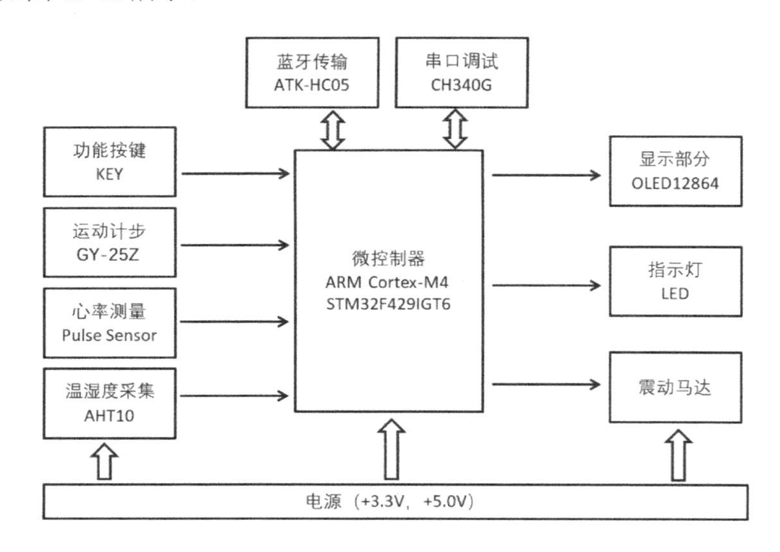

图 13-11　智能手表的硬件系统框图

13.2.2 单元电路

根据智能手表的硬件系统框图，对各单元电路进行分析，并进行详细的硬件设计。通过查阅模块硬件原理图和使用手册，了解各单元模块、芯片的性能特点、电气特性、与单片机的连接方式等，对单元各模块、芯片所需的控制引脚进行 IO 分配，进而将各单元模块与单片机连接起来。

1．STM32F429IGT6 控制芯片

本项目所使用的控制芯片为 STM32F429IGT6，它是 ARM Cortex-M4 带 FPU 的微控制器，采用 LQFP176 封装，运行频率为 180 MHz。该芯片具有 1MB 的 Flash 和 256KB 的 RAM，140 个 GPIO，3 个 12 位的 ADC 和 2 个 12 位的 DAC，17 个定时器，8 个同步/异步串行通信口，6 个 SPI 和 3 个 I^2C 接口，以及带日历的 RTC 等，功能非常强大。

用该芯片作为智能手表的控制器，其实并不会用到它的所有功能，选择这款芯片的主要原因是开发板自带。读者完全可根据自己所拥有的开发板来进行选择，只要是 ARM Cortex-M 微控制器就可以。

2．OLED12864 模块

有机发光二极管（Organic Light-Emitting Diode，OLED）具备自发光、不需要背光源、对比度高、厚度薄、视角广、反应速度快、可用于挠曲性面板、使用温度范围广、构造及

制程较简单等特性，被认为是下一代平面显示器新兴应用技术。

本项目中选用与开发板相适应的 OLED12864 模块。该模块为单色显示模块，通过 1 个 2×8P 间距为 2.54mm 的排针与外部连接，可以直接插在开发板预留的排座上。2×8P 的 OLED 模块如图 13-12 所示。

图 13-12 2×8P 的 OLED12864 模块

OLED12864 模块采用 8080 并口工作模式与单片机进行连接，其引脚功能与 IO 分配如表 13-1 所示。

表 13-1 OLED12864 模块引脚功能与 IO 分配

引　脚	标　号	功　能	IO 分配
1	VCC3.3	模块电源，接 3.3V 电源	
2	GND	电源地	
3	CS	片选，低电平有效	PB7
4	RS	数据命令选择，1=数据，0=命令	PB4
5	WR	写信号，上升沿写入	PH8
6	RD	读信号，上升沿读出	PB3
7	RST	复位，低电平有效	PA15
8	D0	数据线 bit0	PC6
9	D1	数据线 bit1	PC7
10	D2	数据线 bit2	PC8
11	D3	数据线 bit3	PC9
12	D4	数据线 bit4	PC11
13	D5	数据线 bit5	PD3
14	D6	数据线 bit6	PB8
15	D7	数据线 bit7	PB9

表 13-1 中引脚是根据开发板预留的专用 OLED12864 排座分配的引脚，8 个数据口并没有安排在同一组 GPIO 口上，这样会增加编程的难度，并且会影响刷新的速度。实际在进行硬件设计时应该将 8 个数据口安排在同一组 GPIO 口的高 8 位或低 8 位上。

3. AHT10 模块

AHT10 是新一代温湿度传感器，采用标准 I^2C 接口，兼容 SHT20 温湿度传感器。温度测量范围为-40～85℃，测量精度为±0.3℃；湿度测量范围为 0～100%RH，测量精度为±2%RH。

AHT10 模块典型工作电压为 3.3V，工作电流为 23μA，休眠电流为 0.25μA。使用 4×2.54mm 的排针与外部进行连接。AHT10 模块如图 13-13 所示。

图 13-13　AHT10 模块

STM32F429IGT6 有 3 个 I^2C 接口，分配 I2C2 用于连接 AHT10。AHT10 模块引脚功能与 IO 分配如表 13-2 所示。

表 13-2　AHT10 模块引脚功能与 IO 分配

引　脚	标　号	功　能	IO 分配
1	VIN	模块电源，接 3.3V 电源	
2	GND	电源地	
3	SCL	I^2C 时钟信号	PH4，I2C2_SCL
4	SDA	I^2C 数据信号	PH5，I2C2_SDA

4. Pulse Sensor 模块

Pulse Sensor 是一款用于测量心率的光电反射式模拟传感器。将其佩戴于手指、耳垂等处，利用人体组织在血管搏动时造成 Pulse Sensor 透光率不同来进行心率测量。Pulse Sensor 对光电信号进行滤波、放大，最终输出模拟电压值。单片机将采集到的模拟信号转换为数字信号，再通过简单计算就可以得到心率数值。Pulse Sensor 模块如图 13-14 所示。

图 13-14　Pulse Sensor 模块

Pulse Sensor 模块可在 3～5V 的电源电压范围内工作，输出的是模拟信号，接 STM32F429IGT6 的 ADC1 通道 5，经 A/D 转换后可得到心率波形数据。Pulse Sensor 模块引脚功能与 IO 分配如表 13-3 所示。

表 13-3　Pulse Sensor 模块引脚功能与 IO 分配

引　脚	标　号	功　能	IO 分配
1	S	模拟信号输出	PA5，ADC_CH5
2	+	模块电源，接 3.3V	
3	-	电源地，接 GND	

5．GY-25Z 模块

MPU6050 是一种空间运动传感器芯片，体积小、功能强、精度高，可以获取器件当前的 3 个加速度分量和 3 个旋转角速度。通过适当的算法，能比较精确地捕捉使用者在运动时角度及角加速度的变化，从而得出运动步数。

GY-25Z 是集成了 MPU6050 和微处理器的陀螺仪加速度模块，可通过 I^2C 接口输出传感器的原始数据，也可通过串口直接输出角度、角加速度数据。角度测量范围为-180°～180°，测量精度为±1°；角加速度测量范围为-2g～2g。GY-25Z 模块通过 2 个 4×2.54mm 的排针与外部进行连接。GY-25Z 模块如图 13-15 所示。

图 13-15　GY-25Z 模块

GY-25Z 模块工作电源电压范围为 3～5V，串口输出时支持 9600bit/s 和 115 200bit/s 两种波特率，在 115 200bit/s 波特率下，响应频率可以达到 100Hz。GY-25Z 模块引脚功能与 IO 分配如表 13-4 所示。

表 13-4　GY-25Z 模块引脚功能与 IO 分配

引　脚	标　号	功　能	IO 分配
1	VCC	模块电源，接 3.3V 电源	
2	RX	串口数据接收	PA2，USART2_TX
3	TX	串口数据发送	PA3，USART2_RX
4	GND	电源地	
5	RST	无须连接，悬空	未使用
6	B0	无须连接，悬空	未使用

续表

引 脚	标 号	功 能	IO 分配
7	SCL	I2C 时钟信号	未使用
8	SDA	I2C 数据信号	未使用

6. ATK-HC05 模块

HC-05 是一款高性能的主从一体蓝牙串口模块，可以同各种带蓝牙功能的计算机、蓝牙主机、手机、PDA、PSP 等智能终端配对，支持 4800～1 382 400bit/s 的波特率。ATK-HC05 模块自带了一个状态指示灯，可以指示 3 种工作状态。

AT 命令状态：指示灯慢闪（1s 闪 1 次），此时波特率固定为 38 400bit/s。

可配对状态：指示灯快闪（1s 闪 2 次）。

配对成功状态：指示灯双闪（一次闪 2 下，2s 闪一次）。

ATK-HC05 是以 HC-05 模块为核心，通过简单封装而形成的蓝牙模块，用一个 6×2.54mm 的排针与外部进行连接。ATK-HC05 模块如图 13-16 所示。

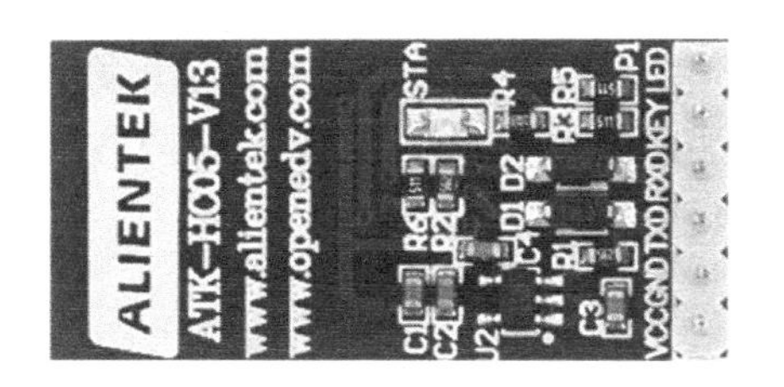

图 13-16　ATK-HC05 模块

ATK-HC05 模块工作电源电压范围为 3～5V。ATK-HC05 模块引脚功能与 IO 分配如表 13-5 所示。

表 13-5　ATK-HC05 模块引脚功能与 IO 分配

引 脚	标 号	功 能	IO 分配
1	LED	配对指示灯	未使用
2	KEY	工作模式选择，1=AT，0=工作	PI11
3	RXD	串口数据接收	PB10，USART3_TX
4	TXD	串口数据发送	PB11，USART3_RX
5	GND	电源地	
6	VCC	模块电源，接 5.0V	

7. 震动马达模块

震动马达模块为一款由 MOS 管驱动的直流震动模块，电机转速大于 9000r/min，可通过 PWM 控制马达的震动强度，该模块通过 3×2.54mm 的排针与外部进行连接。震动马达模块如图 13-17 所示。

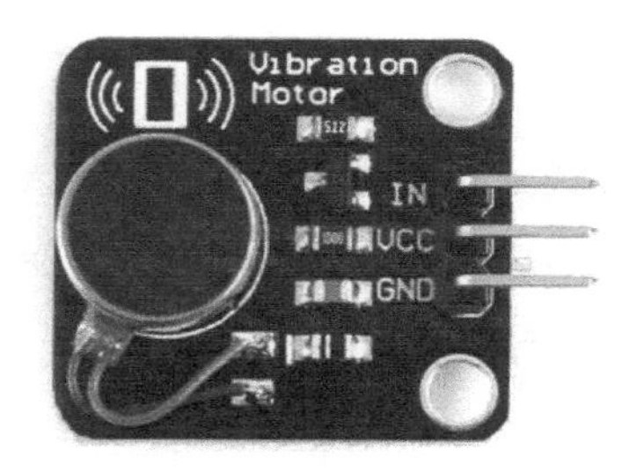

图 13-17 震动马达模块

震动马达模块工作电源电压为 5V，其引脚功能与 IO 分配如表 13-6 所示。

表 13-6 震动马达模块引脚功能与 IO 分配

引 脚	标 号	功 能	IO 分配
1	IN	控制端，高电平震动，低电平停止	PF6
2	VCC	模块电源，接 5.0V 电源	
3	GND	电源地	

8. 功能按键

设置 4 个功能按键：“模式”键 KEY_MODE、“功能”键 KEY_PWR、“数值加”键 KEY_UP 和“数值减”键 KEY_DOWN。按键功能与 IO 分配如表 13-7 所示。

表 13-7 按键功能与 IO 分配

按 键	功 能	IO 分配
KEY_MODE	“模式”键：单功能按键，用于智能手表各功能模式的切换	PC13
KEY_PWR	“功能”键：多功能按键，短按开机，长按关机，当处于设置状态时，短按切换不同设置单元	PA0
KEY_UP	“数值加”键：单功能按键，当处于设置状态时，每按一次数值加一	PH2
KEY_DOWN	“数值减”键：单功能按键，当处于设置状态时，每按一次数值减一	PH3

在表 13-7 中，按键 IO 分配正好对应开发板上的 4 个按键。在实际设计按键时，可分配同一端口的引脚，以简化引脚初始化程序。

9. 指示灯

设置两个指示灯：闹钟响铃指示灯和心率测量工作指示灯。两个指示灯均为低电平点亮。指示灯功能与 IO 分配如表 13-8 所示。

表 13-8 指示灯功能与 IO 分配

指 示 灯	功 能	IO 分配
LED_ALARM	闹钟响铃指示	PB1
LED_RUN	心率测量工作指示	PB0

13.2.3 硬件原理图

按所分配的引脚将各单元模块与单片机连接起来，再配上电源供应电路、时钟电路、复位电路和程序下载电路，智能手表硬件原理图如图 13-18 所示。

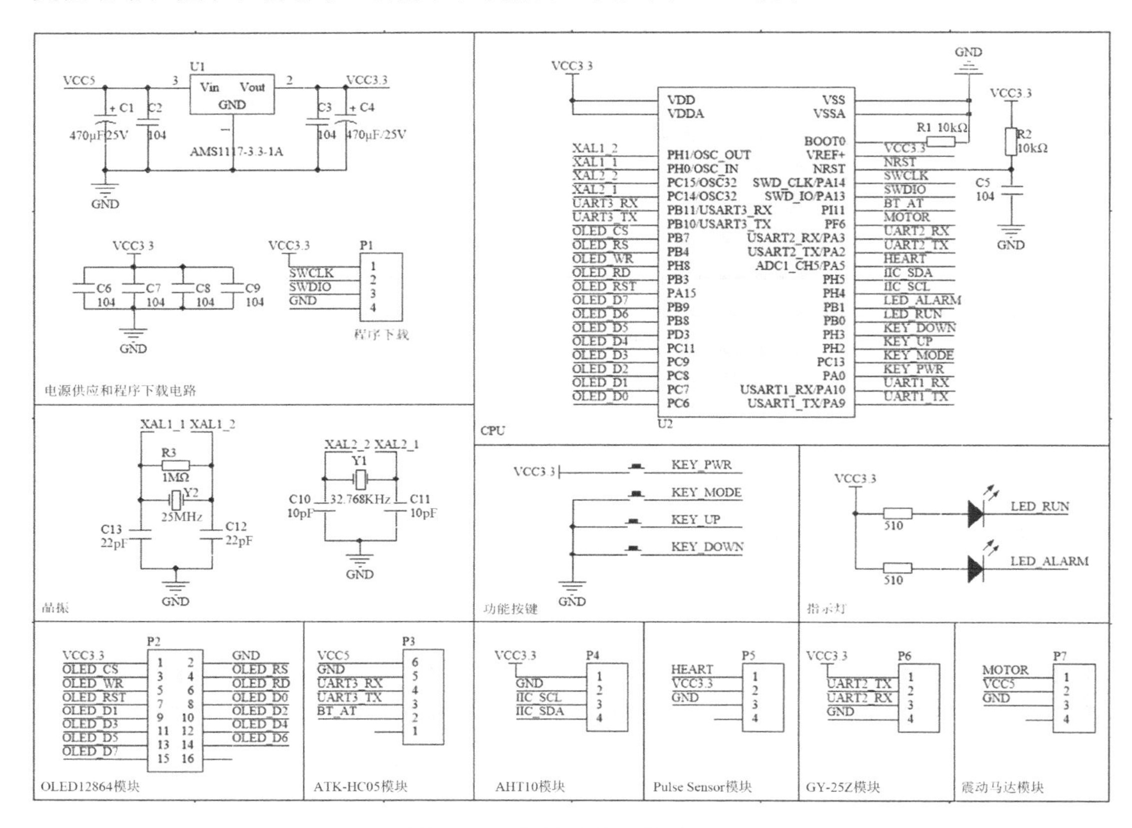

图 13-18 智能手表硬件原理图

13.3 FreeRTOS 工程

智能手表运行于 FreeRTOS 操作系统，构建的 MDK 工程需要移植 FreeRTOS。可以从之前章节已移植好的示例中复制并新建工程，也可以按 FreeRTOS 移植章节介绍的步骤，新建一个基础工程，再把 FreeRTOS 移植过来。

13.3.1 复制并新建 FreeRTOS 工程

从第 12 章中的 FreeRTOS 内存管理示例中复制并新建 FreeRTOS 工程。复制并新建的工程项目分组如图 13-19 所示。

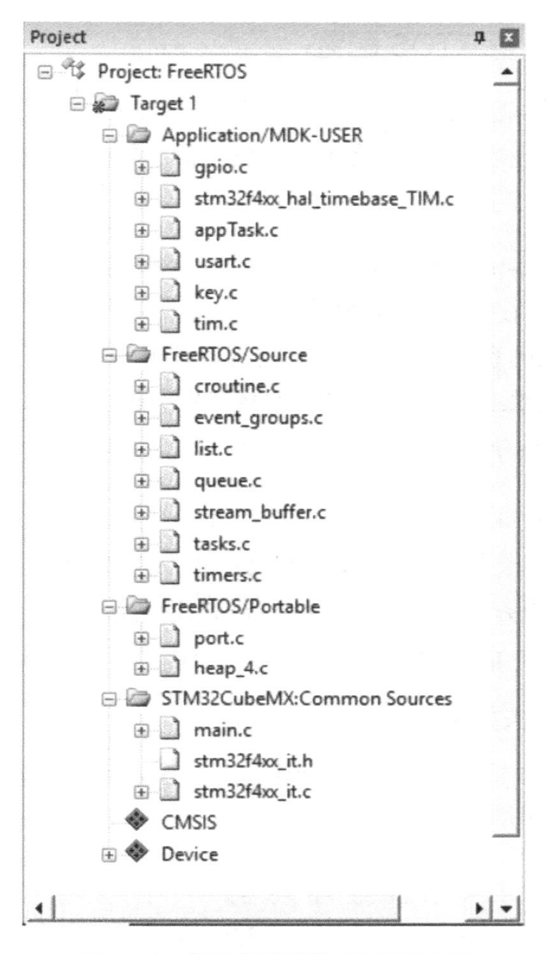

图 13-19 复制并新建的工程项目分组

智能手表的操作系统使用 FreeRTOS-10.3.0 版本，内核文件在 FreeRTOS/Source 分组中，与具体硬件相关的移植层文件在 FreeRTOS/Portable 分组中。

STM32CubeMX:Common Sources 分组是 STM32CubeMX 自动生成和维护的分组，分组的名字不能更改，该分组下也不要添加或移除任何其他文件。

CMSIS 和 Device 分组是 RTE 环境生成和维护的内核系统文件接口及 HAL 库外设驱动文件，当需要使用不同外设时，在 RTE 环境中勾选相应选项即可，系统会自动添加和维护驱动文件。

Application/MDK-USER 分组是用户自建的分组，用于存放用户编制的硬件驱动文件及 STM32CubeMX 生成的外设驱动文件，需要用户手动添加和维护。

13.3.2 智能手表 FreeRTOS 配置

智能手表 FreeRTOS 配置采用第 3 章中的参考配置文件。使能抢占式调度和时间片调度，使能软件定时器，使能信号量，使能任务状态信息和任务运行时间信息统计功能。

1. 系统时钟节拍

系统时钟节拍由嘀嗒定时器产生，在 FreeRTOS 应用项目中，系统时钟节拍的选择非常重要。系统时钟节拍的选择要综合考虑任务数量、任务大小划分、任务运行时间及系统响应时间等因素。过快的系统时钟节拍有时反而会降低系统的性能，因为此时 CPU 把大部分时间都花在任务切换上。本项目使用的系统时钟节拍为 100Hz，时间片长度为 10ms。

```
#define configTICK_RATE_HZ                  ( ( TickType_t ) 100 )
```

2. 最小任务堆栈

最小任务堆栈用于指定空闲任务堆栈大小，以及软件定时器服务任务堆栈大小。FreeRTOS 规定定时器服务任务堆栈为最小任务堆栈的两倍。

```
#define configMINIMAL_STACK_SIZE          ( ( unsigned short ) 512 )
```

3. FreeRTOS 相关头文件

任务与任务、任务与中断之间使用了队列、信号量、软件定时器等进行消息传递与同步，因此需要包含对应的头文件。

```
#include "freertos.h"       /*FreeRTOS 头文件*/
#include "task.h"           /*FreeRTOS 任务实现头文件*/
#include "queue.h"          /*FreeRTOS 队列实现头文件*/
#include "semphr.h"         /*FreeRTOS 信号量实现头文件*/
#include "timers.h"         /*FreeRTOS 软件定时器实现头文件*/
```

13.3.3 用 STM32CubeMX 生成初始化代码

与单片机外设、引脚配置相关的硬件初始化代码，通过工程项目 RTE 环境中配置的 STM32CubeMX 自动生成。在 RTE 环境中启动 STM32CubeMX 后，设置好与硬件相连接的 GPIO，配置系统时钟，选定需要使用的外设，并对外设参数进行一一设置，之后就可一键生成初始化代码。系统时钟配置如图 13-20 所示。

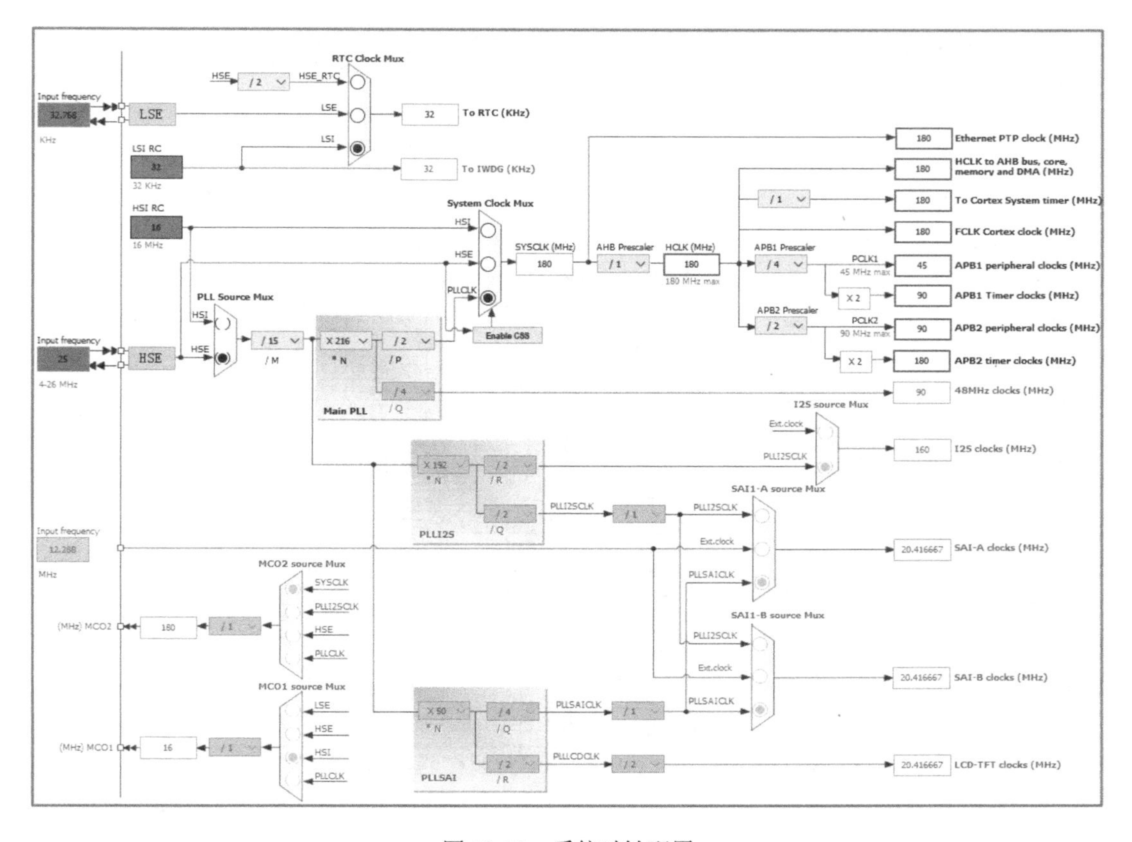

图 13-20　系统时钟配置

1．HAL 库时间基准

STM32CubeMX 生成的初始化代码使用 HAL 库。HAL 库需要一个定时器作为时间基准，本项目中没有使用嘀嗒定时器来提供这个时间基准，而使用了基本定时器 TIM6，这样 FreeRTOS 系统时钟节拍的调整会比较方便。

STM32CubeMX 会自动生成 HAL 库时间基准配置文件，即 stm32f4xx_hal_timebase_TIM.c，将其添加到 Application/MDK-USER 分组中。

2．GPIO 配置

与硬件连接相关的 GPIO，在 STM32CubeMX 中设置其输入/输出模式、上下拉状态、工作速度及默认电平之后，会统一生成 gpio.c 初始化文件，所有 GPIO 引脚的初始化代码都在这个文件中实现，将其添加到 Application/MDK-USER 分组中。智能手表 GPIO 配置如图 13-21 所示。

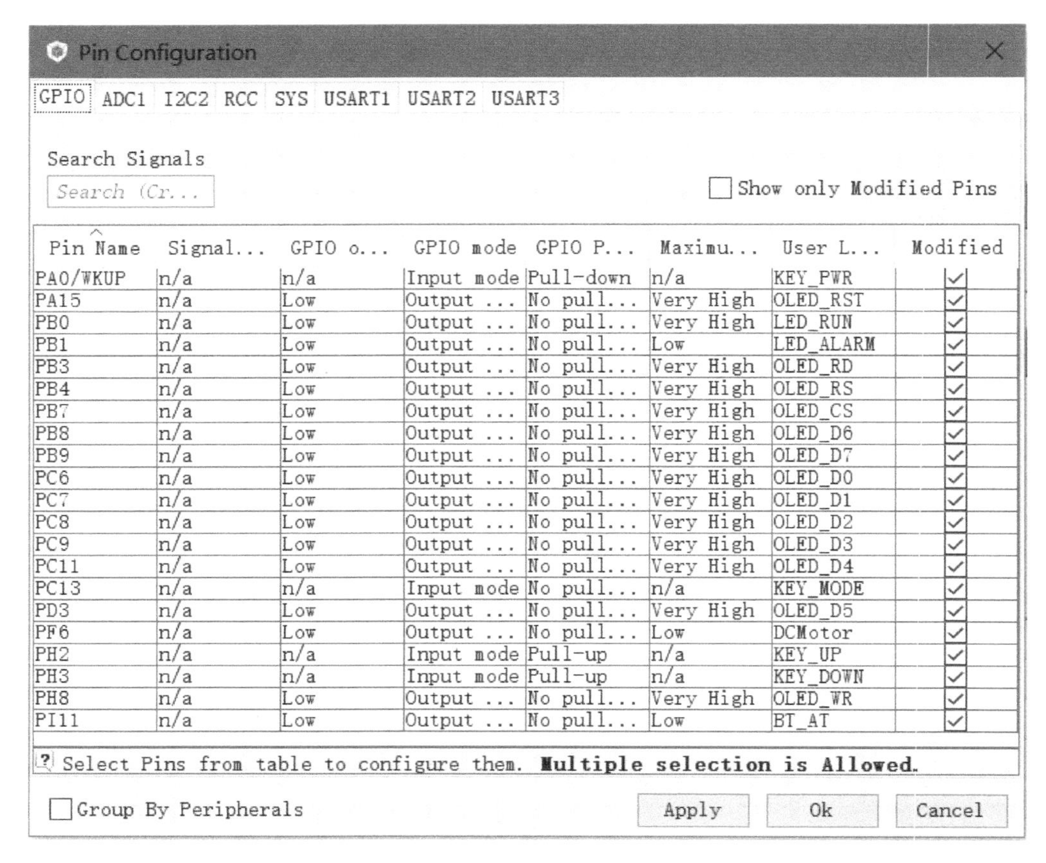

Pin Name	Signal...	GPIO o...	GPIO mode	GPIO P...	Maximu...	User L...	Modified
PA0/WKUP	n/a	n/a	Input mode	Pull-down	n/a	KEY_PWR	✓
PA15	n/a	Low	Output ...	No pull...	Very High	OLED_RST	✓
PB0	n/a	Low	Output ...	No pull...	Very High	LED_RUN	✓
PB1	n/a	Low	Output ...	No pull...	Low	LED_ALARM	✓
PB3	n/a	Low	Output ...	No pull...	Very High	OLED_RD	✓
PB4	n/a	Low	Output ...	No pull...	Very High	OLED_RS	✓
PB7	n/a	Low	Output ...	No pull...	Very High	OLED_CS	✓
PB8	n/a	Low	Output ...	No pull...	Very High	OLED_D6	✓
PB9	n/a	Low	Output ...	No pull...	Very High	OLED_D7	✓
PC6	n/a	Low	Output ...	No pull...	Very High	OLED_D0	✓
PC7	n/a	Low	Output ...	No pull...	Very High	OLED_D1	✓
PC8	n/a	Low	Output ...	No pull...	Very High	OLED_D2	✓
PC9	n/a	Low	Output ...	No pull...	Very High	OLED_D3	✓
PC11	n/a	Low	Output ...	No pull...	Very High	OLED_D4	✓
PC13	n/a	n/a	Input mode	No pull...	n/a	KEY_MODE	✓
PD3	n/a	Low	Output ...	No pull...	Very High	OLED_D5	✓
PF6	n/a	Low	Output ...	No pull...	Low	DCMotor	✓
PH2	n/a	n/a	Input mode	Pull-up	n/a	KEY_UP	✓
PH3	n/a	n/a	Input mode	Pull-up	n/a	KEY_DOWN	✓
PH8	n/a	Low	Output ...	No pull...	Very High	OLED_WR	✓
PI11	n/a	Low	Output ...	No pull...	Low	BT_AT	✓

图 13-21　智能手表 GPIO 配置

3. 用于任务运行时间统计的定时器 TIM7

在程序设计、编码和调试阶段，需要对任务大小划分、堆栈大小等进行调整，任务状态信息和任务运行时间信息可提供有效的帮助，待代码正式发布时再将此功能移除。本项目中使用基本定时器 TIM7 作为任务运行时间信息统计的时间基准，要求该时间基准精度是系统时钟节拍的 10 倍以上，具体参阅第 6 章相关内容。因系统时钟节拍已调整为 100Hz，TIM7 的时基单元配置成 1ms 溢出，并开启 TIM7 全局中断，如图 13-22 所示。

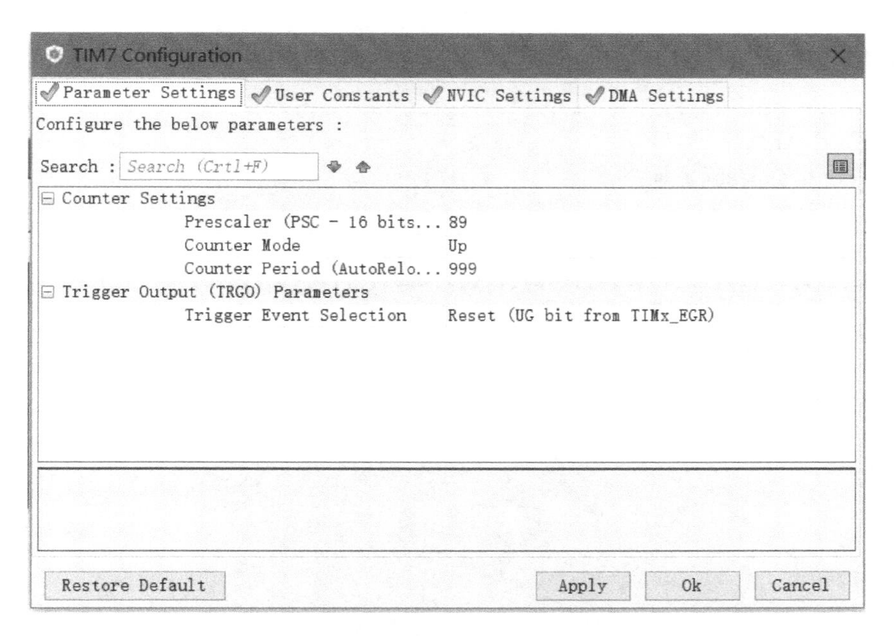

图 13-22　任务运行时间信息统计 TIM7 配置

配置好 TIM7 这个时间基准后，STM32CubeMX 会自动生成 tim.c 文件，将其添加到 Application/MDK-USER 分组中。

13.4　算法及驱动

在购买模块时，厂家一般都会提供硬件驱动和示例代码。本项目中使用到的驱动程序基本都来自厂家提供的硬件驱动和示例代码。与单片机外设、引脚配置相关的硬件初始化代码则通过 STM32CubeMX 自动生成。

13.4.1　OLED12864 模块

采用 oled.c 和 oled.h 这一对文件来管理 OLED12864 模块，将 oled.c 文件添加到项目分组中，字模点阵信息放在 oledfont.h 文件中，图片显示信息放在 oledbmp.h 文件中。

OLED12864 模块有效显示区域为水平 128 点，垂直 64 点，垂直 64 点分为 8 个页面，采用显示缓冲区的方式更新显示内容，显示缓冲区的定义如下。

```
uint8_t ucGram[128][8];          /*OLED12864 显示缓冲区*/
```

将要显示的内容先写到这个显示缓冲区中，然后通过 OLED_Refresh_Gram()函数把显示缓冲区中的全部内容一次性刷新到 OLED1264 上。

1．初始化

控制引脚已经在 STM32CubeMX 中自动生成了初始化代码，存放在 gpio.c 文件中。

引脚初始化之后，调用 OLED_Init()函数，用一序列指令初始化 SSD1306 控制器。

```
/*************************************************************************
* 函 数 名:OLED_Init
* 功能说明:初始化 SSD1306 控制器
* 形    参:无
* 返 回 值:无
*************************************************************************/
void OLED_Init(void)
{
    OLED_WR=1;
    OLED_RD=1;
    OLED_CS=1;
    OLED_RS=1;

    OLED_RST=0;
    HAL_Delay(100);
    OLED_RST=1;

    /*按厂家给出的初始化代码初始化 SSD1306 控制器*/
    OLED_WriteByte(0xAE,OLED_CMD);
    OLED_WriteByte(0xD5,OLED_CMD);
    OLED_WriteByte(80,OLED_CMD);
    OLED_WriteByte(0xA8,OLED_CMD);
    OLED_WriteByte(0X3F,OLED_CMD);
    OLED_WriteByte(0xD3,OLED_CMD);
    OLED_WriteByte(0X00,OLED_CMD);
    OLED_WriteByte(0x40,OLED_CMD);
    OLED_WriteByte(0x8D,OLED_CMD);
    OLED_WriteByte(0x14,OLED_CMD);
    OLED_WriteByte(0x20,OLED_CMD);
    OLED_WriteByte(0x02,OLED_CMD);
    OLED_WriteByte(0xA1,OLED_CMD);
    OLED_WriteByte(0xC0,OLED_CMD);
    OLED_WriteByte(0xDA,OLED_CMD);
    OLED_WriteByte(0x12,OLED_CMD);
    OLED_WriteByte(0x81,OLED_CMD);
    OLED_WriteByte(0xEF,OLED_CMD);
    OLED_WriteByte(0xD9,OLED_CMD);
    OLED_WriteByte(0xf1,OLED_CMD);
    OLED_WriteByte(0xDB,OLED_CMD);
    OLED_WriteByte(0x30,OLED_CMD);
    OLED_WriteByte(0xA4,OLED_CMD);
```

```
    OLED_WriteByte(0xA6,OLED_CMD);
    OLED_WriteByte(0xAF,OLED_CMD);
    OLED_Clear();
}
```

2. ASCII 字符显示

驱动程序支持 12、16、24 点阵的可打印 ASCII 字符显示。要显示这些点阵的字符，需要用取模软件对字符集进行取模，取模后的点阵数据放在 oledfont.h 文件中。每种点阵字符对应定义一个字符点阵数组。

```
const unsigned char asc2_1206[95][12];          /*1206 ASCII 字符点阵*/
const unsigned char asc2_1608[95][16]           /*1608 ASCII 字符点阵*/
const unsigned char asc2_2412[95][36]           /*2412 ASCII 字符点阵*/
```

在取模时要根据硬件显示原理、数据传输方式等对取模方式进行设置。本项目采用阴码、逐列式、顺向的取模方式，生成 C51 格式点阵数据，如图 13-23 所示。

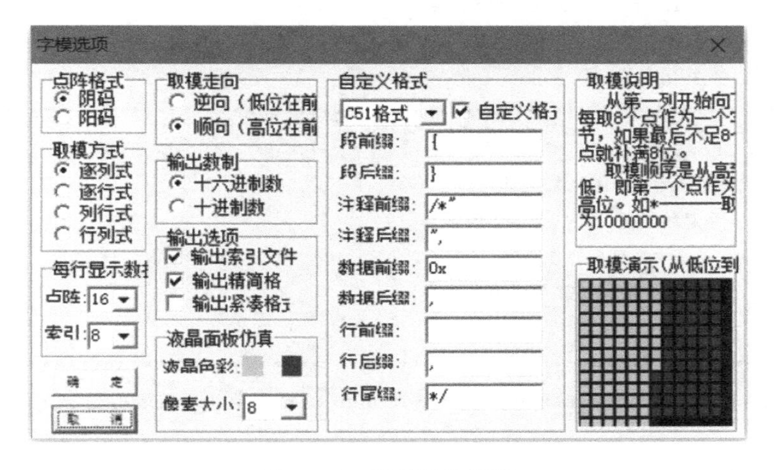

图 13-23　取模软件设置

驱动程序提供两个 ASCII 字符显示函数用于外部调用；一个是数值显示函数 OLED_ShowNum()；另一个是字符串显示函数 OLED_ShowString()。

```
/***********************************************************************
* 函 数 名:OLED_ShowNum
* 功能说明:在指定位置显示数字
* 形    参: x,y, 显示起始坐标
           num, 要显示的数字
           len, 数字共多少位
           size, 所要显示的数字点阵大小
* 返 回 值:无
***********************************************************************/
void OLED_ShowNum(uint8_t x,uint8_t y,uint32_t num,uint8_t len,uint8_t size)
```

```
{
    uint8_t t,temp;
    uint8_t enshow=0;
    for(t=0;t<len;t++)
    {
        temp=(num/mypow(10,len-t-1))%10;
        if(enshow==0&&t<(len-1))
        {
            if(temp==0)
            {
                OLED_ShowChar(x+(size/2)*t,y,' ',size,1);          /*调用单个字符显示函数*/
                continue;
            }else enshow=1;

        }
         OLED_ShowChar(x+(size/2)*t,y,temp+'0',size,1);
    }
}
/***************************************************************************
* 函 数 名:OLED_ShowString
* 功能说明:在指定位置显示一串 ASCII 字符
* 形    参:x,y, 显示起始坐标
          *p, 指向要显示字符串的首地址
          Size, 所要显示的 ASCII 字符点阵大小
* 返 回 值:无
***************************************************************************/
void OLED_ShowString(uint8_t x,uint8_t y,const uint8_t *p,uint8_t size)
{
    while((*p<='~')&&(*p>=' '))
    {
        if(x>(128-(size/2))){x = 0;y += size;}
        if(y>(64-size)){y = x = 0;OLED_Clear();}
        OLED_ShowChar(x,y,*p,size,1);                           /*调用单个字符显示函数*/
        x += size/2;
        p++;
    }
}
```

数值显示函数按数值从高位到低位的顺序取出要显示的数字，并将其转换成 ASCII 字符，然后在指定点阵大小的字模里取出点阵信息，调用 OLED_ShowChar()函数逐个显示。字符串显示函数相对简单，将字符挨个取出，调用 OLED_ShowChar()函数显示取出的字符。

3. 中文显示

中文显示与 ASCII 字符显示类似，也需要用取模软件事先生成待显示点阵大小的汉字字模，取模软件的设置与ASCII字符取模软件的设置一致。

由于汉字非常多，因此处理汉字字模有几种不同的方法。第一种方法是将GB 2312汉字全部取出，保存为一个字库文件供调用，这种方法一般需要文件系统的支持。第二种方法也是将GB 2312汉字全部取出，但不是写入文件，而是一次性写入Flash，在使用时通过查找汉字在Flash中的位置将汉字字模取出并显示，这种方法需要较大的Flash存储空间。第三种方法比较简便，将项目中使用到的所有汉字字模取出，保存为一个字模数组，在显示时通过查找汉字在字模数组中的位置，将汉字字模取出并显示。本项目采用第三种方法，显示16×16点阵的汉字。

为方便查找汉字在字模数组中的位置，定义一个 16×16 点阵的字体结构体并命名为hzGB16_t。该结构体有两个成员：第一个成员用于索引汉字；第二个成员用于保存字模信息。

```
typedef struct{                              /* 汉字字模数据结构*/
    unsigned char Index[2];                  /* 汉字内码索引*/
    unsigned char Msk[32];                   /* 点阵码数据*/
}hzGB16_t;
```

将取模软件取出的汉字字模点阵放到hzGB16_t类型的GBHZ_16[]字模数组中。

```
/*汉字字模点阵*/
const hzGB16_t GBHZ_16[]={
"分",
0x01,0x00,0x02,0x01,0x04,0x02,0x09,0x04,0x11,0x18,0x61,0xE0,0x01,0x00,0x01,0x02,
0x01,0x01,0xC1,0x02,0x31,0xFC,0x08,0x00,0x04,0x00,0x02,0x00,0x01,0x00,0x00,0x00,
"米",
0x00,0x04,0x02,0x04,0x42,0x08,0x22,0x10,0x1A,0x20,0x02,0xC0,0x03,0x00,0xFF,0xFF,
0x03,0x00,0x02,0xC0,0x0A,0x20,0x12,0x10,0x62,0x08,0x02,0x04,0x00,0x04,0x00,0x00,
"次",
0x00,0x40,0x40,0x40,0x30,0x7E,0x01,0x80,0x06,0x01,0x01,0x02,0x02,0x04,0x0C,0x18,
0xF0,0x60,0x13,0x80,0x10,0x60,0x10,0x18,0x14,0x04,0x18,0x02,0x00,0x01,0x00,0x00,
"千",
0x01,0x00,0x01,0x00,0x21,0x00,0x21,0x00,0x21,0x00,0x21,0x00,0x21,0x00,0x3F,0xFF,
0x41,0x00,0x41,0x00,0x41,0x00,0xC1,0x00,0x41,0x00,0x01,0x00,0x01,0x00,0x00,0x00,
"步",
0x02,0x01,0x02,0x09,0x02,0x11,0x3E,0x62,0x02,0x02,0x02,0x02,0x02,0x04,0xFF,0xF4,
0x22,0x08,0x22,0x08,0x22,0x10,0x22,0x20,0x22,0x40,0x02,0x00,0x02,0x00,0x00,0x00,
"卡",
0x02,0x00,0x02,0x00,0x02,0x00,0x02,0x00,0x02,0x00,0x02,0x00,0xFF,0xFF,0x22,0x00,
0x22,0x00,0x22,0x40,0x22,0x20,0x22,0x10,0x22,0x08,0x02,0x00,0x02,0x00,0x00,0x00,
```

```
"℃",
0x60,0x00,0x90,0x00,0x90,0x00,0x67,0xE0,0x1F,0xF8,0x30,0x0C,0x20,0x04,0x40,0x02,
0x40,0x02,0x40,0x02,0x40,0x02,0x40,0x02,0x20,0x04,0x78,0x08,0x00,0x00,0x00,0x00,
};
```

有了字模数组，还须找出要显示的汉字在字模数组中的位置，通过 findHzIndex()函数实现。

```
/*****************************************************************************
* 函 数 名:findHzIndex
* 功能说明:查找汉字在自定义字库中的索引
* 形    参:*hz, 汉字(机内码)指针
          size, 所要显示的汉字点阵大小
* 返 回 值:汉字在字模数组中的序号
*****************************************************************************/
static uint8_t findHzIndex(uint8_t *hz,uint8_t size)
{
    uint8_t i = 0,total = 0;
    if(size == 16)
    {
        hzGB16_t *ptGb = (hzGB16_t *)GBHZ_16;
        total = (uint8_t)(sizeof((hzGB16_t *)GBHZ_16) / sizeof(hzGB16_t) - 1);
        while(ptGb[i].Index[0] > 0x80)
        {
            if ((*hz == ptGb[i].Index[0]) && (*(hz+1) == ptGb[i].Index[1]))
            {
                return i;        /*找到汉字，返回其在字模数组中的序号*/
            }
            i++;
            if(i > total)        /*搜索结束*/
            {
                break;
            }
        }
    }
    return 0;
}
```

找到要显示的汉字字模后，将汉字字模取出，通过 OLED_ShowChinese()函数将该汉字字模更新到显示缓冲区。

```
/*****************************************************************************
* 函 数 名:OLED_ShowChinese
* 功能说明:在指定位置显示一个汉字
* 形    参:x,y, 显示起始位置
```

```
         *p，要显示汉字（机内码）指针
         size，所要显示的汉字点阵大小
         mode，显示模式，1表示正常显示，0表示反白显示
* 返 回 值:无
****************************************************************************/
static void OLED_ShowChinese(uint8_t x,uint8_t y,uint8_t *p,uint8_t size,uint8_t
mode)
{
    char *temp,cData;
    uint8_t t,t1,hzIndex = 0;
    uint8_t y0 = y;
    uint8_t csize = (size/8+((size%8)?1:0))*(size);
    hzIndex = findHzIndex(p,16);
    if(size == 16) temp = (char *)GBHZ_16[hzIndex].Msk;
    else return;
    for(t=0;t<csize;t++)
    {
        cData = *temp;
        for(t1=0;t1<8;t1++)
        {
            if(cData&0x80)OLED_DrawPoint(x,y,mode);
            else OLED_DrawPoint(x,y,!mode);         /*调用打点函数输出汉字字模*/
            cData <<= 1;
            y++;
            if((y-y0)==size)
            {
                y=y0;
                x++;
                break;
            }
        }
        temp++;
    }
}
```

最后给出连续的汉字显示函数 OLED_ShowHz16()，供外部程序调用，用于显示连续的汉字。

```
/****************************************************************************
* 函 数 名:OLED_ShowHz16
* 功能说明:在指定位置显示多个16×16点阵的汉字，支持自动换行
* 形    参:x,y，显示起始坐标
         *p，要显示汉字（机内码）的首地址
         size，所要显示的汉字点阵大小
```

```
* 返 回 值:无
*******************************************************************************/
void OLED_ShowHz16(uint8_t x,uint8_t y,uint8_t *p,uint8_t size)
{
    while(*p != '\0')
    {
        if(x>(128-size)) {x = 0;y += size;}
        if(y>(64-size)) {y = x = 0;OLED_Clear();}
        OLED_ShowChinese(x,y,p,size,1);
        x += size;
        p += 2;
    }
}
```

4. 图片显示

OLED12864 只能显示 128×64 点阵以内的黑白图片。每幅图片需要保存为 BMP 单色位图格式，注意大小不能超过 128×64 点阵，否则要等比调整大小至范围以内。将图片转换成点阵信息可以使用 imageToLCD 软件，生成的数据包含图片宽度和高度信息。也可以使用前面介绍的取模软件，切换成图形模式，取模设置与 ASCII 字符的取模设置一致。本项目采用后者来生成点阵信息，将生成的点阵信息放入一维数组，一个图片对应一个一维数组，统一保存在 oledbmp.h 文件中。

```
const unsigned char footL[] = {/* (29 X 60 ) */......}          /*计步图片 1*/
const unsigned char footR[] = {/* (28 X 60 ) */......}          /*计步图片 2*/
const unsigned char alarm1[]={/* (52 X 50 ) */......}           /*闹铃图片 1*/
const unsigned char alarm2[]={/* (70 X 60 ) */......}           /*闹铃图片 2*/
const unsigned char heart1[]={/* (35 X 32 ) */......}           /*心率图片 1*/
const unsigned char heart2[]={/* (71 X 64 ) */......}           /*心率图片 2*/
```

图片显示函数 OLED_DrawBmp()用于显示不大于 128×64 点阵的黑白图片，由于图片转换软件生成的点阵信息没有包含图片宽度和高度信息，因此在调用 OLED_DrawBmp()函数时要指明所要显示的图片宽度和高度。

```
/*******************************************************************************
* 函 数 名:OLED_DrawBmp
* 功能说明:从指定坐标开始显示指定宽度和高度的 BMP 黑白图片
* 形    参:*bmp，图片点阵数组首地址
          x1,y1，起始坐标
          width,heigh，图片宽度和高度
          mode，1 表示正常显示，0 表示反转显示
* 返 回 值:无
*******************************************************************************/
void OLED_DrawBmp(const unsigned char *bmp,uint8_t x1,uint8_t y1,uint8_t width,
```

```
            uint8_t heigh,uint8_t mode)
{
    uint8_t x,y,y2,cData,t1;
    y2=(heigh%8)? heigh/8+1:heigh/8;
    for(x=0;x<=width;x++)
    {
        for(y=0;y<y2;y++)
        {
            cData=bmp[x*y2+y];
            for(t1=0;t1<8;t1++)
            {    /*调用打点函数输出图片点阵*/
                if(cData&0x80) OLED_DrawPoint(x1+x,y1+y*8+t1,mode);
                else OLED_DrawPoint(x1+x,y1+y*8+t1,!mode);
                cData <<= 1;
            }
        }
    }
}
```

13.4.2　AHT10

采用硬件 I^2C 驱动来操作 AHT10。在 RTE 环境中启动 STM32CubeMX，配置 I^2C 2 的时钟线和数据线（PH4、PH5）为开漏复用模式，内部不接上拉电阻，也不接下拉电阻，如图 13-24 所示。

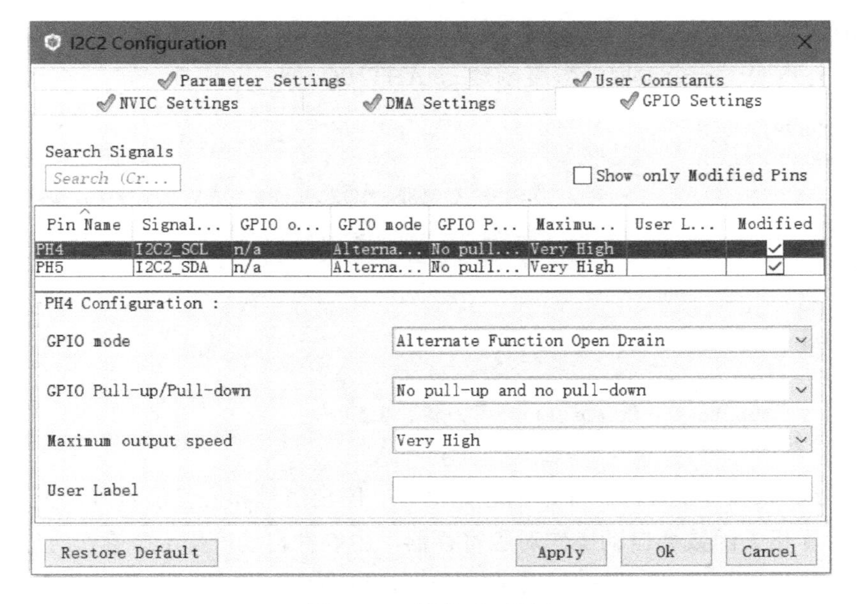

图 13-24　硬件 I^2C 配置

STM32 微控制器的 I^2C 支持主机模式和从机模式，支持 100kHz 的标准速率模式和 400KHz 的快速模式。当与 AHT10 进行通信时，STM32 微控制器的 I^2C 为主机模式。I^2C 工作模式的配置如图 13-25 所示。

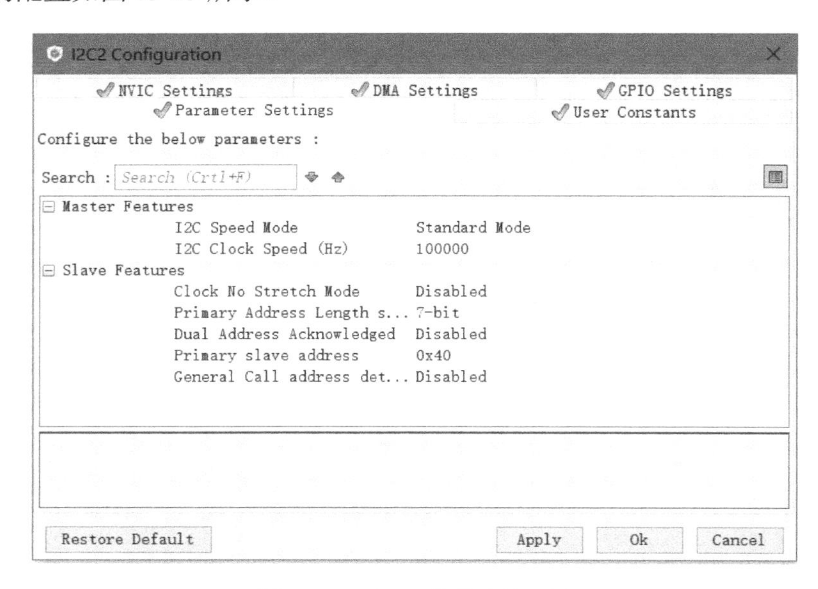

图 13-25 I^2C 工作模式的配置

配置好 I^2C 工作模式后重新生成代码，STMCubeMX 会自动生成 i2c.c 和 i2c.h 这一对文件，i2c.c 文件中包含引脚配置和工作模式设置等初始化代码，将其添加到项目分组中。

另外新建一对文件 apphumitmp.c 和 apphumitmp.h，调用 HAL 库提供的 I^2C 读写函数来操作 AHT10，以获得当前环境的温湿度。头文件中定义了一个用于保存温湿度结果的结构体，另外声明了一个读取温湿度函数 getAHT10()。

```
#ifndef _APPHUMITMP_H
#define _APPHUMITMP_H
#include "i2c.h"                          /*使用 STM32CubeMX 生成的 HAL 库 I²C 初始化代码*/
/*温湿度结构体*/
typedef struct{
    float humi;
    float temp;
}ahtData_t;
void getAHT10(ahtData_t * ahtData);      /*读取温湿度*/
#endif
```

用硬件 I^2C 来操作 AHT10，I^2C 的起始信号、停止信号和应答信号等都无须用户手动产生，HAL 库相关函数会自动操作对应寄存器，由硬件自动产生 I^2C 操作时序。

AHT10 的地址为 0x38，是一个 7 位地址，HAL 库的 I^2C 操作函数并不会自动将该地址与读写信号一起转换成 8 位读写地址，须由用户手动计算确定。用硬件 I^2C 读写 AHT10

获取温湿度转换结果的代码如下。

```
#include "apphumitmp.h"                         /*温湿度采集头文件*/
/*HAL 库 I²C 驱动，使用 7 位地址，AHT10 的地址为 0x38
 *但 HAL 库操作只简单将写地址最低位清 0，读地址最低位置 1
 *并没有左移 1 位，形成 8 位读写地址，所以还要人工转换*/
#define AHT_ADDRESS    0x70                     /*AHT10 的地址*/
/*AHT10 复位指令，开始转换指令及读取温湿度缓冲区*/
static    uint8_t    mesCmd[3]={0xac,0x33,0x00};
static    uint8_t    rstAht[3]={0xe1,0x08,0x00};
static    uint8_t    rhTemp[6]={0};
/******************************************************************************
* 函 数 名:getAHT10
* 功能说明:通过 HAL 库 I²C 操作函数，获取 AHT10 温湿度结果
* 形    参:*ahtData，温湿度结果结构体指针
* 返 回 值:无
******************************************************************************/
void getAHT10(ahtData_t *ahtData)
{
    uint32_t rht=0;
    /*复位 AHT10，多字节写，超时时间宜大一些*/
    HAL_I2C_Master_Transmit(&hi2c2,AHT_ADDRESS,rstAht,3,1000);
    HAL_Delay(10);                              /*操作之间适当插入延时*/
    /*开始转换，多字节写，超时时间宜大一些*/
    HAL_I2C_Master_Transmit(&hi2c2,AHT_ADDRESS,mesCmd,3,1000);
    HAL_Delay(85);                              /*转换至少需要 80ms*/
    /*读取转换结果*/
    HAL_I2C_Master_Receive(&hi2c2,AHT_ADDRESS,rhTemp,6,1000);
    /*结果共 6B: 状态-湿度-湿度-湿度(4)温度(4)-温度-温度*/
    rht=(rhTemp[1]<<12) + (rhTemp[2]<<4) + (rhTemp[3]>>4);
    ahtData->humi=rht*100.0/1024/1024;          /*计算湿度*/
    rht=((rhTemp[3]&0x0f)<<16)+(rhTemp[4]<<8)+rhTemp[5];
    ahtData->temp=rht*200.0/1024/1024-50;       /*计算温度*/
}
```

代码中的复位和启动转换命令序列，由 AHT10 手册给定。转换结果共占 6B，分别是 AHT10 状态字、湿度[19:12]、湿度[11:4]、湿度[3:0]温度[19:16]、温度[15:8]、温度[7:0]，将其组合后按 AHT10 手册给定的公式计算即可得出当时的温湿度。

13.4.3 心率测量

Pulse Sensor 模块输出的是模拟信号，经 A/D 转换后的数据才能被单片机处理。在 RTE 环境中启动 STM32CubeMX，配置 ADC1 的通道 5（PA5）为模拟输入，内部不接上拉电阻，也不接下拉电阻。ADC 参数设置为独立、连续转换模式、不开启 DMA。因心率测量读取 A/D 转换结果的时间间隔较长，故 ADC 时钟可以取得低一些，采样时间也可以取得长一些，以滤除一些干扰。ADC 参数设置如图 13-26 所示。

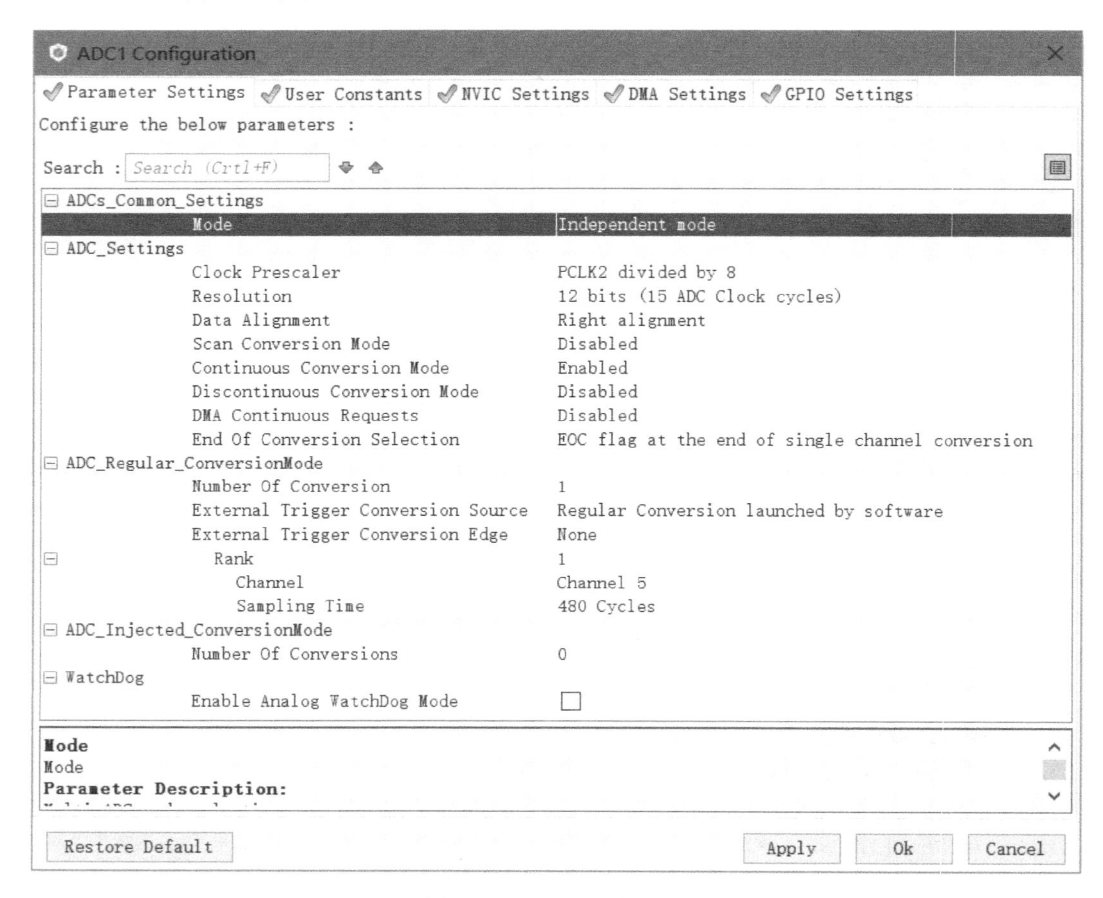

图 13-26　ADC 参数设置

设置好 ADC 参数后重新生成代码，STM32CubeMX 会自动生成 adc.c 和 adc.h 这一对文件，adc.c 文件中包含引脚配置和 ADC 参数设置等初始化代码，将其添加到项目分组中。

新建一对文件 appheart.c 和 appheart.h，用于传感器数据采集、滤波和心率计算。头文件中定义了一个让采集任务以固定频率运行的宏 HEART_PERIOD，这个宏是进行心率计算的时间基准。另外声明了一个计算心率、获取图形绘制顶点数据的函数 getPulse ()，供外部调用。

```
#ifndef _APPHEART_H
#define _APPHEART_H
#include "adc.h"                    /*使用STM32CubeMX生成的HAL库ADC初始化代码*/
#define HEART_PERIOD    20          /*心率采集周期，单位为ms*/
extern uint16_t usPulse[128];       /*心率采集缓存数组*/
extern uint8_t  ucPos;              /*心率数据保存位置*/
/*计算心率，获取图形绘制顶点数据*/
void getPulse(uint8_t *pulse,uint16_t *maxValue);
#endif
```

在测量心率时，FreeRTOS任务以HEART_PERIOD为周期，周期性地调用数据采集、滤波和心率计算函数，以得到心率值，以及图形绘制顶点数据。

```
uint16_t usPulse[128];                          /*心率采集缓存数组*/
uint8_t  ucPos=0;                               /*心率数据保存位置*/
/**************************************************************************
* 函 数 名:getPulse
* 功能说明:采集心率数据，每个采集周期计算一次心率
* 形    参:*pulse，心率计算结果指针
          *maxValue，图形绘制顶点指针
* 返 回 值:无
**************************************************************************/
void getPulse(uint8_t *pulse,uint16_t *maxValue)
{
   uint16_t usData;
   *pulse=0;                                    /*若采集数据不到一个周期则清0*/
   *maxValue=0;
   usData = HAL_ADC_GetValue(&hadc1);           /*获取A/D转换结果*/
   usPulse[ucPos++] = usData;                   /*保存，共128点*/
   if (ucPos>=128)                              /*完成一轮采集*/
   {
      ucPos = 0;
      scaleData();                              /*为心率计算和图形绘制准备数据*/
      calculatePulse(pulse,maxValue);           /*计算心率，获取图形绘制顶点数据*/
   }
}
```

程序中的心率计算采用先采集后计算的方法，并兼顾OLED12864波形显示。在一个采集周期内采集128个测量数据，存入usPulse[128]数组，此时，OLED12864也正好能一屏显示这128个测量数据。

正常人的心率范围为60～100次/min，故采集周期HEART_PERIOD取20ms比较合适，此时，0.02×128×60/60=2.56，即一个采集周期内至少包含两个心率波，通过测量两个心率波之间的时间差就可计算出心率。若要扩大心率的测量范围，则可适当增大采集周期。

心率波波形及时间差示意图如图 13-27 所示。

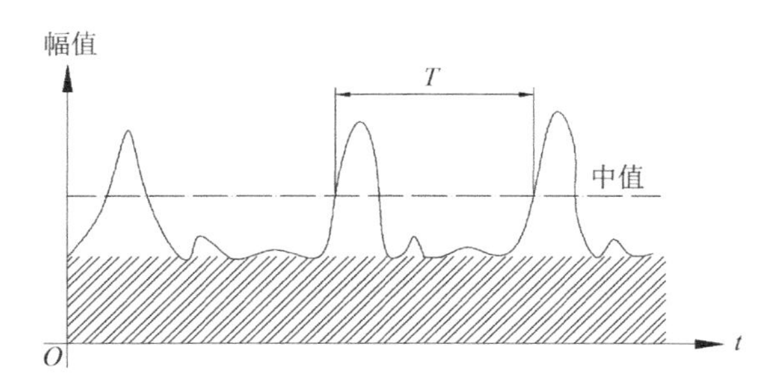

图 13-27　心率波波形及时间差示意图

在没有检测到心率时，传感器的模拟输出会有一个固定的电压，如图 13-27 中阴影部分所示，此电压对心率测量来说相当于共模电压，可用数字滤波的方法将其滤除。经数字滤波处理后的 128 个测量数据中滤除了共模数据，只保留心率波波谷到波峰之间的数值，这样做一方面便于检测心率波波峰，另一方面便于心率波波形显示。

```
/***************************************************************************
* 函 数 名:scaleData
* 功能说明:滤除一个测量周期内的共模数据，只要差模数据，以放大波形曲线
* 形    参:无
* 返 回 值:无
***************************************************************************/
void scaleData()
{
    uint8_t i;
    uint16_t usMax,usMin,usDelter;
    usMax = getArrayMax(usPulse,128);
    usMin = getArrayMin(usPulse,128);
    usDelter = usMax - usMin;
    if(usDelter<200)              /*心率差模阈值，与 A/D 转换精度有关*/
        for(i=0;i<128;i++)
            usPulse[i]=usDelter/2;
    else
        for(i=0;i<128;i++)
            usPulse[i]=usDelter*(usPulse[i]-usMin)/usDelter;
}
```

心率计算采用计算两个心率波的时间差的算法。程序在一个采集周期的 128 个测量数据内，寻找两个心率波，通过这两个心率波的时间差来计算心率。

```
/***************************************************************************
* 函 数 名:calculatePulse
* 功能说明:计算心率，获取图形绘制顶点数据
```

```
* 形   参:*pulse，心率计算结果指针
        *maxValue，图形绘制顶点指针
* 返 回 值:无
****************************************************************************/
static void calculatePulse(uint8_t *pulse,uint16_t *maxValue)
{
    uint8_t i,firstTime,secondTime;
    uint8_t PrePluse,Pulse;
    uint16_t usMax,usMin,usMid;

    /*通过缓存数组获取心率波波峰、波谷值，计算中间值作为判定参考阈值*/
    usMax = getArrayMax(usPulse,128);
    usMin = getArrayMin(usPulse,128);
    usMid = (usMax + usMin)/2;
    *maxValue=usMax;
    firstTime=secondTime=0;

    /*寻找相邻的两个主心率波，获取其时间差*/
    for(i=0;i<128;i++)
    {
        PrePluse=Pulse;
        Pulse = (usPulse[i]>usMid)? 1:0;
        /*检测波形上升沿，从中间值往上开始检测，滤除重搏波*/
        if(PrePluse == 0 && Pulse == 1)
        {
            if(!firstTime) firstTime=i;
            if(firstTime && firstTime<i)
            {
                secondTime=i;
                break;      /*找到两个心率波*/
            }
        }
    }
    if((secondTime-firstTime)>0)
        /*计算每分钟心率次数，HEART_PERIOD是心率采集周期，单位为ms*/
        *pulse=60*1000/((secondTime-firstTime)*HEART_PERIOD);
    else
        *pulse=0;
}
```

心率测量算法的核心是心率波检测，因为有峰值较小的重搏波，所以不能仅检测波峰。心率测量算法先计算主波峰的中间值，从这个中间值开始检测心率波的两个上升沿，取这两个上升沿的时间差计算心率，这样就可以把重搏波滤除，实现较高精度的测量。

13.4.4 运动计步

MPU6050 是三轴陀螺仪和三轴加速度传感器，内置 16 位 ADC，采用 I^2C 通信，输出的是原始数据。在运动计步中，主要用到三轴加速度。人在正常走路时，每走一步，加速度波形就会出现一个波峰和一个波谷，其变化规律类似正弦曲线，如图 13-28 所示。

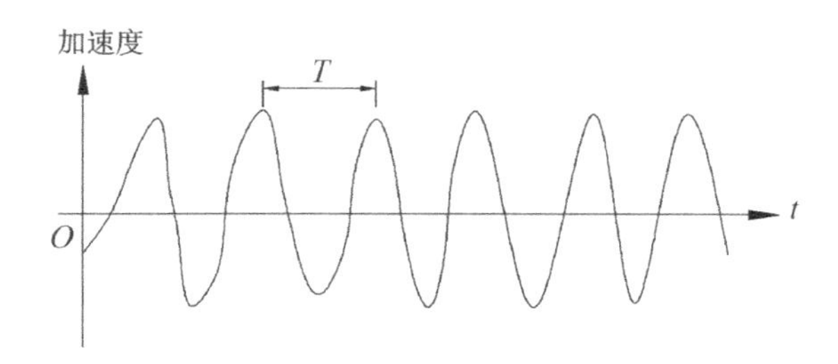

图 13-28　人在正常走路时的加速度波形

由图 13-28 可以看出，检测两个波峰的时间差 T 就可以计算出步数。波峰检测有多种方法，前面心率测量中介绍的中值加方向判断方法就是其中一种，还可以通过检测拐点的方法来检测波峰，具体步骤如下。

（1）跟踪、保存当前检测点和上一检测点信息。

（2）当前检测点为下降趋势，上一检测点为上升趋势。

（3）上一检测点持续上升趋势大于某个阈值，如持续两个检测点均上升。

（4）波峰和波谷差值大于某个阈值。

通过上述 4 个步骤，便可检测出一个波峰，通过一个时间窗口内检测到波峰的个数可计算出所走步数。为使计步更加准确，程序中还加入了数据滤波、滑动时间窗口调整阈值等算法。

为简化编程，方便加速度数据的获取，本项目采用集成了处理器和 MPU6050 的 GY-25Z 模块，通过串口即可获取处理后的数据。该模块默认波特率为 115 200bit/s，可以通过配套软件修改波特率、输出数据类型、数据刷新频率等，并将参数保存到模块上的 Flash 中，如图 13-29 所示。

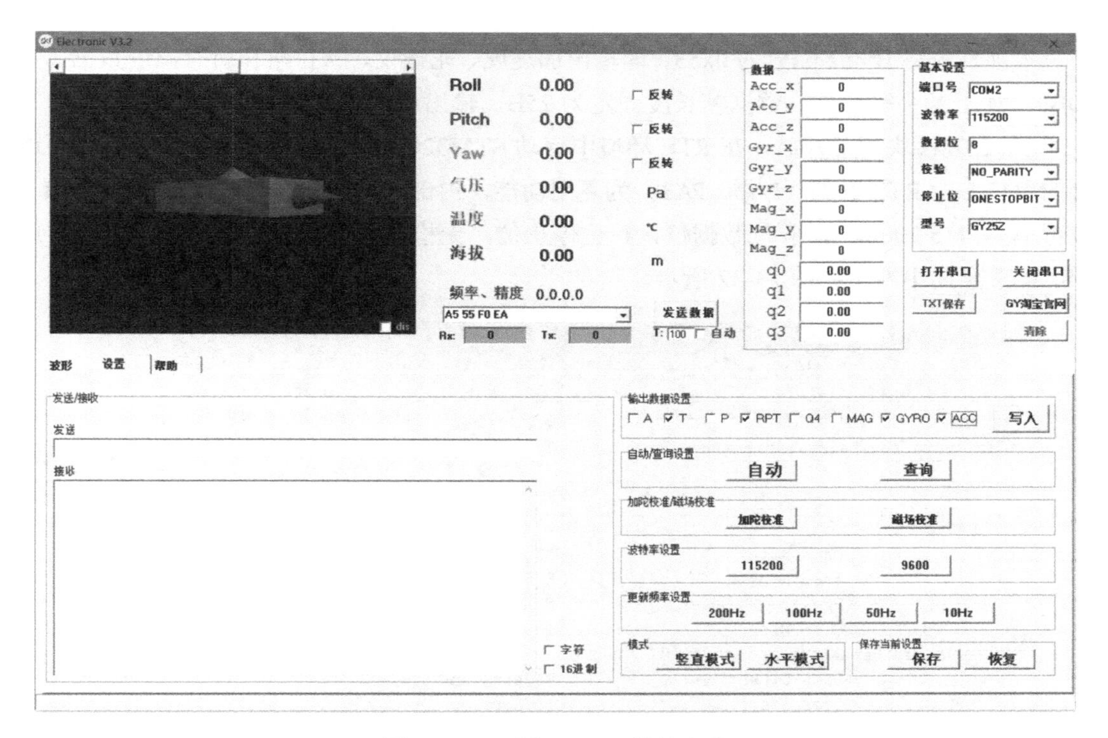

图 13-29　配置 GY-25Z 模块参数

GY-25Z 模块输出的数据帧包含帧头、数据类型、数据量、数据项及所有数据累加和，共 11～25B，如图 13-30 所示。

Byte0	Byte1	Byte2	Byte3	Byte4	Byte5	Byte6	Byte7	Byte8	Byte9	……	Byte*n*
0x5A	0x5A	数据类型	数据量	数据1高8位	数据1低8位	数据2高8位	数据2低8位	数据3高8位	数据3低8位	……	所有数据累加和

图 13-30　GY-25Z 模块输出的数据帧结构

GY-25Z 模块输出哪些数据由 Byte2 所指定，可分别指定输出加速度（三轴 6B）、陀螺仪（三轴 6B）、欧拉角（三轴 6B）和模块内部温度（2B）等数据。当 Byte2 对应的位为 1 时，表示输出该传感器数据，从 bit0 方向开始输出。Byte2 各位所代表的意义如图 13-31 所示。

Byte2

bit7	bit6	bit5	bit4	bit3	bit2	bit1	bit0
NC	温度	NC	欧拉角	NC	NC	陀螺仪	加速度

图 13-31　Byte2 各位所代表的意义

本项目中将 Byte2 配置为 0x53，即输出加速度、陀螺仪、欧拉角和所有温度数据（共 20B），加上帧头等信息，数据帧长度固定为 25B，输出从加速度开始到温度数据结束。

GY-25Z 模块配置好后，在 RTE 环境中启动 STM32CubeMX，配置 GY-25Z 模块所连接的串口 USART2 引脚（PA2、PA3）为复用功能，内部上拉。串口 USART2 参数设置：波特率为 115 200bit/s，8 位数据位，1 位停止位，无检验位，使能接收和发送，并开启 USART2 全局中断，如图 13-32 所示。

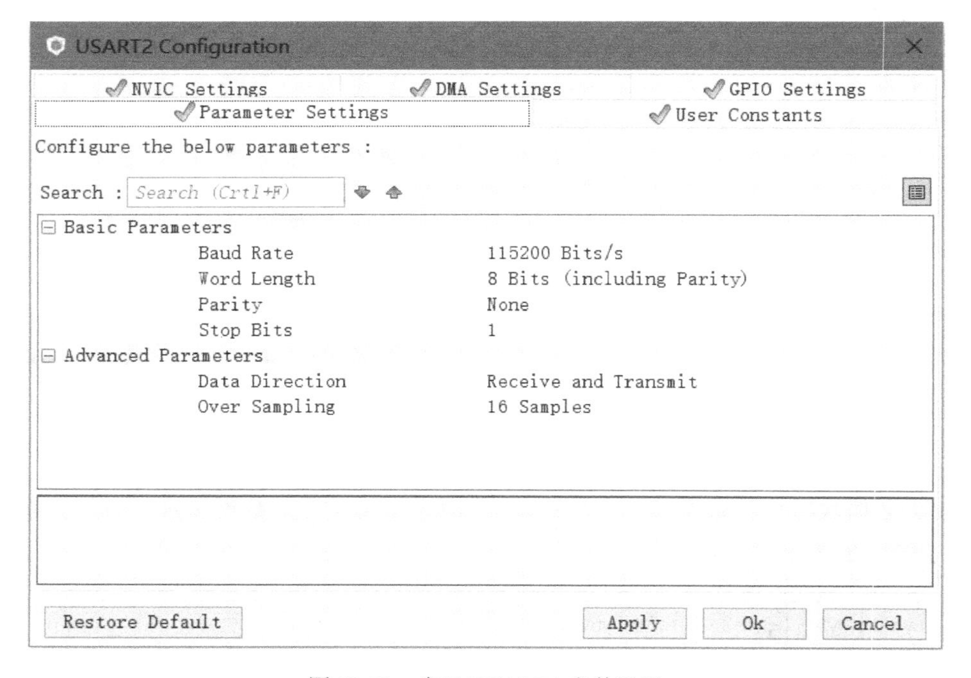

图 13-32　串口 USART2 参数设置

配置好串口后重新生成代码，STM32CubeMX 会自动生成或更新 usart.c 和 usart.h 文件，usart.c 文件中包含引脚配置和串口参数设置等初始化代码，将其添加到工程项目分组中。

新建一对文件 appstep.c 和 appstep.h，用于加速度数据采集、滤波和步数计算。头文件中定义了 sportsInfo_t 和 personInfo_t 两个结构体类型，前者用于保存运动信息，后者用于保存模拟卡路里计算的人员信息，还有一个代表波峰和波谷差值的宏 PEEK_MIN_VALUE，用于在进行波峰检测时滤除干扰。

```
#ifndef _APPSTEP_H
#define _APPSTEP_H
#include "usart.h"    /*使用 STM32CubeMX 生成的 HAL 库 USART 初始化代码*/
#define TRUE            1
#define FALSE           0
#define WAVE_NUM        4
```

```
#define PEEK_MIN_VALUE    20000
/*运动信息结构体*/
typedef struct
{
    float calories;
    float distance;
    uint32_t stepCount;
}sportsInfo_t;
/*人员信息结构体*/
typedef struct
{
    float height;
    float weight;
}personInfo_t;
sportsInfo_t *getStep(void);               /*获取步数*/
void walkTask(void *pvParameters);         /*任务函数，后台计步*/
void stepTask(void *pvParameters);         /*任务函数，显示运动信息*/
#endif
```

接收 GY-25Z 模块的数据采用串口中断方式，需要通过 HAL_UART_Receive_IT()函数启动中断接收，接收完成指定长度的数据后，会触发串口中断接收完成回调函数 HAL_UART_RxCpltCallback()。在实际使用时，先启动 1B 的中断接收，再在回调函数中逐个将接收到的数据存入缓冲区，然后再次启动 1B 的中断接收，如此循环，即可接收不定长数据。

```
/****************************************************************************
* 函 数 名:HAL_UART_RxCpltCallback
* 功能说明:串口中断接收完成回调函数
* 形    参:*huart，用于标记引起回调的串口句柄
* 返 回 值:无
****************************************************************************/
void HAL_UART_RxCpltCallback(UART_HandleTypeDef *huart)
{
    static uint8_t recBuf[30]={0},i=0;
    if(huart->Instance==USART2)
    {
        /*数据帧: 0x5a,0x5a,type,lenth,data...(lenth),checksum*/
        recBuf[i++]=ucMpuData;
        if(recBuf[0]!=0x5a)                         /*判断帧头*/
            i=0;
        if((i==2)&&(recBuf[1]!=0x5a))               /*判断帧头*/
            i=0;
        if(i>29) i=0;
```

```
        if(i>4)                                   /*数据及累加和*/
        {
            if(i==recBuf[3]+5)                    /*数据长度+包头累加和 5B*/
            {
                memcpy(mpuRecBuf,recBuf,i);
                i=0;
            }
        }
        /*以中断方式逐个字符进行接收，处理不定长数据，回调处理完成后须再次开启*/
        HAL_UART_Receive_IT(&huart2,&ucMpuData,1);
    }
}
```

GY-25Z 模块的发送数据帧长度最大为 25B。定义两个 30B 的缓冲区：一个用于缓存串口接收到的数据；另一个用于存储经累加和检验正确的传感器数据。最后取出三轴加速度数据并将其存储到 mpuAcc[]数组中。

```
uint8_t ucMpuData;                           /*串口接收字符*/
uint8_t mpuRecBuf[30]={0};                   /*串口接收缓存*/
uint8_t mpuDataBuf[30]={0};                  /*经检验正确的数据包*/
int16_t mpuAcc[3]={0};                       /*三轴加速度*/
/*****************************************************************************
* 函 数 名:mpuSumCheck
* 功能说明:对接收到的 MPU 数据进行累加和检验，若正确则存储数据
* 形    参:*data，收到的数据缓冲区首地址
* 返 回 值:经检验正确返回 1，否则返回 0
*****************************************************************************/
uint8_t mpuSumCheck(uint8_t *data)
{
    /*数据帧: 0x5a,0x5a,type,lenth,data...(lenth),checksum*/
    uint8_t sum=0,number=0,i=0;
    number=mpuRecBuf[3]+5;                /*数据包大小*/
    if(number>30)                         /*超过最大数据*/
        return 0;
    for(i=0;i<number-1;i++)               /*计算累加和*/
        sum+=mpuRecBuf[i];
    if(sum==mpuRecBuf[number-1])
    {                                     /*数据正确，保存*/
        memcpy(data,mpuRecBuf,number);
        return TRUE;
    }
    else
        return FALSE;
}
```

定义一个useAccToStep()函数，不断从检验正确的缓冲区中取出加速度数据，这个加速度数据是模块内部A/D转换的原始数据，并没有转化成以重力加速度 g 为单位，数值范围为-32 768～32 767，最后调用calculateStep(mpuAcc)函数进行计步。

```
/*************************************************************************
* 函 数 名:useAccToStep
* 功能说明:从串口接收数据中计算加速度值并计步
* 形    参:无
* 返 回 值:sportsInfo_t 指针
*************************************************************************/
sportsInfo_t *useAccToStep(void)
{
    HAL_UART_Receive_IT(&huart2,&ucMpuData,1);
    if(mpuSumCheck(mpuDataBuf))
    {
        if(mpuDataBuf[2]&0x01)          /*加速度数据*/
        {
            mpuAcc[0]=(mpuDataBuf[4]<<8)|mpuDataBuf[5];
            mpuAcc[1]=(mpuDataBuf[6]<<8)|mpuDataBuf[7];
            mpuAcc[2]=(mpuDataBuf[8]<<8)|mpuDataBuf[9];
        }
    }
    return calculateStep(mpuAcc);
}
```

在人走路时，并不能确定传感器的哪个轴有变化较大的加速度输出，为此，对三轴加速度做均方值处理，使计步算法能适应传感器的不同布置，然后通过DetectorNewStep()计步算法进行计步。

```
/*************************************************************************
* 函 数 名:calculateStep
* 功能说明:计算加速度的均方值，通过此值检测波峰，实现计步
* 形    参:*pAccValue，三轴加速度当前值指针，原始值，未转化成化以 g 为单位
* 返 回 值:sportsInfo_t 指针
*************************************************************************/
sportsInfo_t *calculateStep(int16_t *pAccValue)
{
    uint32_t gravityNew = 0;
    gravityNew = sqrt(pAccValue[0] * pAccValue[0]
                + pAccValue[1] * pAccValue[1] + pAccValue[2] * pAccValue[2]);
    return DetectorNewStep(gravityNew);
}
```

计步算法的核心是检测加速度均方值波峰。通过 DetectorPeak()函数检测波峰，记录

波峰出现的时间，若两次波峰出现的时间差满足人正常走路的时间阈值条件，且波峰大小满足动态强度阈值条件，则判定为 1 步。连续采样 3s，若检测到的步数不少于 5，则认为是有效步，将步数累加到运动信息结构体变量中。

```
/****************************************************************************
* 函 数 名:DetectorNewStep
* 功能说明:步伐更新，若检测到波峰，并且符合时间差及阈值条件，则判定为 1 步
        阈值更新，若符合时间差，波峰波谷差值大于 waveDelta，则纳入阈值计算
* 形    参:gravityNew，加速度当前均方值
* 返 回 值:sportsInfo_t 指针
****************************************************************************/
sportsInfo_t *DetectorNewStep(uint32_t gravityNew)
{
    static uint32_t time_old;
    static uint32_t stepBy2second;                    /*每 2s 所走的步数*/
    float stepLenth=0.6;                              /*步长，单位为 m*/
    float walkSpeed,walkDistance,Calories;
    uint32_t time_now;
    if(gravityOld == 0)
        gravityOld = gravityNew;
    else
    {
        if(DetectorPeak(gravityNew, gravityOld))      /*检测到波峰*/
        {
            timeOfLastPeak = timeOfPeak;              /*更新上次波峰时间*/
            time_now = timeOfNow = HAL_GetTick();     /*获取时间，单位为 ms*/

            /*检测到波峰，并且符合时间差及动态阈值条件，判定为 1 步*/
            if ((timeOfNow - timeOfLastPeak >= 250 ) &&
                (peakOfWave - valleyOfWave >= ThreadValue))
            {
                /*更新波峰时间和检测阈值*/
                timeOfPeak = timeOfNow;
                ThreadValue = peakValleyThread(peakOfWave - valleyOfWave);

                /*计步*/
                stepTempCount++;
                stepBy2second ++;

                /*3s 内连续走 5 步，判定为有效步*/
                if((stepTempCount<5) && (timeOfNow-timeOfLastPeak>=3000))
                    stepTempCount = 0;
```

```
            else if((stepTempCount>=5) && (timeOfNow-timeOfLastPeak<3000))
            {
                sportsInfo.stepCount += stepTempCount;
                stepTempCount        = 0;
            }

            /*用2s步数计算距离、卡路里等信息*/
            if((time_now-time_old)>=2000)
            {
                walkSpeed = stepBy2second*stepLenth;
                walkDistance  = stepBy2second*stepLenth;
                Calories = 4.5f*walkSpeed*(personInfo.weight/2)/1800;
                sportsInfo.calories  += Calories;
                sportsInfo.distance  += walkDistance;
                time_old = time_now;
                stepBy2second = 0;
            }
        }
    }
  }
  gravityOld = gravityNew;
  return &sportsInfo;
}
```

波峰检测是通过记录、对比当前检测点和上一检测点的变化趋势来实现的。如果当前检测点为下降趋势，上一检测点为上升趋势，且上一检测点有不少于2次的上升趋势，同时当前检测点数值大于宏PEEK_MIN_VALUE设定的值，则判定为1个波峰。

```
/*********************************************************************************
* 函 数 名:DetectorPeak
* 功能说明:波峰检测，当前检测点为下降趋势（isDirectionUp为FALSE），上一检测点为上升趋势
          （lastStatus为TRUE），到波峰为止，持续上升趋势大于或等于2次，当前检测点数值大于宏
          PEEK_MIN_VALUE设定的值，则判定为波峰。
* 形    参:newValue，当前加速度均方值
          oldValue，上一加速度均方值
* 返 回 值:是否为波峰点
*********************************************************************************/
uint8_t DetectorPeak(uint32_t newValue, uint32_t oldValue)
{
  lastStatus = isDirectionUp;
  if (newValue >= oldValue)                              /*上升趋势*/
  {
    isDirectionUp = TRUE;
```

```
        continueUpCount++;
    }
    else                                            /*下降趋势*/
    {
        continueUpCountLastPoint = continueUpCount;
        continueUpCount = 0;
        isDirectionUp = FALSE;
    }
    if ((!isDirectionUp) && lastStatus  &&
        (continueUpCountLastPoint >= 2 && oldValue >= PEEK_MIN_VALUE))
    {                                               /*波峰点*/
        peakOfWave = oldValue;
        return TRUE;
    }
    else if ((!lastStatus) && isDirectionUp)
    {                                               /*波谷点*/
        valleyOfWave = oldValue;
        return FALSE;
    }
    else
        return FALSE;
}
```

加速度传感器数值随步幅、摆动、腿脚着力等的变化而发生变化，因而用于检测波峰强度的阈值也需要动态调整，以更好地跟踪人当前的走路姿态，实现准确计步。

```
/***************************************************************************
* 函 数 名:peakValleyThread
* 功能说明:记录最近 4 个波峰、波谷的差值存入 tempValue[]数组，并计算波峰阈值
* 形    参:value[]，数组；n，数组长度
* 返 回 值:波峰检测阈值
***************************************************************************/
uint32_t peakValleyThread(uint32_t value)
{
    static int tempCount = 0;
    uint32_t tempThread = ThreadValue;
    uint8_t i = 0;
    if (tempCount < WAVE_NUM)
    {
        tempValue[tempCount] = value;
        tempCount++;
    }
    else        /*计算波峰阈值并更新计算数组*/
    {
```

```
        tempThread = averageValue(tempValue, WAVE_NUM);
        for ( i=1;i<WAVE_NUM;i++)
            tempValue[i-1] = tempValue[i];
        tempValue[WAVE_NUM - 1] = value;
    }
    return tempThread;
}
```

检测波峰阈值，采用最新 4 步加速度波峰、波谷均方值的平均值，经梯度化后进行动态调整。

```
/**************************************************************************
* 函 数 名:averageValue
* 功能说明:计算数组的均值，将波峰阈值梯度化在一个范围内
* 形    参:value[]，数组; n，数组长度
* 返 回 值:波峰阈值
**************************************************************************/
uint32_t averageValue(uint32_t value[], int n)
{
    uint32_t average = 0;
    uint8_t i = 0;
    for ( i = 0; i < n; i++)
        average += value[i];
    average  /= WAVE_NUM;
    if (average >= 80000)
        average = 30000;
    else if (average >= 60000)
        average = 20000;
    else if (average >= 40000)
        average = 12000;
    else if (average >= 20000)
        average = 8000;
    else
        average = 5000;
    return average;
}
```

13.4.5　蓝牙传输

智能手表中的运动信息、FreeRTOS 任务信息可以通过 ATK-HC05 模块发送到智能手机中。ATK-HC05 模块连接在串口 USART3 上。在 RTE 环境中启动 SMT21CubeMX，配置模块所连接的串口 USART3 引脚（PB10、PB11）为复用功能，内部上拉。串口 USART3 参数设置：波特率为 9600bit/s，8 位数据位，1 位停止位，无检验位，使能接收和发送，

并开启 USART3 全局中断，如图 13-33 所示。

USART3 Configuration

NVIC Settings　DMA Settings　GPIO Settings
Parameter Settings　User Constants

Configure the below parameters :

Search : Search (Crtl+F)

Basic Parameters	
Baud Rate	9600 Bits/s
Word Length	8 Bits (including Parity)
Parity	None
Stop Bits	1
Advanced Parameters	
Data Direction	Receive and Transmit
Over Sampling	16 Samples

Baud Rate
BaudRate must be between **687 Bits/s** and **2.812 MBits/s**.

Restore Default　Apply　Ok　Cancel

图 13-33　ATK-HC05 模块串口 USART3 参数设置

ATK-HC05 模块上有一个用于进入 AT 命令模式的控制引脚，连接在 PI11 上，高电平进入 AT 命令配置。将 PI11 配置为推挽输出，默认输出低电平，模块上电即处于正常连接模式。

串口 USART3 参数设置好后重新生成代码，STM32CubeMX 会自动更新文件 usart.c 和 usart.h。智能手表主要用到蓝牙串口发送功能，将硬件信息、心率信息和运动信息通过蓝牙模块发送到智能手机中，直接调用 HAL 库串口发送函数即可。

安卓手机使用安卓蓝牙串口助手连接智能手表的蓝牙模块后即可接收、显示从智能手表中发送过来的信息。安卓蓝牙串口助手可从广州汇承信息技术有限公司官网下载，如图 13-34 所示。

图 13-34　安卓蓝牙串口助手下载

13.4.6 多功能按键

智能手表上的“功能”键是多功能按键，短按开机，长按关机，当处于设置状态时，短按可切换不同设置单元。

通过修改按键扫描程序实现按键长按和短按具有不同功能。先检测按键是否被按下，若按键被按下，则检测是从弹起状态被按下还是一直被按下。若按键从弹起状态被按下，则延时消抖后取得键值；若按键一直被按下，则进行长按计数，在按键弹起后才返回键值。返回的键值包含长按信息，键值的低4位是短按键值，高4位是长按键值。

```
#include "key.h"                                    /*按键处理头文件*/
/*****************************************************************************
* 函 数 名:KeyScan
* 功能说明:按键扫描程序，支持长按和短按
* 形    参:无
* 返 回 值:0表示没有按键被按下，其他值表示对应按键的键值
*****************************************************************************/
uint8_t KeyScan(void)
{
    static uint8_t upFlag=1;                        /*按键弹起标志*/
    static uint8_t keyCnt=0;                        /*长按计数*/
    static uint8_t keyValue=0;                      /*键值*/
    uint8_t keyReturn=0;                            /*返回的键值*/
    if(KEYDWN==0||KEYUP==0||KEYMODE==0||KEYPWR==1)  /*有按键被按下*/
    {
        if(upFlag)                                  /*从弹起状态按下*/
        {
            upFlag = 0;                             /*置已按下标志*/
            HAL_Delay(10);                          /*延时消抖，按下按键瞬间取得键值*/
            if(KEYDWN==0)           keyValue = KEYDWN_PRES;
            else if(KEYUP==0)       keyValue = KEYUP_PRES;
            else if(KEYMODE==0)     keyValue = KEYMODE_PRES;
            else if(KEYPWR==1)      keyValue = KEYPWR_PRES;
        }
        else                                        /*已经按下*/
        {
            keyCnt++;                               /*长按计数*/
        }
    }
    else                                            /*弹起了*/
    {
        upFlag = 1;                                 /*置弹起标志*/
    }
```

```
    if(upFlag && keyValue)                             /*已弹起并有键值*/
    {
        if(keyCnt>20) keyReturn = keyValue << 4;       /*长按*/
        else keyReturn = keyValue;                     /*短按*/
        keyCnt = 0;                                    /*清长按计数*/
        keyValue = 0;                                  /*清键值*/
    }
    return keyReturn;                                  /*无按键被按下或按下没弹起均返回 0*/
}
```

在运行操作系统的项目中，等待按键弹起不宜使用 while()循环检测直到弹起才返回，这样会使按键扫描任务占用很长的时间，当其优先级较高时，会影响实时性。

13.4.7 实时时钟

STM32F429IGT6 有一个可编程的硬件日历时钟，包括年月日、时分秒、星期、闰年自动补偿的硬件日历时钟，以及两个可编程的闹钟 A 和闹钟 B。智能手表的走时，使用这个硬件实时时钟（RTC），但不使用其提供的硬件闹钟，闹钟的设置和响铃通过相关任务来实现。硬件 RTC 配置如图 13-35 所示。

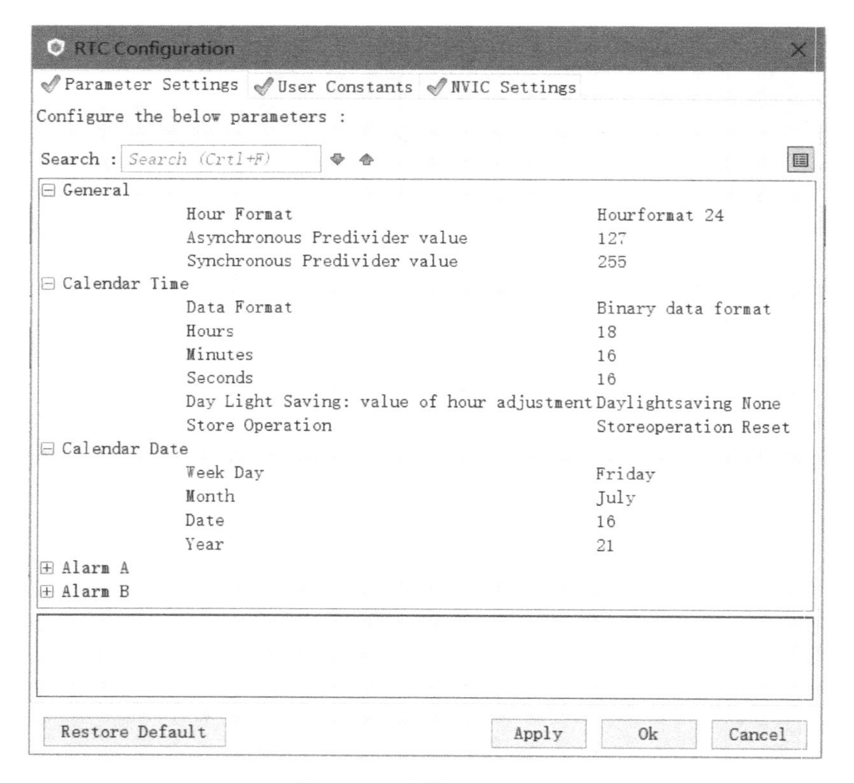

图 13-35 硬件 RTC 配置

RTC 采用 24 小时制，初始时间设定为 2021 年 7 月 16 日，星期五，18 时 16 分 16 秒。采用外部 32.768KHz 的晶振作为 RTC 时钟源，秒信号由同步分频器及异步分频器共同分频产生。同步分频值（127+1），异步分频值（255+1），正好产生 1Hz 秒信号，供 RTC 计时。

13.5　任务设计

任务的划分和设计并没有统一的标准，一般依据项目的功能进行划分和设计，同时兼顾数据采集、程序算法、运行效率等因素。根据智能手表所实现的功能，共划分和设计了 13 个任务，包括软件定时器服务任务和空闲任务两个系统任务。

13.5.1　按键任务

按键任务具有较高的优先级，主要完成 4 个按键的检测，识别长按和短按按键，执行按键对应功能。当检测到“功能”键被长按时，关机；当检测到“模式”键被短按时，进行屏幕页面切换并启动屏幕超时软件定时器。当有按键被按下时通过按键队列句柄 queueKeyHandle 使键值入队，以便其他任务使用按键。

```
static TaskHandle_t keyTaskHandle = NULL;   /* 按键扫描任务句柄 */
/*****************************************************************************
* 函 数 名:keyTask
* 功能说明:任务函数，按键扫描及处理
* 形    参:pvParameters 是在创建该任务时传递的参数
* 返 回 值:无
*****************************************************************************/
static void keyTask(void *pvParameters)
{
    uint8_t ucKeyValue=0;                     /*高 4 位长按键值，低 4 位短按键值*/
    while(1)
    {
        ucKeyValue = KeyScan();               /*扫描按键*/
        if(ucKeyValue>>4)                     /*有长按按键*/
        {
            switch(ucKeyValue>>4)
            {
                case KEYPWR_PRES:             /*长按 “功能” 键，关机*/
                    suspendScreen();
                    OLED_Clear();
                    pageNum = pageNone;
                    break;
            }
```

```
            }

            /*短按按键处理*/
            ucKeyValue &= 0x0f;
            if(ucKeyValue == KEYMODE_PRES)
            {
                suspendScreen();
                if(++pageNum>TOTAL_PAGE) pageNum = pageNone;

                /*恢复一个屏幕任务*/
                resumeScreen((uint8_t)pageNum);
            }

            /*通过队列将键值发送给任务*/
            if(ucKeyValue != 0)
            {
                /*将键值发送给其他任务*/
                xQueueSendToBack(queueKeyHandle,&ucKeyValue,100);
                /*FreeRTOS定时器若已启动，则再次开启相当于复位*/
                xTimerStart(tmrSingleHandler,10);           /*到指定时间灭屏*/
            }
            vTaskDelay(pdMS_TO_TICKS(100));         /*阻塞100ms*/
        }
}
```

13.5.2 时间显示任务

时间显示任务是智能手表的核心任务之一，任务函数为 showMainMenu()。通过 HAL 库 RTC 操作函数获取当前时间、日期，并通过 getAHT10()函数读取当前温湿度数据，进行时间、温湿度显示。

```
static TaskHandle_t mainMenuTaskHandle = NULL;          /* 时间显示任务句柄 */
/**************************************************************************
* 函 数 名:showMainMenu
* 功能说明:任务函数，主界面刷新，读取时间并刷新显示
* 形    参:无
* 返 回 值:无
**************************************************************************/
void mainMenuTask(void *pvParameters)
{
    uint8_t keyValue;
    ahtData_t ahtData;
    while(1)
```

```
    {
        /*先读时间，再读日期，只读一个或顺序搞错均读不到新时间*/
        HAL_RTC_GetTime(&hrtc,&rtcTime,RTC_FORMAT_BIN);
        HAL_RTC_GetDate(&hrtc,&rtcDate,RTC_FORMAT_BIN);

        getAHT10(&ahtData);                             /*读取当前温湿度数据*/

        /*刷新界面*/
        OLED_Clear();
        OLED_ShowHz16(32,0,(uint8_t *)"北京时间",16);
        sprintf(cDateTime,"20%02d-%02d-%02d %s",rtcDate.Year,rtcDate.Month,
                                rtcDate.Date,week[rtcDate.WeekDay]);
        OLED_ShowString(4,16,(uint8_t *)cDateTime,16);
        sprintf(cDateTime,"%02d:%02d:%02d",rtcTime.Hours,rtcTime.Minutes,
                                rtcTime.Seconds);
        OLED_ShowString(32,32,(uint8_t *)cDateTime,16);
        sprintf(cDateTime,"%3.1f    %2d%%",ahtData.temp,(uint8_t)ahtData.humi);
        OLED_ShowString(32,48,(uint8_t *)cDateTime,16);
        OLED_ShowHz16(0,48,(uint8_t *)"温度",16);
        OLED_ShowHz16(72,48,(uint8_t *)"湿度",16);
        OLED_RefreshGram();

        vTaskDelay(pdMS_TO_TICKS(500));     /*阻塞延时*/

        /*将按键队列发来的键值清空，以免影响其他任务*/
        xQueueReceive(queueKeyHandle,&keyValue,0);
    }
}
```

13.5.3 时间设置任务

时间设置任务通过按键队列句柄 queueKeyHandle 获取按键键值，进行时间、日期设置。“功能”键用于切换设置单元，设置单元会以 1s 的周期闪烁，提示正在设置该时间单元。“数值加”键和“数值减”键用于调整当前设置单元的数值，通过 numLimit()函数进行边界检查。年月日、时分秒、星期均设置完后更新 RTC。

```
static TaskHandle_t timeSetTaskHandle = NULL;    /* 时间设置任务句柄 */
/************************************************************************
* 函 数 名:timeSetTask
* 功能说明:任务函数，时间设置，设置系统时间
* 形    参:无
* 返 回 值:无
```

```
****************************************************************************/
void timeSetTask(void *pvParameters)
{
    static uint8_t timeSetPosi=0;
    uint8_t keyValue,flashFlag=0;
    int8_t dateTime[7]={0};    /*2021-07-16 Fri 18:16:16*/

    /*先读时间，再读日期，只读一个或顺序搞错均读不到新时间*/
    HAL_RTC_GetTime(&hrtc,&rtcTime,RTC_FORMAT_BIN);
    HAL_RTC_GetDate(&hrtc,&rtcDate,RTC_FORMAT_BIN);

    /*放入数组，方便闪烁显示设置的时间*/
    dateTime[0]=rtcDate.Year;
    dateTime[1]=rtcDate.Month;
    dateTime[2]=rtcDate.Date;
    dateTime[3]=rtcDate.WeekDay;
    dateTime[4]=rtcTime.Hours;
    dateTime[5]=rtcTime.Minutes;
    dateTime[6]=rtcTime.Seconds;

    while(1)
    {
        /*刷新界面*/
        OLED_Clear();
        OLED_ShowString(16,0,(uint8_t *)"TimeSet!",24);
        sprintf(cDateTime,"20%02d-%02d-%02d %s",dateTime[0],dateTime[1],
                                  dateTime[2],week[dateTime[3]]);
        OLED_ShowString(4,28,(uint8_t *)cDateTime,16);
        sprintf(cDateTime,"%02d:%02d:%02d",dateTime[4],dateTime[5],dateTime[6]);
        OLED_ShowString(30,48,(uint8_t *)cDateTime,16);
        if(flashFlag)                                /*设置值闪烁*/
        {
            if(timeSetPosi<3)                        /*年-月-日*/
                OLED_ShowString((4+16+timeSetPosi*24),28,(uint8_t *)"  ",16);
            else if(timeSetPosi==3)                  /*星期*/
                OLED_ShowString((4+16+timeSetPosi*24),28,(uint8_t *)"    ",16);
            else                                     /*时：分：秒*/
                OLED_ShowString((30+(timeSetPosi-4)*24),48,(uint8_t *)"  ",16);
        }
        OLED_RefreshGram();

        /*设置界面，有按键被按下*/
```

```
        if(xQueueReceive(queueKeyHandle,&keyValue,0)==pdTRUE)
        {
            switch(keyValue)
            {
                case KEYUP_PRES:                    /*数值加*/
                    dateTime[timeSetPosi]++;
                    numLimit(&dateTime[timeSetPosi],timeSetPosi);
                    break;
                case KEYDWN_PRES:                   /*数值减*/
                    dateTime[timeSetPosi]--;
                    numLimit(&dateTime[timeSetPosi],timeSetPosi);
                    break;
                case KEYPWR_PRES:                   /*设置位置改变*/
                    if(++timeSetPosi>6)             /*完成一轮设置，保存*/
                    {
                        timeSetPosi=0;
                        rtcDate.Year = dateTime[0];
                        rtcDate.Month = dateTime[1];
                        rtcDate.Date = dateTime[2];
                        rtcDate.WeekDay = dateTime[3];
                        rtcTime.Hours = dateTime[4];
                        rtcTime.Minutes = dateTime[5];
                        rtcTime.Seconds = dateTime[6];

                        /*设置 RTC 日期、时间*/
                        HAL_RTC_SetTime(&hrtc,&rtcTime,RTC_FORMAT_BIN);
                        HAL_RTC_SetDate(&hrtc,&rtcDate,RTC_FORMAT_BIN);

                    }
                    break;
            }
        }
        flashFlag = !flashFlag;                     /*闪烁标志*/
        vTaskDelay(pdMS_TO_TICKS(500));             /*阻塞延时*/
    }
}
```

13.5.4　闹钟设置任务

与时间设置任务类似，闹钟设置任务通过按键队列句柄 queueKeyHandle 获取按键键值，进行闹钟时分秒设置。STM32 微控制器的 RTC 本身具有两个可编程闹钟，闹钟的驱动完全由硬件实现。为了更好地展示闹钟设置任务的驱动与运行，智能手表闹钟没有使用硬件 RTC 的两个可编程闹钟，而由闹钟设置任务、闹钟时间检查任务，以及闹钟响铃任务驱动。

```
static TaskHandle_t alarmSetTaskHandle = NULL;    /* 闹钟设置任务句柄 */
/**************************************************************************
* 函 数 名:alarmSetTask
* 功能说明:任务函数，闹钟设置，设置闹钟响铃时间
* 形    参:无
* 返 回 值:无
**************************************************************************/
void alarmSetTask(void *pvParameters)
{
    static uint8_t timeSetPosi=4;
    uint8_t keyValue,flashFlag=0;

    while(1)
    {
        /*刷新界面*/
        OLED_Clear();
        OLED_ShowString(16,0,(uint8_t *)"AlarmSet",24);
        sprintf(cDateTime,"%02d:%02d:%02d",alarmSet[0],alarmSet[1],alarmSet[2]);
        OLED_ShowString(30,48,(uint8_t *)cDateTime,16);
        if(flashFlag)                              /*设置值闪烁*/
        {
            /*时: 分: 秒*/
            OLED_ShowString((30+(timeSetPosi-4)*24),48,(uint8_t *)"  ",16);
        }
        OLED_RefreshGram();

        /*设置界面，有按键被按下*/
        if(xQueueReceive(queueKeyHandle,&keyValue,0)==pdTRUE)
        {
            switch(keyValue)
            {
                case KEYUP_PRES:              /*数值加*/
                    alarmSet[timeSetPosi-4]++;
                    numLimit(&alarmSet[timeSetPosi-4],timeSetPosi);
                    break;
                case KEYDWN_PRES:             /*数值减*/
                    alarmSet[timeSetPosi-4]--;
                    numLimit(&alarmSet[timeSetPosi-4],timeSetPosi);
                    break;
                case KEYPWR_PRES:             /*设置位置改变*/
```

```
                if(++timeSetPosi>6)    /*完成一轮设置，保存*/
                    timeSetPosi = 4;
                break;
            }
        }
        flashFlag = !flashFlag;            /*闪烁标志*/
        vTaskDelay(pdMS_TO_TICKS(500));  /*阻塞延时*/
    }
}
```

13.5.5 闹钟时间检查任务

闹钟时间检查任务用于检查闹钟时间是否到达，若闹钟时间到，则通过发送任务通知给闹钟响铃任务进行震动、响铃和灯光指示。

```
static TaskHandle_t timechkTaskHandle = NULL;    /* 闹钟时间检查任务句柄 */
/****************************************************************************
* 函 数 名:timeCheckTask
* 功能说明:任务函数，检查闹钟时间是否到达
* 形    参:无
* 返 回 值:无
****************************************************************************/
void timeCheckTask(void *pvParameters)
{
    uint32_t alarmBySecond,rtcBySecond;

    while(1)
    {
        /*先读时间，再读日期，只读一个或顺序搞错均读不到新时间*/
        HAL_RTC_GetTime(&hrtc,&rtcTime,RTC_FORMAT_BIN);
        HAL_RTC_GetDate(&hrtc,&rtcDate,RTC_FORMAT_BIN);
        alarmBySecond=alarmSet[0]*3600+alarmSet[1]*60+alarmSet[2];
        rtcBySecond=rtcTime.Hours*3600+rtcTime.Minutes*60+rtcTime.Seconds;

        if(rtcBySecond ==alarmBySecond)
        {
            /*挂起其他屏幕任务，通过任务通知开启闹铃*/
            suspendScreen();
            xTaskNotifyGive(alarmDispTaskHandle);
        }
        vTaskDelay(pdMS_TO_TICKS(500));
    }
}
```

13.5.6 闹钟响铃任务

闹钟响铃任务通过任务通知检查是否到达闹钟时间。当任务通知有效时，闹钟时间到达，切换到闹钟响铃界面，驱动马达震动、LED 闹铃指示灯闪烁并进行响铃，响铃时间默认为 10s，在响铃过程中，按任意按键可停止响铃。

```
TaskHandle_t alarmDispTaskHandle = NULL;        /* 闹钟显示任务句柄 */
/*************************************************************************
* 函 数 名:alarmDispTask
* 功能说明:任务函数，闹钟响铃，马达震动，LED 闹铃指示灯闪烁
* 形    参:无
* 返 回 值:无
*************************************************************************/
void alarmDispTask(void *pvParameters)
{
    uint8_t keyValue;
    uint32_t ulNotifyValue;
    uint8_t alarmRuning=0;
    extern const unsigned char alarm1[];
    extern const unsigned char alarm2[];
    while(1)
    {
        /*获取闹钟时间到任务通知，获取成功响铃 10s*/
        ulNotifyValue = ulTaskNotifyTake(pdTRUE,0);
        if(ulNotifyValue) alarmRuning=10;
        if(alarmRuning)
        {
            /*挂起屏幕相关任务，实现简单互斥访问*/
            suspendScreen();
            /*刷新界面*/
            OLED_Clear();
            OLED_ShowHz16(78,12,(uint8_t *)"闹钟",16);
            OLED_ShowHz16(78,40,(uint8_t *)"响铃",16);
            OLED_DrawBmp(alarm1,9,9,52,50,1);
            OLED_RefreshGram();

            /*LED 闹铃指示灯闪烁、马达震动*/
            HAL_GPIO_WritePin(GPIOF,DCMotor_Pin,GPIO_PIN_SET);
            HAL_GPIO_WritePin(GPIOB,LED_ALARM_Pin,GPIO_PIN_RESET);
            vTaskDelay(pdMS_TO_TICKS(500));

            OLED_Clear();
            OLED_ShowHz16(78,12,(uint8_t *)"闹钟",16);
```

```
            OLED_DrawBmp(alarm2,0,4,69,60,1);
            OLED_RefreshGram();
            HAL_GPIO_WritePin(GPIOB,LED_ALARM_Pin,GPIO_PIN_SET);
            vTaskDelay(pdMS_TO_TICKS(500));

            /*闹钟默认响铃 10s*/
            alarmRuning--;
            /*按任意按键可停止响铃*/
            if(xQueueReceive(queueKeyHandle,&keyValue,0)==pdTRUE)
                alarmRuning=0;
            if(alarmRuning==0)
            {
                /*马达震动停止，切换回响铃前的页面*/
                HAL_GPIO_WritePin(GPIOF,DCMotor_Pin,GPIO_PIN_RESET);
                resumeScreen(pageNum);
            }
        }
        else
            vTaskDelay(pdMS_TO_TICKS(500));
    }
}
```

13.5.7 秒表计时任务

秒表计时任务通过按键队列句柄 queueKeyHandle 获取按键键值，启动或停止秒表计时。短按“功能”键启动秒表，再短按一次“功能”键停止秒表。秒表计时采用绝对延时阻塞函数 vTaskDelayUntil()实现，在计时状态下，以 10ms 的周期，即 100Hz 的固定频率运行秒表计时任务，实现 0.01s 精确计时。在非计时状态下，通过相对延时阻塞函数 vTaskDelay()让任务阻塞 500ms，以提高运行效率。

```
static TaskHandle_t secondTaskHandle = NULL;    /* 秒表计时任务句柄 */
/****************************************************************************
* 函 数 名:secondTask
* 功能说明:任务函数，秒表计时，精确到 0.01s
* 形    参:无
* 返 回 值:无
****************************************************************************/
void secondTask(void *pvParameters)
{
    uint8_t keyValue,runFlag=0;
    TickType_t uxPreviousWakeTime;
    /*秒表*/
```

```
    uint8_t second[]={0,0,0};

    while(1)
    {
        /*刷新界面*/
        OLED_Clear();
        OLED_ShowString(16,0,(uint8_t *)"-Second-",24);
        sprintf(cDateTime,"%02d:%02d.%02d",second[0],second[1],second[2]);
        OLED_ShowString(12,32,(uint8_t *)cDateTime,24);
        OLED_RefreshGram();

        /*设置界面，按 KEYPWR 键，启动或停止秒表*/
        if(xQueueReceive(queueKeyHandle,&keyValue,0)==pdTRUE)
        {
            if(keyValue == KEYPWR_PRES) runFlag = !runFlag;
        }
        if(runFlag)
        {
            /*以固定频率运行秒表计时任务*/
            uxPreviousWakeTime = xTaskGetTickCount();
            xTimerStop(tmrSingleHandler,0);
            if(++second[2]>99)
            {
                second[2]=0;
                second[1]++;
                if(second[1]>59)
                {
                    second[1]=0;
                    second[0]++;
                    if(second[0]>59) second[0]=0;
                }
            }
            vTaskDelayUntil(&uxPreviousWakeTime,pdMS_TO_TICKS(10));
        }else
        {
            if(xTimerIsTimerActive(tmrSingleHandler) !=pdTRUE)
                xTimerStart(tmrSingleHandler,10);
            vTaskDelay(pdMS_TO_TICKS(500));    /*阻塞延时*/
        }
    }
}
```

在秒表计时工作状态下，屏幕不会熄灭，通过操作xTimerStop()函数停止灭屏软件定时器，在非秒表计时状态下，通过xTimerStart()函数启动灭屏软件定时器，指定时间到后屏幕自动熄灭。

13.5.8 心率测量任务

心率测量任务通过按键队列句柄queueKeyHandle获取按键键值，启动或停止心率测量。短按“功能”键启动心率测量，再短按一次“功能”键停止心率测量。心率测量需要一个固定时间基准HEART_PERIOD，以计算两个心率波的时间差，从而计算出心率。在测量心率时，采用绝对延时阻塞函数vTaskDelayUntil()以固定HEART_PERIOD周期运行心率采集任务，完成一轮128个测量数据的采集后检测波峰并计算出心率。在非心率测量状态下，通过相对延时阻塞函数vTaskDelay()使任务阻塞500ms，以此提高运行效率。

```
static TaskHandle_t heartTaskHandle = NULL;      /* 心率测量任务句柄 */
/****************************************************************************
* 函 数 名:heartTask
* 功能说明:任务函数，心率测量及显示
* 形    参:无
* 返 回 值:无
****************************************************************************/
void heartTask(void *pvParameters)
{
   uint8_t i,keyValue,runFlag=0;
   uint8_t ucPulse=0;                            /*心率测量结果*/
   uint16_t usMaxValue=0;                        /*图形绘制顶点数据*/
   TickType_t uxPreviousWakeTime;
   extern const unsigned char heart1[];

   while(1)
   {
      /*心率界面，有按键被按下*/
      if(xQueueReceive(queueKeyHandle,&keyValue,0)==pdTRUE)
      {
         if(keyValue == KEYPWR_PRES) runFlag = !runFlag;
      }
      if(runFlag)                                /*开始心率测量*/
      {
         /*任务以固定周期获取心率传感器数据*/
         uxPreviousWakeTime = xTaskGetTickCount();
         HAL_ADC_Start(&hadc1);
         xTimerStop(tmrSingleHandler,0);
```

```
        getPulse(&ucPulse,&usMaxValue);

        /*默认采集 128 个测量数据，完成一轮采集*/
        if(ucPos==0)
        {
            OLED_Clear();
            for(i=0;i<128;i++)
            {
                /*在屏幕底部 128×24 区域内绘制心率波形*/
                OLED_DrawPoint(i,64-usPulse[i]*24/usMaxValue,1);
            }
            OLED_DrawBmp(heart1,0,2,32,27,1);
            OLED_ShowHz16(64,0,(uint8_t *)"心率",16);
            OLED_ShowHz16(38,16,(uint8_t *)"每分钟",16);
            OLED_ShowNum(90,16,ucPulse,2,16);
            OLED_ShowHz16(110,16,(uint8_t *)"次",16);
            OLED_RefreshGram();
        }
        /*以固定频率运行任务*/
        vTaskDelayUntil(&uxPreviousWakeTime,pdMS_TO_TICKS(HEART_PERIOD));
    }else                                            /*非心率测量状态*/
    {
        HAL_ADC_Stop(&hadc1);
        /*开启屏幕超时灭屏软件定时器*/
        if(xTimerIsTimerActive(tmrSingleHandler) !=pdTRUE)
            xTimerStart(tmrSingleHandler,10);
        /*刷新界面*/
        OLED_Clear();
        OLED_ShowHz16(64,0,(uint8_t *)"心率",16);
        OLED_DrawBmp(heart1,0,2,32,27,1);
        OLED_ShowString(38,16,(uint8_t *)"Let's GO",16);
        OLED_RefreshGram();
        vTaskDelay(pdMS_TO_TICKS(500));              /*阻塞延时*/
    }
  }
}
```

在心率测量状态下，屏幕不应该熄灭，通过操作 xTimerStop()函数停止灭屏软件定时器。在非心率测量状态下，通过 xTimerStart()函数启动灭屏软件定时器，指定时间到后屏幕自动熄灭。

13.5.9 计步后台任务

计步后台任务是一个非常简单的任务，每隔 100ms 利用串口接收到的加速度数据，通过 useAccToStep()函数检测步子，实现后台计步。

```
static TaskHandle_t walkTaskHandle = NULL;          /* 计步后台任务句柄 */
/***************************************************************************
* 函 数 名:walkTask
* 功能说明:任务函数，后台计步
* 形    参:无
* 返 回 值:无
***************************************************************************/
void walkTask(void *pvParameters)
{
    while(1)
    {
        sportsInfo = *useAccToStep();
        vTaskDelay(pdMS_TO_TICKS(100));
    }
}
```

13.5.10 计步显示任务

计步显示任务用于周期性（500ms）调用 getStep()函数获取后台计步任务采集、计算的实时运动信息并显示。运动信息还可通过蓝牙模块上传到智能手机中，是否上传通过“功能”键设定，短按“功能”键启动上报，屏幕有“upLoad”提示，再短按一次“功能”键停止上报。

```
static TaskHandle_t stepTaskHandle = NULL;          /* 计步显示任务句柄 */
/***************************************************************************
* 函 数 名:stepTask
* 功能说明:任务函数，步数显示，消耗卡路里显示
* 形    参:无
* 返 回 值:无
***************************************************************************/
void stepTask(void *pvParameters)
{
    sportsInfo_t sportInfo;
    uint8_t flag=0,tmrFlag=0;
    uint8_t ucKeyValue;
    extern const unsigned char footL[];
    extern const unsigned char footR[];
    while(1)
```

```
{
    sportInfo = *getStep();                     /*获取步数*/
    /*刷新界面*/
    OLED_Clear();
    OLED_ShowHz16(88,0,(uint8_t *)"运动",16);
    OLED_ShowHz16(104,16,(uint8_t *)"步",16);
    OLED_ShowHz16(104,32,(uint8_t *)"米",16);
    OLED_ShowHz16(96,48,(uint8_t *)"千卡",16);
    OLED_ShowNum(38,16,sportInfo.stepCount,6,16);
    OLED_ShowNum(38,32,sportInfo.distance,6,16);
    OLED_ShowNum(38,48,sportInfo.calories,6,16);

    /*根据按键队列发来的键值运行任务*/
    if(xQueueReceive(queueKeyHandle,&ucKeyValue,0) == pdTRUE)
    {
        if(ucKeyValue==KEYPWR_PRES)
        {
            /*pwr 按键用于启动或停止蓝牙上报周期软件定时器*/
            if(xTimerIsTimerActive(tmrCycleHandler))
            {
                xTimerStop(tmrCycleHandler,10);
                tmrFlag=0;
            }
            else
            {
                xTimerStart(tmrCycleHandler,10);
                tmrFlag=1;
            }
        }
    }

    /*显示上报等标志信息图标*/
    if(tmrFlag) OLED_ShowString(32,0,(uint8_t *)"upLoad",16);
    if(flag)
    {
        OLED_DrawBmp(footL,0,2,28,60,1);
    }
    else
        OLED_DrawBmp(footR,0,2,27,60,1);
    OLED_RefreshGram();

    flag = !flag;
```

```
        vTaskDelay(pdMS_TO_TICKS(500));     /*阻塞任务*/
    }
}
```

蓝牙上报运动信息由周期软件定时器 tmrCycleHandler 实现，在周期软件定时器回调函数中将信息上传到智能手机中。

13.5.11 任务信息获取任务

任务信息获取任务通过按键队列句柄 queueKeyHandle 获取按键键值，取得对应的任务信息，在屏幕上显示，并通过串口和蓝牙上报。按“功能”键为信息缓冲区分配内存，按“数值加”键获取任务状态信息，按“数值减”键获取任务运行时间信息。任务状态信息通过 vTaskList()函数获得，任务运行时间信息通过 vTaskGetRunTimeStats()函数获得，任务数量和 FreeRTOS 剩余堆内存大小分别通过 uxTaskGetNumberOfTasks()函数和 xPortGetFreeHeapSize()函数获得。

```
static TaskHandle_t infoTaskHandle = NULL;          /* 任务状态信息获取任务句柄 */
/**************************************************************************
* 函 数 名:infoMenuTask
* 功能说明:任务函数，通过串口及蓝牙显示任务信息
* 形    参:无
* 返 回 值:无
**************************************************************************/
void infoMenuTask(void *pvParameters)
{
    uint8_t ucKeyValue;
    uint32_t uHeapSize=0;                           /*保存剩余堆内存大小*/
    uint8_t  ucTaskTotal=0;
    char *pcTaskInfo=NULL;                          /*指向保存任务状态信息内存区*/
    while(1)
    {
        /*获取任务数量、剩余大小堆内存*/
        ucTaskTotal = uxTaskGetNumberOfTasks();
        uHeapSize = xPortGetFreeHeapSize();

        /*刷新界面*/
        OLED_Clear();
        OLED_ShowString(16,0,(uint8_t *)"TaskInfo",24);
        OLED_ShowString(0,24,(uint8_t *)"cpu:--STM32F429IGT6--",12);
        OLED_ShowString(4,36,(uint8_t *)"Task Total =    ",16);
        OLED_ShowNum(108,36,ucTaskTotal,2,16);
        OLED_ShowString(0,52,(uint8_t *)"FreeRTOS Mem:      B",12);
        OLED_ShowNum(78,52,uHeapSize,6,12);
```

```
OLED_RefreshGram();

/*根据按键队列发来的键值运行任务*/
if(xQueueReceive(queueKeyHandle,&ucKeyValue,0) == pdTRUE)
{
    if(ucKeyValue==KEYUP_PRES)
    {
        if(pcTaskInfo != NULL)                      /*申请了动态内存*/
        {
            vTaskList(pcTaskInfo);
            printf("任务名  任务状态  优先级  剩余栈大小  任务号\r\n");
            printf("%s\r\n",pcTaskInfo);

            xSemaphoreTake(smaMutexHandle,100);     /*获取互斥信号量*/
            HAL_UART_Transmit(&huart3,(uint8_t *)pcTaskInfo,
                                strlen(pcTaskInfo),1000);
            xSemaphoreGive(smaMutexHandle);         /*归还互斥信号量*/

            vPortFree(pcTaskInfo);                  /*释放内存*/
            pcTaskInfo = NULL;
        }
        else
        {
            printf("请先通过按键 KEYPWR 申请内存! \r\n");
        }
    }
    else if(ucKeyValue==KEYDWN_PRES)
    {
        if(pcTaskInfo != NULL)                      /*申请了动态内存*/
        {
            vTaskGetRunTimeStats(pcTaskInfo);
            printf("任务名\t\t 运行时间\t 百分比\r\n");
            printf("%s\r\n",pcTaskInfo);

            xSemaphoreTake(smaMutexHandle,100);     /*获取互斥信号量*/
            HAL_UART_Transmit(&huart3,(uint8_t *)pcTaskInfo,
                                strlen(pcTaskInfo),1000);
            xSemaphoreGive(smaMutexHandle);         /*归还互斥信号量*/

            vPortFree(pcTaskInfo);                  /*释放内存*/
            pcTaskInfo = NULL;
        }
```

```
            else
            {
                printf("请先通过按键 KEYPWR 申请内存！\r\n");
            }
        }
        else if(ucKeyValue==KEYPWR_PRES)
        {
            if(pcTaskInfo != NULL)                          /*已申请动态内存，先释放*/
            {
                vPortFree(pcTaskInfo);                      /*释放内存*/
                pcTaskInfo = NULL;
            }
            uHeapSize = xPortGetFreeHeapSize();             /*获取剩余内存堆大小*/
            printf("KEYPWR 键申请内存，内存堆剩余%8d 字节\r\n",uHeapSize);
            pcTaskInfo = pvPortMalloc(1024);        /*通过 heap_4 动态内存管理方法申请内存*/
            if(pcTaskInfo != NULL)
            {
                memset(pcTaskInfo,0,1024);
                uHeapSize = xPortGetFreeHeapSize();         /*获取剩余内存堆大小*/
                printf("动态申请内存成功，内存堆剩余%8d 字节\r\n",uHeapSize);
                printf("动态内存地址：%x\r\n\r\n",(uint32_t)pcTaskInfo);
            }
            else
            {
                printf("申请动态内存失败！\r\n");
            }
        }
    }
    vTaskDelay(pdMS_TO_TICKS(500));         /*阻塞延时*/
  }
}
```

13.6　任务创建、调度与同步

包括 FreeRTOS 提供的软件定时器服务任务和空闲任务两个系统任务，智能手表共有 13 个任务。与屏幕操作和显示相关的 7 个任务，通过“模式”键切换，用 vTaskSuspend() 函数将 6 个任务挂起，任一时刻只有一个任务处于解挂状态，运行于优先级 3。按键任务有较高的优先级，以获得较快的按键响应，优先级为 4。闹钟时间检查任务、闹钟响铃任务与其他屏幕操作和显示任务共享相同的优先级，由时间片进行调度。软件定时器服务任务和空闲任务工作于系统默认的优先级，软件定时器服务任务工作于优先级 2，空闲任务工作于最低优先级 0。智能手表任务及运行流程如图 13-36 所示。

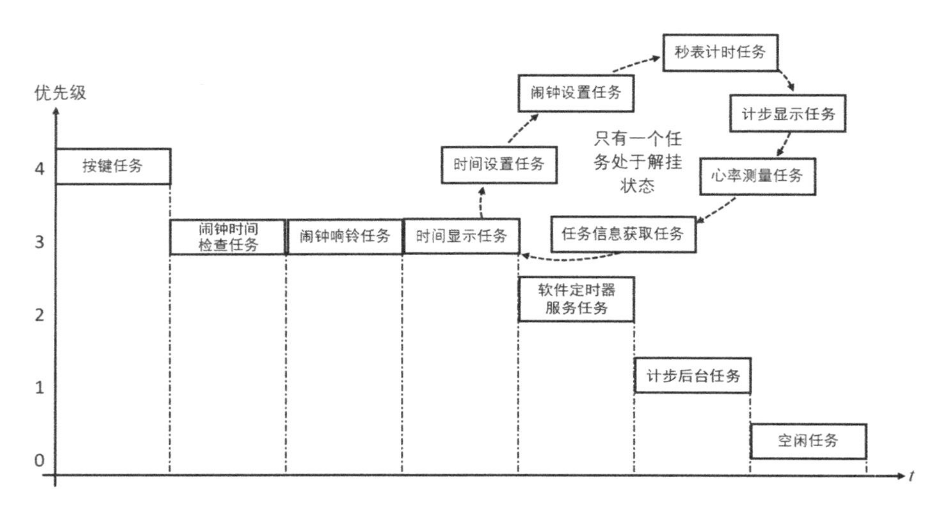

图 13-36　智能手表任务及运行流程

13.6.1　任务创建及调度器开启

先定义队列、互斥信号量、软件定时器句柄，用队列创建函数 xQueueCreate()、互斥信号量创建函数 xSemaphoreCreateMutex()、软件定时器创建函数 xTimerCreate()分别创建队列、互斥信号量及软件定时器。然后调用任务创建函数 xTaskCreate()创建 11 个用户任务，任务创建用 taskENTER_CRITICAL()和 taskEXIT_CRITICAL()进出临界段进行代码保护。最后用 vTaskStartScheduler()开启调度器。

```
xQueueHandle queueKeyHandle;                /*按键处理队列*/
SemaphoreHandle_t smaMutexHandle;           /*蓝牙串口访问互斥信号量*/
TimerHandle_t tmrSingleHandler;             /*单次软件定时器句柄*/
TimerHandle_t tmrCycleHandler;              /*周期软件定时器句柄*/
/**************************************************************************
* 函 数 名:appStartTask
* 功能说明:创建队列、信号量、任务并开启调度器
* 形    参:无
* 返 回 值:无
**************************************************************************/
void appStartTask(void)
{
    /*用于传送按键键值的队列*/
    queueKeyHandle = xQueueCreate(2,sizeof(uint8_t));

    /*用于资源共享访问的互斥信号量*/
    smaMutexHandle = xSemaphoreCreateMutex();

    /*软件定时器：单次软件定时器，用于关闭屏幕；周期软件定时器，用于蓝牙上报数据*/
```

```
tmrSingleHandler = xTimerCreate("singleTimer",          /*软件定时器名*/
                                6000,         /*软件定时器周期，系统时钟节拍为10ms*/
                                pdFALSE,                /*单次模式*/
                                (void *)1,              /*软件定时器ID*/
                                singleTimerCallBack);   /*软件定时器回调函数*/
tmrCycleHandler = xTimerCreate("cycleTimer",            /*软件定时器名*/
                                500,          /*软件定时器周期，系统时钟节拍为10ms*/
                                pdTRUE,                 /*周期模式*/
                                (void *)2,              /*软件定时器ID*/
                                cycleTimerCallBack);    /*软件定时器回调函数*/
taskENTER_CRITICAL();                                   /* 进入临界段，关中断 */
xTaskCreate(keyTask,                                    /* 按键任务函数 */
            "keyTask",                                  /* 按键任务名 */
            512,                                        /* 按键任务堆栈大小 */
            NULL,                                       /* 按键任务参数 */
            4,                                          /* 按键任务优先级 */
            &keyTaskHandle );                           /* 按键任务句柄 */
xTaskCreate(walkTask,                                   /* 计步后台任务函数 */
            "walkTask",                                 /* 计步后台任务名 */
            512,                                        /* 计步后台任务堆栈大小 */
            NULL,                                       /* 计步后台任务参数 */
            1,                                          /* 计步后台任务优先级 */
            &walkTaskHandle );                          /* 计步后台任务句柄 */
xTaskCreate(timeCheckTask,                              /* 闹钟时间检查任务函数 */
            "timeCheck",                                /* 闹钟时间检查任务名 */
            512,                                        /* 闹钟时间检查任务堆栈大小 */
            NULL,                                       /* 闹钟时间检查任务参数 */
            3,                                          /* 闹钟时间检查任务优先级 */
            &timechkTaskHandle );                       /* 闹钟时间检查任务句柄 */
xTaskCreate(mainMenuTask,                               /* 主界面任务函数 */
            "mainMenu",                                 /* 主界面任务名 */
            512,                                        /* 主界面任务堆栈大小 */
            NULL,                                       /* 主界面任务参数 */
            3,                                          /* 主界面任务优先级 */
            &mainMenuTaskHandle );                      /* 主界面任务句柄 */
xTaskCreate(timeSetTask,                                /* 时间设置任务函数 */
            "timeSet",                                  /* 时间设置任务名 */
            512,                                        /* 时间设置任务堆栈大小 */
            NULL,                                       /* 时间设置任务参数 */
            3,                                          /* 时间设置任务优先级 */
            &timeSetTaskHandle );                       /* 时间设置任务句柄 */
xTaskCreate(alarmSetTask,                               /* 闹钟设置任务函数 */
```

```
          "alarmSet",                       /* 闹钟设置任务名 */
          512,                              /* 闹钟设置任务堆栈大小 */
          NULL,                             /* 闹钟设置任务参数 */
          3,                                /* 闹钟设置任务优先级 */
          &alarmSetTaskHandle );            /* 闹钟设置任务句柄 */
xTaskCreate(secondTask,                     /* 秒表计时任务函数 */
          "secondOP",                       /* 秒表计时任务名 */
          512,                              /* 秒表计时任务堆栈大小 */
          NULL,                             /* 秒表计时任务参数 */
          3,                                /* 秒表计时任务优先级 */
          &secondTaskHandle );              /* 秒表计时任务句柄 */
xTaskCreate(alarmDispTask,                  /* 闹钟响铃任务函数 */
          "alarmDisp",                      /* 闹钟响铃任务名 */
          512,                              /* 闹钟响铃任务堆栈大小 */
          NULL,                             /* 闹钟响铃任务参数 */
          3,                                /* 闹钟响铃任务优先级 */
          &alarmDispTaskHandle );           /* 闹钟响铃任务句柄 */
xTaskCreate(heartTask,                      /* 心率测量任务函数 */
          "heartMesu",                      /* 心率测量任务名 */
          512,                              /* 心率测量任务堆栈大小 */
          NULL,                             /* 心率测量任务参数 */
          3,                                /* 心率测量任务优先级 */
          &heartTaskHandle );               /* 心率测量任务句柄 */
xTaskCreate(stepTask,                       /* 计步显示任务函数 */
          "stepDisp",                       /* 计步显示任务名 */
          512,                              /* 计步显示任务堆栈大小 */
          NULL,                             /* 计步显示任务参数 */
          3,                                /* 计步显示任务优先级 */
          &stepTaskHandle );                /* 计步显示任务句柄 */
xTaskCreate(infoMenuTask,                   /* 任务信息获取任务函数 */
          "infoMenu",                       /* 任务信息获取任务名 */
          512,                              /* 任务信息获取任务堆栈大小 */
          NULL,                             /* 任务信息获取任务参数 */
          3,                                /* 任务信息获取任务优先级 */
          &infoTaskHandle );                /* 任务信息获取任务句柄 */
taskEXIT_CRITICAL();                        /* 退出临界段，开中断 */

/*运行屏幕主界面任务*/
suspendScreen();
vTaskResume(mainMenuTaskHandle);
```

```
    vTaskStartScheduler();                    /* 开启调度器 */
}
```

13.6.2 抢占式调度提高系统响应性能

使能抢占式调度，赋予需要高响应速度的任务更高优先级，能显著提高系统响应性能，如项目中的按键任务。抢占式调度最关键的地方是要使高优先级任务在运行完之后主动让出 CPU 使用权，让任务进入阻塞态，使低优先级任务有运行的机会。让任务进入阻塞态，最常用的方法是调用相对延时阻塞函数 vTaskDelay() 和绝对延时阻塞函数 vTaskDelayUntil()。本项目中的大部分任务都是通过调用这两个函数使任务进入阻塞态从而让出 CPU 使用权的。

13.6.3 时间片调度让任务共享优先级

智能手表共有 11 个用户任务，没有必要给每个任务分配不同的优先级，何况为每个任务确定不同优先级也不是一件容易的事情。使能时间片调度后，FreeRTOS 会对每个具有相同优先级的任务按时间片进行轮流调度，确保每个具有相同优先级的任务均有同样的机会得到运行。与屏幕操作和显示相关的 7 个任务，再加上闹钟时间检查任务、闹钟响铃任务这 9 个任务共享任务优先级 3，由时间片进行调度。它们与优先级为 4 的按键任务、优先级为 1 的计步任务共同组成一个只有 3 级任务优先级的抢占式任务调度系统，简洁明了。

13.6.4 用任务挂起和恢复实现互斥访问

本项目中共有 11 个用户任务，其中 7 个与屏幕操作和显示相关，另外闹钟响铃任务在响铃时也要使用屏幕。如果只让使用共享资源的其中一个任务解除挂起，其余任务处于挂起态，则可实现简单的互斥访问。7 个与屏幕操作和显示相关的任务通过“功能”键进行切换，每按一次“功能”键就切换到下一个任务，让这个任务解除挂起，恢复运行，而其余 6 个任务则处于挂起态，实现屏幕显示这个共享资源的互斥访问。通过调用 suspendScreen()函数一次性挂起这 7 个与屏幕操作和显示相关的任务。

```
/*************************************************************************
* 函 数 名:suspendScreen
* 功能说明:挂起与屏幕操作和显示相关的任务
* 形    参:无
* 返 回 值:无
*************************************************************************/
void suspendScreen(void)
{
    vTaskSuspend(mainMenuTaskHandle);        /*主界面*/
```

```
    vTaskSuspend(timeSetTaskHandle);          /*时间设置界面*/
    vTaskSuspend(alarmSetTaskHandle);         /*闹钟设置界面*/
    vTaskSuspend(secondTaskHandle);           /*秒表计时界面*/
    vTaskSuspend(stepTaskHandle);             /*运动显示界面*/
    vTaskSuspend(heartTaskHandle);            /*心率测量界面*/
    vTaskSuspend(infoTaskHandle);             /*运行信息界面*/

    /*关闭指示灯*/
    HAL_GPIO_WritePin(GPIOB,LED_RUN_Pin,GPIO_PIN_SET);
    HAL_GPIO_WritePin(GPIOB,LED_ALARM_Pin,GPIO_PIN_SET);
}
```

当屏幕相关任务切换时，通过 resumeScreen()函数恢复由 pageNum 所标识的屏幕任务。

```
/**********************************************************************
* 函 数 名:resumeScreen
* 功能说明:根据屏幕页面恢复任务
* 形    参:无
* 返 回 值:无
**********************************************************************/
void resumeScreen(uint8_t pageNum)
{
    switch(pageNum)
    {
        case pageNone:
            OLED_Clear();
        break;
        case pageMain:
            vTaskResume(mainMenuTaskHandle);
        break;
        case pageTimeSet:
            vTaskResume(timeSetTaskHandle);
        break;
        case pageAlarmSet:
            vTaskResume(alarmSetTaskHandle);
        break;
        case pageSecond:
            vTaskResume(secondTaskHandle);
        break;
        case pageHeart:
            vTaskResume(heartTaskHandle);
        break;
        case pageStep:
            vTaskResume(stepTaskHandle);
```

```
        break;
        case pageInfo:
            vTaskResume(infoTaskHandle);
        break;
    }
}
```

闹钟响铃任务在响铃时也使用了屏幕。当收到闹钟响铃任务通知时，首先挂起 7 个与屏幕操作和显示相关的任务，然后利用屏幕显示闹钟响铃等提示信息，响铃结束，恢复闹钟响铃前的任务，实现屏幕共享资源的互斥访问。

13.6.5　用互斥信号量共享蓝牙资源

蓝牙上报使用了蓝牙串口发送功能，有两个任务会使用蓝牙串口上报信息：一个是计步显示任务，在打开蓝牙上报开关时，软件定时器周期性通过蓝牙串口上传运动步数等信息；另一个是任务信息获取任务，通过按键获取任务信息后，通过蓝牙串口上报任务信息。

智能手表使用互斥信号量 smaMutexHandle 实现这两个任务对蓝牙串口共享资源的互斥访问。当需要上报信息时，先尝试获取这个互斥信号量，只有合法持有这个互斥信号量后，才允许任务通过蓝牙串口发送信息，共享资源使用完毕后要及时归还这个互斥信号量，以让其他任务也能通过持有这个互斥信号量访问共享资源。用互斥信号量共享蓝牙资源如图 13-37 所示。

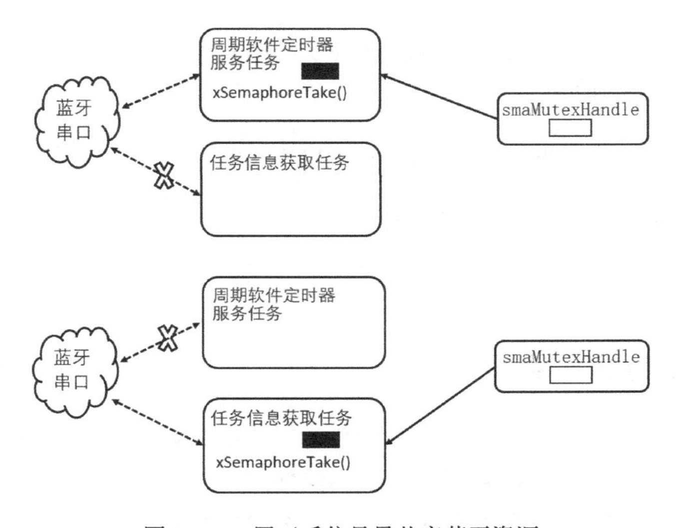

图 13-37　用互斥信号量共享蓝牙资源

13.6.6　用任务通知同步闹钟响铃任务

信号量可用于实现任务同步，任务通知同样可用于实现任务同步，并且资源消耗更少、运行效率更高。闹钟时间检查任务不断比对当前时间与闹钟设置时间，当到达闹钟设置时间时，通过任务通知发送函数 xTaskNotifyGive()给闹钟响铃任务 alarmDispTaskHandle 发送任务通知，闹钟响铃任务接收到这个任务通知后便运行闹钟响铃动作，实现任务之间的同步，如图 13-38 所示。

闹钟时间检查任务	发送任务通知 → xTaskNotifyGive()函数	闹钟响铃任务

图 13-38　用任务通知同步闹钟响铃任务

13.6.7　用队列共享按键功能

智能手表中的大多数任务都使用到了按键功能，按键任务与使用按键的这些任务之间通过一个队列进行数据的单向传递。按键任务对获取到的键值进行一些必要处理后，通过向后入队函数 xQueueSendToBack()将键值放入队列 queueKeyHandle。

```
/*通过队列将键值发送给任务*/
if(ucKeyValue != 0)
{
    /*将键值发送给其他任务*/
    xQueueSendToBack(queueKeyHandle,&ucKeyValue,100);
    /*FreeRTOS 软件定时器若已启动，则再次开启相当于复位*/
    xTimerStart(tmrSingleHandler,10);          /*指定时间到达后屏幕熄灭*/
}
```

在需要使用按键的任务中，通过 xQueueReceive()函数从队列 queueKeyHandle 中取出键值，再进行按键的处理。

```
if(xQueueReceive(queueKeyHandle,&keyValue,0)==pdTRUE)
{
    switch(keyValue)
    {......}
}
```

13.6.8　软件定时器使用

FreeRTOS 在开启调度器时，创建了一个软件定时器服务任务。智能手表使用了两个软件定时器：一个单次软件定时器和一个周期软件定时器。软件定时器的功能在其回调函数中实现。单次软件定时器用于熄灭屏幕，每当按键被按下，在非测量等需要连续使用屏幕的情况下，会启动单次软件定时器，时间到达后屏幕熄灭。

```
/************************************************************************
* 函 数 名:singleTimerCallBac
* 功能说明:单次软件定时器回调函数，用于熄灭屏幕
* 形    参:xTimer，用于标记引起回调的软件定时器
```

```
* 返 回 值:无
****************************************************************************/
void singleTimerCallBack(TimerHandle_t xTimer)
{
    xTimer = xTimer;
    suspendScreen();                    /*挂起所有屏幕页面任务*/
    if(pageNum>pageNone)                /*按键唤醒后处于屏幕熄灭前页面*/
        pageNum--;
    OLED_Clear();                       /*屏幕熄灭*/
    HAL_GPIO_WritePin(GPIOB,LED_RUN_Pin,GPIO_PIN_SET);
    HAL_GPIO_WritePin(GPIOB,LED_ALARM_Pin,GPIO_PIN_SET);
}
```

周期软件定时器用于通过蓝牙串口上报运动计步信息给智能手机。周期软件定时器在运动计步任务中通过“功能”键进行启动和停止。周期软件定时器一旦启动，就会不间断、周期性地上报运动信息。

```
/****************************************************************************
* 函 数 名:cycleTimerCallBac
* 功能说明:周期软件定时器回调函数，通过蓝牙串口上报运动计步信息
* 形    参:xTimer，用于标记引起回调的软件定时器
* 返 回 值:无
****************************************************************************/
void cycleTimerCallBack(TimerHandle_t xTimer)
{
    sportsInfo_t sportsInfo;
    uint8_t ucBuffer[50]={0};
    xTimer = xTimer;

    sportsInfo = *getStep();                        /*获取运动信息*/
    sprintf((char*)ucBuffer,"步数: %5d 步, 里程: %5.1f 米,卡路里:%5.1f 卡",
                 sportsInfo.stepCount,sportsInfo.distance,sportsInfo.calories);
    xSemaphoreTake(smaMutexHandle,100);             /*获取互斥信号量*/
    HAL_UART_Transmit(&huart3,ucBuffer,50,1000);
    xSemaphoreGive(smaMutexHandle);                 /*处理完共享资源，归还互斥信号量*/
}
```

13.7 调试与优化

经过模块驱动、算法及任务设计，最后完成的智能手表整体项目结构如图 13-39 所示。

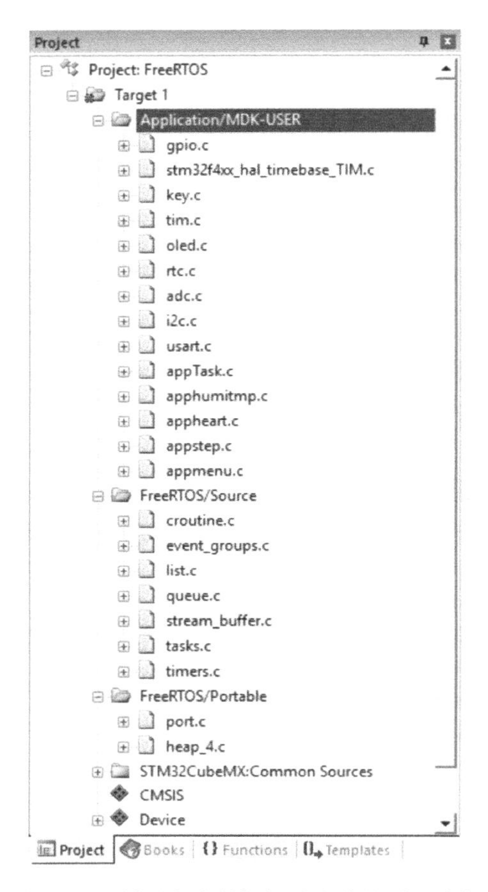

图 13-39　最后完成的智能手表整体项目结构

编译、修改程序，直到 0 Error(s)、0 Warning(s)为止，生成的代码大约为 44KB，图片及字模大约为 10KB，如图 13-40 所示。

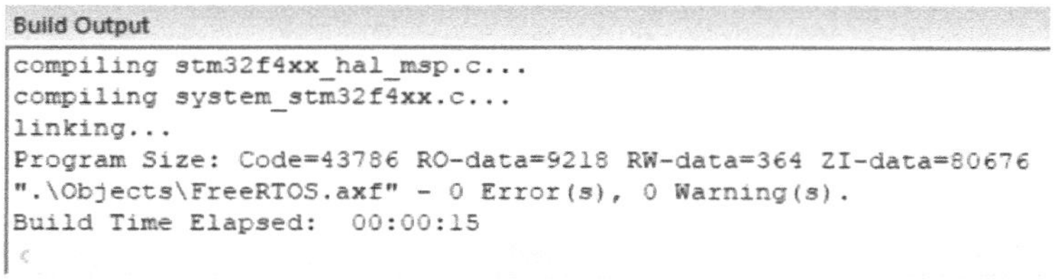

Build Output

```
compiling stm32f4xx_hal_msp.c...
compiling system_stm32f4xx.c...
linking...
Program Size: Code=43786 RO-data=9218 RW-data=364 ZI-data=80676
".\Objects\FreeRTOS.axf" - 0 Error(s), 0 Warning(s).
Build Time Elapsed:  00:00:15
```

图 13-40　编译成功

检查硬件连接，确保无误后将程序下载到开发板上，按设计好的功能，逐项进行检查、测试。

启动断点调试，通过观察程序变量、外设寄存器状态，可以排除大部分的驱动及算法逻辑错误。经过反复测试和调整，使用 FreeRTOS 的智能手表，程序运行流畅，按键灵敏，任务切换正确、迅速，时间设置、闹钟设置界面正确，秒表计时准确，心率波形直观，心率测试准确，后台计步工作正常，步数正确，蓝牙上报信息正常，如图 13-41 所示。

功能测试正常后，要重点关注 FreeRTOS 剩余堆内存，以及各任务剩余堆栈大小。这些内存和堆栈对系统长期稳定运行至关重要，一旦堆内存不足或堆栈溢出，将导致系统崩溃。调试阶段可以通过任务信息获取任务输出任务状态信息和任务运行时间信息，作为调整任务及任务堆栈的依据，输出的任务状态信息及任务运行时间信息如图 13-42 所示。

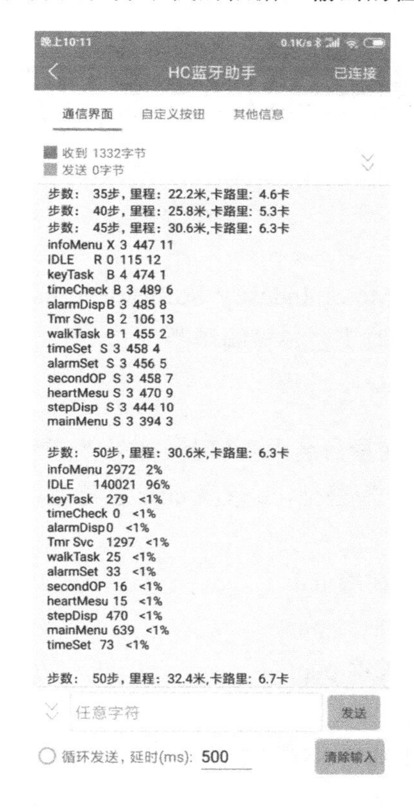

图 13-41　蓝牙上报信息

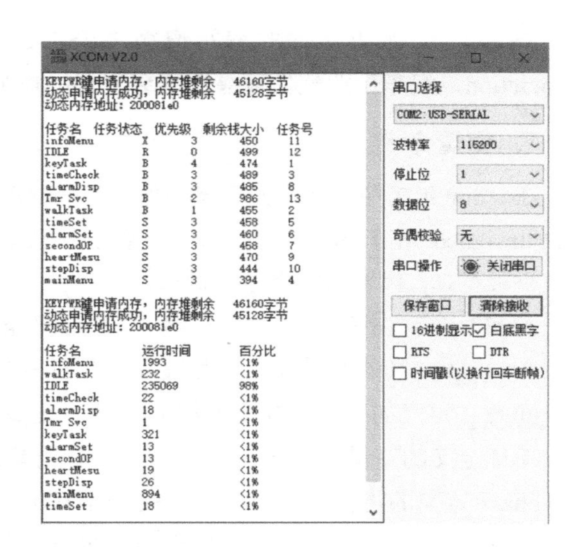

图 13-42　输出的任务状态信息及任务运行时间信息

从输出的任务状态信息来看，包括系统任务，FreeRTOS 一共创建了 13 个任务，与设计的任务调度方案完全吻合。各任务的剩余堆栈比较充足，FreeRTOS 堆内存也很充足，可以不进行调整。

从任务运行时间信息来看，空闲任务占据了 98%的时间，说明系统任务设计、调度合理，还有非常充足的系统裕量。

附录 A

FreeRTOS 编码和命名规则

FreeRTOS 源码文件的编写遵循 MISRA（The Motor Industry Software Reliability Association，汽车工业软件可靠性联会）代码规则，同时支持各种编译器。

1. 变量命名

在 stdint.h 文件中定义的变量类型，在 FreeRTOS 变量命名中会加上一些字母前缀。u 代表 unsigned 无符号，l 代表 long 长整型，s 代表 short 短整型，c 代表 char 字符型，e 代表枚举类型，p 代表指针类型。例如：

uint32_t 定义的变量都加上前缀 ul，指针变量加上前缀 pul。

uint16_t 定义的变量都加上前缀 us，指针变量加上前缀 pus。

uint8_t 定义的变量都加上前缀 uc，指针变量加上前缀 puc。

char 定义的变量只用于 ASCII 字符，加上前缀 c。

char *定义的指针变量只用于 ASCII 字符串，加上前缀 pc。

stdint.h 文件中未定义的变量类型，在定义变量时加上前缀 x，如果是无符号变量类型，还要加上 u。例如，BaseType_t 和 TickType_t 定义的变量加上前缀 x，UBaseType_t 定义的变量加上前缀 ux。

2. 函数命名

加上了 static 声明的函数，在定义时要加上前缀 prv。prv 是单词 private 的缩写，意思是私有。

带有返回值的函数，根据返回值的数据类型，加上相应的前缀；如果没有返回值，则函数的前缀加上字母 v。

根据函数所在的文件名，在定义时将文件名加到函数命名中，如在 tasks.c 文件中定义的函数 vTaskDelete 的名字中包含文件名 task。

3．宏定义

根据宏定义所在的文件，宏定义声明时将文件名加到宏定义中，如宏定义 configUSE_TIMERS 定义在文件 FreeRTOSConfig.h 中，宏定义中包含文件名 config。

宏定义前缀小写，其余部分全部大写，同时用下划线分开。

4．自定义数据类型

FreeRTOS 自定义数据类型与处理器架构字长相关。

TickType_t：如果使能了宏定义 configUSE_16_BIT_TICKS，则 TickType_t 定义的是 16 位无符号数；如果没有使能宏定义 configUSE_16_BIT_TICKS，则 TickType_t 定义的是 32 位无符号数。

BaseType_t：对于 32 位架构处理器，BaseType_t 定义的是 32 位有符号数；对于 16 位架构处理器，BaseType_t 定义的是 16 位有符号数。

UBaseType_t：BaseType_t 类型的无符号版本。

StackType_t：栈变量数据类型，对于 16 位架构处理器，StackType_t 定义的是 16 位无符号变量；对于 32 位架构处理器，StackType_t 定义的是 32 位无符号变量。

附录 B 示例程序和项目所使用的编译环境

本书配套示例程序和智能手表项目均使用 MDK-ARM μVision V5.21 编译环境，如图 B-1 所示。MDK-ARM 的 RTE 实时环境使用 Cube Framework 1.0.0 版本，HAL 库为 1.5.0 版本，如图 B-2 所示。STM32CubeMX 为 4.25.1 版本，如图 B-3 所示。

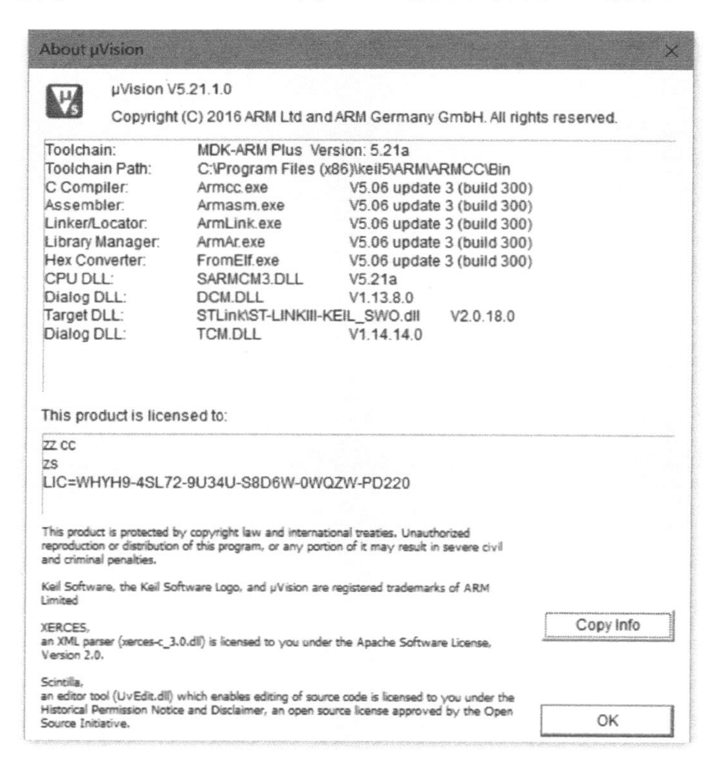

图 B-1　MDK-ARM μVision V5.21 编译环境

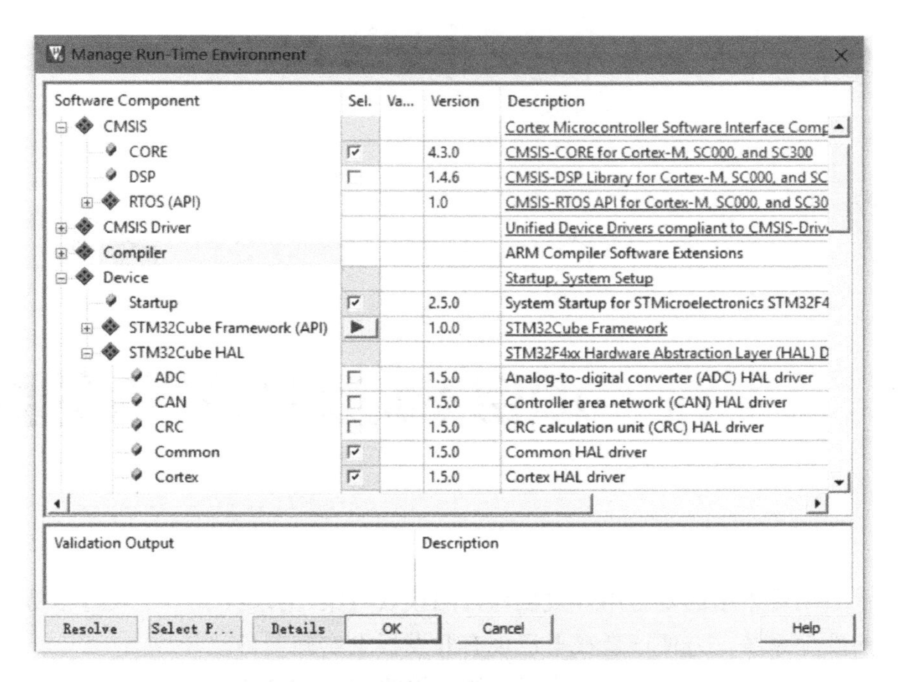

图 B-2　MDK-ARM 中 RTE 各组件版本

图 B-3　STM32CubeMX 4.25.1

附录 C

项目实施对开发板的要求

智能手表项目采用的是通用开发板与常用模块方案，力求打造一个取材容易、成本低、便于实施的硬件系统，方便读者在自己现有开发板上实施项目。

基于 ARM Cortex-M 内核的开发板，如常用的 STM32F103RCT6、STM32F407VET6、STM32F429IGT6 等进口芯片的开发板，以及 GD32F105RCT6、GD32F403RCT6 等国产芯片的开发板。对开发板的基本要求如下。

ARM Cortex-M 内核；

1 个嘀嗒定时器；

1 个 RTC；

1 个 ADC 接口；

1 个 I^2C 接口；

2 个定时器；

3 个串口；

20 个 GPIO；

Flash≥64KB；

SRAM≥64KB。

对于程序容量和 SRAM 容量更小的芯片，如 STM32F103C8T6，需要对项目中的任务数量划分、FreeRTOS 堆内存及任务堆栈进行适当调整，再用于项目的实施。

对于没有基本定时器 TIM6 和 TIM7 的芯片，可将程序中的定时器修改为通用定时器 TIM2 和 TIM3 等芯片具有的定时器。

附录 D

项目实施所需驱动文件

项目实施驱动文件分为三类，分别是硬件底层驱动（由 STM32CubeMX 自动生成）、模块驱动（由模块厂家提供）及算法和任务。

1．硬件底层驱动

```
gpio.c                              GPIO 引脚初始化
tim.c                               定时器初始化
rtc.c                               实时时钟初始化
adc.c                               ADC 初始化
i2c.c                               i2c 初始化
usart.c                             串口初始化
stm32f4xx_hal_timebase_TIM.c        HAL 库时间基准初始化
```

2．模块驱动

```
key.c                               按键驱动
oled.c                              OLED12864 显示驱动
```

3．算法和任务

```
apptask.c                           任务、信号量创建
apphumitmp.c                        温湿度采集
appheart.c                          心率测量
appstep.c                           运动计步
appmenu.c                           屏幕操作和显示
```

参考文献

[1] 左忠凯，刘军，张洋. FreeRTOS 源码详解与应用开发——基于 STM32[M]. 北京：北京航空航天大学出版社，2017.

[2] 刘黎明，王建波，赵纲领. 嵌入式系统基础与实践——基于 ARM Cortex-M3 内核的 STM32 微控制器[M]. 北京：电子工业出版社，2020.

[3] 任哲，房红征，曹靖. 嵌入式实时操作系统 μC/OS-II 原理及应用（第 4 版）[M]. 北京：北京航空航天大学出版社，2017.

[4] 沈红卫，任沙浦，朱敏杰，等. STM32 单片机应用与全案例实践[M]. 北京：电子工业出版社，2017.

[5] 张新民，段洪琳. ARM Cortex-M3 嵌入式开发及应用（STM32 系列）[M]. 北京：清华大学出版社，2017.